高等院校机械类创新型应用人才培养规划教材

液压与液力传动

周长城　袁光明　刘军营
李军伟　刘瑞军　蔡艳辉　编著

内容简介

本书围绕液压与液力传动的油液的静力学和动力学等特性、关键零部件的基本结构和原理、基本液压回路的组成和特点以及典型液压系统的设计与计算，系统论述了液压与液力传动的基本理论，介绍了工程应用实例。全书共分10章，包括绪论、液压流体力学基础、液压泵与液压马达、液压缸、液压控制阀、液压辅助装置、液压基本回路、现代液压控制技术基本知识、典型液压系统分析和液压系统的设计计算。本书以学生为本，内容叙述力求深入浅出。各章节的开始增加了"本章学习目标"、"本章教学要点"、"本章学习方法"和"导入案例"；中间部分有"应用案例"分析；最后部分编排有"小结"和"综合练习"。

本书内容丰富、系统，图文并茂，实用性强，结合了编者最近几年的科研成果实例，并增加了液压传动行业最新技术成果的介绍。

本书可作为高等学校车辆工程、交通运输、机械设计制造与自动化及相关专业的本科生教材，亦可作为相关专业学生及工程技术人员的参考用书。

图书在版编目(CIP)数据

液压与液力传动/周长城等编著. —北京：北京大学出版社，2010.8
高等院校机械类创新型应用人才培养规划教材
ISBN 978-7-301-17579-8

Ⅰ.①液… Ⅱ.①周… Ⅲ.①液压传动—高等学校—教材②液力传动—高等学校—教材 Ⅳ.①TH137②TH137.33

中国版本图书馆CIP数据核字(2010)第146857号

书　　　名：	液压与液力传动
著作责任者：	周长城　袁光明　刘军营　李军伟　刘瑞军　蔡艳辉　编著
策 划 编 辑：	童君鑫
责 任 编 辑：	宋亚玲
标 准 书 号：	ISBN 978-7-301-17579-8/TH·0208
出　版　者：	北京大学出版社
地　　　址：	北京市海淀区成府路205号　100871
网　　　址：	http://www.pup.cn　http://www.pup6.com
电　　　话：	邮购部 010-62752015　发行部 010-62750672　编辑部 010-62750667
电 子 邮 箱：	编辑部 pup6@pup.cn　总编室 zpup@pup.cn
印　刷　者：	北京虎彩文化传播有限公司
发　行　者：	北京大学出版社
经　销　者：	新华书店
	787毫米×1092毫米　16开本　17.75印张　411千字
	2010年8月第1版　2024年11月第3次印刷
定　　　价：	34.00元

未经许可，不得以任何方式复制或抄袭本书之部分或全部内容。
版权所有，侵权必究　　举报电话：010-62752024
　　　　　　　　　　　电子邮箱：fd@pup.cn

前　　言

液压与液力传动是机械类专业人才必备的知识之一。液压与液力传动课程的主要任务是传授液压与液力传动的基础知识，使学生掌握液压与液力传动元件的工作原理、结构、应用、特点和选用方法，熟悉各类液压与液力传动的基本回路的组成和应用，了解国内外先进的液压与液力传动的技术成果。

本书在编写过程中，贯彻了理论分析与实际应用相结合的原则，既有理论分析、结构和原理的讲解，又有实际的相关科研内容。通过理论分析培养学生建立数学模型、完成理论分析的能力；通过液压元件的结构、原理、优点和缺点的讲解，培养学生创新思维能力；通过科研实例的讲解，增强学生的兴趣和积极性，培养学生分析解决实际问题的能力。本书的具体特点如下：

（1）各章首页给出了本章的学习目标、教学要点和学习方法，指出了各章学习应达到的目标，给出了各章节的知识要点、能力要求和相关知识，同时安排了相应的学习方法。

（2）通过添加"导入案例"和"应用案例"等模块，改变了目前书稿内容形式较为单调的模式，使得书稿更加生动活泼，而且图文并茂、增强了图书的生命力，体现了教材的时代性和新颖性。各章"导入案例"可增强对该章所学知识的感性认识，引起学生对该章的学习兴趣，"应用案例"可加强理论联系实际，扩大知识面。

（3）各章内容突出机械类专业特点，充分考虑教学计划的变更和相关专业不同学时的要求，尽量采用图表，以代替文字论述。

（4）个别章节侧重理论分析，通过数学模型的建立、公式的推导，培养学生理论分析的能力。通过对关键零部件的结构、原理、特点以及缺点的分析，启发学生去改善目前零部件所存在的缺点，培养学生创新思维能力。

（5）本书还将作者在科研过程中遇见的实际问题以及取得的创新成果，与课程内容相结合，以激发学生的学习兴趣和积极性，培养学生分析解决实际问题的能力。

（6）知识传授采用基本理论—元件—回路—系统的构成体系，参考液压传动的发展趋势，将液压伺服控制和比例控制的最新内容也融入其中。

（7）以学生为本，加强实际操作能力的培养，内容叙述深入浅出、层次分明。

本书适合于普通工科院校机械类专业教学使用，也适合于各类成人教育、自学考试等有关机械类专业的学生使用，还可供从事液压传动及控制技术的工程技术人员参考。

本书由山东理工大学周长城、袁光明、刘军营、李军伟、刘瑞军和威海职业技术学院蔡艳辉编著，其中第3、4、5章由周长城编著，第1、7章由袁光明编著，第8、9章由刘军营编著，第10章由李军伟编著，第2章由刘瑞军编著，第6章由蔡艳辉编著。全书由周长城负责修改、校对和统稿。

本书在编写过程中，得到了山东理工大学硕士研究生孟婕、赵雷雷、郭剑、毛少坊的大力支持,他们校对了书中的内容,绘制了书中的插图,在此表示感谢。

由于编著者水平有限,书中难免有不妥之处,恳请读者批评指正。

编著者

2010 年 6 月

目 录

第1章 绪论 ……………………… 1

1.1 流体传动概况 ……………… 2
1.2 液压传动工作原理与组成 …… 4
    1.2.1 液压传动工作原理 …… 4
    1.2.2 液压传动的组成 ……… 5
    1.2.3 液压传动的图形符号 … 6
1.3 液压传动的特点及应用 ……… 7
    1.3.1 液压传动的特点 ……… 7
    1.3.2 液压传动的应用 ……… 8
小结 ……………………………… 9
综合练习 ………………………… 9

第2章 液压流体力学基础 ……… 10

2.1 液压传动的工作介质 ……… 12
    2.1.1 液压油的性质 ……… 13
    2.1.2 液压介质的使用要求和选用 …… 16
2.2 液体静力学基础 …………… 19
    2.2.1 液体静压力及特征 … 19
    2.2.2 静力学基本方程 …… 19
    2.2.3 帕斯卡原理 ………… 21
    2.2.4 液体作用于固体表面上的力 …… 21
2.3 流体动力学基础 …………… 22
    2.3.1 流动液体的基本概念 … 22
    2.3.2 流量连续性方程 …… 25
    2.3.3 伯努利方程 ………… 25
    2.3.4 动量方程 …………… 28
    2.3.5 液体流动时的压力损失 … 29
    2.3.6 液体流经小孔的流量 … 33
    2.3.7 液体流经缝隙的流量 … 35
2.4 液压冲击和气穴现象 ……… 44
    2.4.1 液压冲击 …………… 44
    2.4.2 气穴现象 …………… 45
小结 ……………………………… 47
综合练习 ………………………… 48

第3章 液压泵与液压马达 ……… 51

3.1 概述 ………………………… 54
    3.1.1 液压泵工作原理及分类 … 54
    3.1.2 主要性能参数 ……… 55
3.2 齿轮泵与齿轮马达 ………… 57
    3.2.1 外啮合齿轮泵 ……… 57
    3.2.2 内啮合齿轮泵 ……… 61
    3.2.3 螺杆泵 ……………… 61
    3.2.4 齿轮马达 …………… 62
3.3 叶片液压泵和叶片马达 …… 63
    3.3.1 叶片液压泵 ………… 63
    3.3.2 叶片马达 …………… 66
3.4 柱塞泵和柱塞马达 ………… 67
    3.4.1 柱塞泵 ……………… 67
    3.4.2 柱塞马达 …………… 74
3.5 液压泵与液压马达的选择与使用 …… 79
    3.5.1 液压泵的选择 ……… 79
    3.5.2 液压马达的选择 …… 80
    3.5.3 液压泵和液压马达的使用 …… 81
小结 ……………………………… 81
综合练习 ………………………… 82

第4章 液压缸 ……………………… 84

4.1 概述 ………………………… 85
    4.1.1 液压缸的工作原理 … 85
    4.1.2 液压缸的分类与图形符号 …… 86
4.2 液压缸的典型结构 ………… 88
    4.2.1 活塞式液压缸 ……… 88
    4.2.2 柱塞式液压缸 ……… 92
    4.2.3 伸缩套筒式液压缸 … 93
    4.2.4 增压液压缸 ………… 93

4.2.5 齿条活塞式液压缸 …… 94
4.2.6 摆动式液压缸 …………… 94
4.3 液压缸的设计 ………………… 95
　4.3.1 液压缸主要参数的设计计算 …………………… 95
　4.3.2 液压缸的强度计算与校核 ……………………… 97
小结 ……………………………………… 98
综合练习 ………………………………… 98

第5章 液压控制阀 …………… 101

5.1 概述 …………………………… 103
　5.1.1 液压控制阀的类型 …… 103
　5.1.2 液压控制阀的共同点和使用要求 ……………… 103
5.2 方向控制阀 …………………… 104
　5.2.1 单向阀 ………………… 104
　5.2.2 换向阀 ………………… 107
5.3 压力控制阀 …………………… 115
　5.3.1 溢流阀 ………………… 115
　5.3.2 减压阀 ………………… 121
　5.3.3 顺序阀 ………………… 123
　5.3.4 压力继电器 …………… 124
5.4 流量控制阀 …………………… 125
　5.4.1 节流阀 ………………… 125
　5.4.2 调速阀 ………………… 128
　5.4.3 溢流节流阀 …………… 130
　5.4.4 分流-集流阀 ………… 131
5.5 插装阀 ………………………… 134
　5.5.1 插装阀的结构与工作原理 ……………………… 134
　5.5.2 插装阀的功能 ………… 136
5.6 多路换向阀 …………………… 136
　5.6.1 多路换向阀的类型与机能 ……………………… 136
　5.6.2 多路换向阀的结构 …… 137
小结 ……………………………………… 138
综合练习 ………………………………… 138

第6章 液压辅助装置 ………… 142

6.1 蓄能器 ………………………… 144

6.1.1 蓄能器的作用 ………… 144
　6.1.2 蓄能器工作原理 ……… 145
　6.1.3 蓄能器的分类及特点 … 145
　6.1.4 蓄能器的容量计算 …… 146
　6.1.5 蓄能器的使用和安装 … 147
6.2 过滤器 ………………………… 148
　6.2.1 过滤器的作用与种类 … 148
　6.2.2 过滤器的结构 ………… 149
　6.2.3 过滤器选择与安装 …… 150
6.3 密封与密封元件 ……………… 151
　6.3.1 密封的作用与要求 …… 151
　6.3.2 密封元件的种类及特点 ………………………… 151
6.4 管件 …………………………… 156
　6.4.1 油管 …………………… 156
　6.4.2 管接头 ………………… 159
6.5 油箱与热交换器及仪表附件 … 163
　6.5.1 油箱 …………………… 163
　6.5.2 冷却器 ………………… 164
　6.5.3 加热器 ………………… 164
　6.5.4 仪表附件 ……………… 165
小结 ……………………………………… 166
综合练习 ………………………………… 166

第7章 液压基本回路 ………… 168

7.1 压力控制回路 ………………… 171
　7.1.1 调压回路 ……………… 171
　7.1.2 减压回路 ……………… 172
　7.1.3 保压回路 ……………… 173
　7.1.4 增压回路 ……………… 174
　7.1.5 平衡回路 ……………… 175
　7.1.6 卸荷回路 ……………… 176
7.2 速度控制回路 ………………… 178
　7.2.1 节流调速回路 ………… 178
　7.2.2 容积调速回路 ………… 184
　7.2.3 容积节流调速回路 …… 190
　7.2.4 快速运动回路和速度换接回路 ………………… 192
7.3 方向控制回路 ………………… 195
　7.3.1 换向回路 ……………… 195
　7.3.2 制动回路 ……………… 196

7.3.3 锁紧回路和往复直线运动换向回路 …… 197
7.4 多执行元件控制回路 …… 200
　　7.4.1 顺序动作回路 …… 200
　　7.4.2 同步回路 …… 201
　　7.4.3 互不干扰回路 …… 203
7.5 液压系统回路的操纵控制方式 …… 204
小结 …… 205
综合练习 …… 205

第8章 现代液压控制技术基本知识 …… 208

8.1 概述 …… 211
8.2 伺服阀与液压伺服控制系统 …… 213
　　8.2.1 伺服阀 …… 213
　　8.2.2 液压伺服控制系统 …… 220
8.3 比例阀和比例控制系统 …… 224
　　8.3.1 比例阀的工作原理和类型 …… 224
　　8.3.2 比例阀的选用 …… 225
　　8.3.3 比例控制系统 …… 226
8.4 电-液数字控制阀 …… 226
　　8.4.1 电-液数字控制阀的工作原理 …… 226
　　8.4.2 电-液数字控制阀的典型结构 …… 227
8.5 微型计算机-液压控制技术简介 …… 229
小结 …… 230
综合练习 …… 231

第9章 典型液压系统分析 …… 233

9.1 液压系统分类和分析方法 …… 235
9.2 组合机床动力滑台液压系统 …… 236
　　9.2.1 YT4543型动力滑台液压系统的工作原理 …… 236
　　9.2.2 YT4543型动力滑台液压系统的特点 …… 238
9.3 塑料注射成形机液压系统 …… 239
　　9.3.1 SZ-250A型注射成形机液压系统的工作原理 …… 239
　　9.3.2 SZ-250A型注射成形机液压系统的特点 …… 242
9.4 液压压力机液压系统 …… 242
　　9.4.1 YA32-200型液压压力机液压系统工作原理 …… 243
　　9.4.2 YA32-200型液压压力机液压系统的特点 …… 245
9.5 汽车起重机液压系统 …… 246
　　9.5.1 Q2-8型汽车起重机液压系统的工作原理 …… 246
　　9.5.2 Q2-8型汽车起重机液压系统的特点 …… 248
小结 …… 248
综合练习 …… 248

第10章 液压系统的设计计算 …… 250

10.1 液压系统的设计步骤 …… 251
　　10.1.1 液压系统的设计要求与工况分析 …… 251
　　10.1.2 液压系统的设计方案 …… 254
　　10.1.3 液压系统计算与元件选择 …… 256
　　10.1.4 液压系统的校核 …… 258
　　10.1.5 绘制液压系统工作图和编写技术文件 …… 260
10.2 液压系统的安装、使用和维护 …… 266
　　10.2.1 液压元件的清洗和安装 …… 266
　　10.2.2 液压系统的压力试验与调试 …… 267
　　10.2.3 液压系统的使用与维护 …… 269
小结 …… 270
综合练习 …… 270

参考文献 …… 273

第1章 绪 论

 本章学习目标

★ 了解液压传动及其发展状况；
★ 掌握液压传动的工作原理及其组成；
★ 了解液压传动的特点及其应用，激发学生学习该课程的兴趣。

 本章教学要点

知识要点	能力要求	相关知识
液压传动概况	了解液压传动及其发展状况	通过机械设备自动化水平的发展，了解液压传动及其发展状况
液压传动工作原理及组成	掌握液压传动的工作原理，了解液压传动的基本组成	通过液压举升机构结构和原理图，了解液压传动系统的工作原理和组成
液压传动的特点及应用	了解液压传动的特点及其应用	通过对机械传动和电力传动的对比分析，了解液压传动的特点

 本章学习方法

通过课堂学习和课下查阅图书资料或网络资料信息相结合的方法，对液压传动及其发展概况、液压传动的工作原理及其组成、液压传动的特点及其应用有更加深刻的了解和认识，意识到液压传动对于国家工业化发展的重要性，从而对该课程产生学习兴趣。

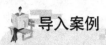

液压千斤顶的使用

图1.1所示为广泛使用的液压千斤顶,它可以支撑起很重的物体。

液压千斤顶是应用最早的液压系统,一般是由杠杆手柄、小缸体、小活塞、吸油管、单向阀、油箱、回油管、截止阀、压油管、大缸体和大活塞等组成,如图1.2所示。

图1.1 液压千斤顶

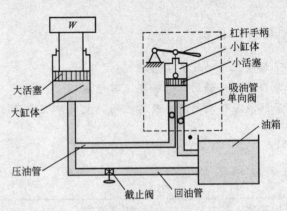

图1.2 千斤顶结构示意图

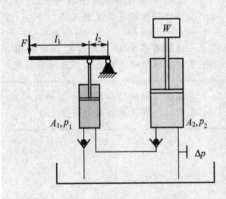

图1.3 千斤顶工作原理图

千斤顶的工作原理如图1.3所示。通过液压千斤顶的杠杆手柄带动小活塞上、下运动,将油箱中的油液通过吸油管进入小活塞缸体,然后通过压油管进入到大缸体,并推动活塞举起重物。千斤顶的小活塞、小缸体和单向阀相当于液压系统的液压泵,用于将低压油液转换成高压油液,而大活塞、大缸体则相当于液压系统的液压缸,通过高压油液推动大活塞及重物W运动。

由上述分析可知,千斤顶的液压传动过程是能量转换的过程,主要是靠液体的压力和流量来传递能量,即它将原动机的机械能转化为一定压力和流量的液压能,然后再将液压能转化为所需要的机械能,来满足实际生产活动的要求。

问题:

1. 试分析千斤顶的工作过程、单向阀的启闭状态和油液流动路径。
2. 如果千斤顶所顶起的物体重量为W,大、小缸体的面积分别为A_2和A_1,则试分析它们的压力p_2和p_1分别是多少?需要施加在杠杆手柄端部的力F是多少?
3. 如果杠杆手柄外端处的向下速度为v_1,请分析重物向上移动的速度v_2是多少?

1.1 流体传动概况

流体分为可压缩流体和不可压缩流体两类,其中可压缩流体是气体,不可压缩流体是液体，它们都可以用作能量传递的介质。流体通过各种元件组成不同功能的基本回路，从而形成具有一定功能的传动系统。

通常情况下，一台完整的机器设备由原动机、传动装置和工作机构（含辅助装置）三大部分组成。原动机是机器的动力源，包括电动机、内燃机等；工作机构是指完成该机器之工作任务的直接工作部分，如剪床的剪刀，车床的刀架、车刀、卡盘等。由于原动机的功率和转速变化范围有限，为了适应工作机构的工作力、工作速度变化范围较宽和控制性能等要求，在原动机和工作机构之间设置了传动装置，其作用是把原动机的输出功率，经过变换后传递给工作机构并进行控制。

在各类机械设备中，传动是指能量或动力由发动机向工作装置的传递，通过不同的传动方式使发动机的转动，变为各种工作装置的不同运动形式，如推土机推土板的升降、起重机转台的回转、挖掘机铲斗的挖掘工作等。

根据传递能量的工作介质不同，将传动分为机械传动、电气传动和流体传动。流体传动是以流体为工作介质进行能量传递和控制的一种传动方式，即利用流体的压力能来传递能量，具体分为液体传动和气体传动，如图1.4所示。

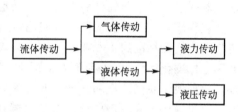

图 1.4　流体传动分类示意图

在液体传动中，利用液体的静压能来传递动力的称为液压传动，而利用液体的动能来传递动力的称为液力传动。

流体传动相对于机械传动而言还是一门较新的学科，从17世纪中叶(1648年)法国人帕斯卡(B. Pascal)提出液体压力传递的基本定律以来，液压传动经历了300多年的发展历史。随着科学技术的不断发展，流体传动技术本身也在不断发展。18世纪末(1795年)英国制造出世界第一台液压机。在第二次世界大战期间及战后，由于军事及民用需求的刺激，流体传动技术得到了迅猛发展，出现了以电液伺服系统为代表的响应快、精度高的液压元部件和控制系统。20世纪50年代以后，随着战后世界各国经济的恢复和发展，生产过程自动化程度的不断提高，流体传动技术很快转入民用工业。与此同时，流体传动在随动和伺服方面的研究取得了很大进展，美国麻省理工学院(MIT)出版了著名的《液压气动控制》一书。20世纪60年代出现了板式、叠加式液压系列阀。流体传动技术随着原子能、空间技术、计算机技术的发展而迅速发展，当前流体传动技术正向快速、高效、高压、大功率、低噪声、经久耐用、高度集成化等方向发展。特别是近二十年来随着航空航天技术、控制技术、微电子技术、材料科学技术等的发展，使得流体技术已成为集传动、控制和检测于一体的一门完整的自动化技术，同时新型液压元件、气压元件和计算机辅助设计(CAD)、计算机辅助测试(CAT)、计算机直接控制(CDC)、机电一体化技术、可靠性技术等也是当前流体传动及控制技术研究的主要内容和方向。流体传动在国民经济的各个部门都得到了广泛应用，如建筑机械、工程机械、机械制造业、航空航天、石油化工等都离不开流体传动。液压传动在某些领域甚至已具有压倒性的优势，例如，目前国外生产的95%的工程机械、90%的数控机床、95%的自动流水线都采用了液压传动，因此，液压传动的发展水平和应用程度已成为衡量一个国家工业化程度的重要标志之一。

我国的流体传动行业始于20世纪50年代，最初产品只用于机床和锻压设备，后来才用到拖拉机和工程机械上。从 1952 年上海机床厂试制出我国第一只液压元件——液压泵开始，我国的液压技术经历了创业奠基、体系建立、成长壮大、引进提高等发展阶段。1964 年我国从国外引进一些液压元件和气压元件生产技术，自行设计制造技术也日益完善和提高，液压和气动行业相继开发出了电液伺服阀、电液比例溢流阀、电液比例流量阀、液压集成块、电液脉冲马达、摆线转子泵、电液比例复合阀、电液数字阀等元件，建成了从低压到高压的成套化和系列化的制造生产基地和企业，流体产品在各类设备上都得到广泛使用。特别是自 20 世纪 80 年代起，我国加快了对西方先进液压产品和技术有计划的引进、消化、吸收和国产化工作，使我国液压产品质量、经济效益、研究开发等方面有了突飞猛进的提高，但是在产品品种、性能、可靠性等方面与发达国家还有一定的差距，尚不能满足主机配套和国民经济发展的需求。目前亟须提高液压元件的制造精度，进一步开发生产质量稳定、可靠性好、技术含量高、互换性好以及具有高度集成化、模块化、智能化和网络化的液压元件和系统，以满足我国国民经济发展的需要。

在科研与生产发展的同时，我国液压行业的标准化工作也在逐步完善。目前，我国已有液压和气动标准约 150 项，其中，国家标准约 80 项，行业标准约 70 项。国家标准已经和国际标准化组织(ISO)所颁布的同类标准一致，基本满足了与国际技术和产品交流的需要，也反映了我国液压和气动行业发展的水平。

由于液压技术应用广泛，自动控制技术、计算机技术、微电子技术、摩擦磨损技术、可靠性技术及新工艺和新材料等高技术成果促使液压系统和元件的质量与水平快速提高。21 世纪的液压技术将向高性能、高质量、高可靠性、系统成套性、低能耗、低噪声、低振动、无泄漏以及污染控制、应用水基介质等适应环保要求的方向发展；液压元件将积极采用新工艺、新材料和电子高新技术，开发出高集成化、高功率密度、智能化、机电一体化以及轻型、小型和微型液压元件；气动技术向着体积小、质量小、功耗低、组合集成化的方向发展；执行元件向着种类多、结构紧凑、定位精度高的方向发展；气动元件与电子技术相结合，向智能化的方向发展；元件性能向着高速、高频、高响应、高寿命、耐高温、耐高压的方向发展，并普遍采用无油润滑器件和自润滑材料。

1.2 液压传动工作原理与组成

1.2.1 液压传动工作原理

下面通过图 1.5 所示的工程机械上常见的一种举升机构（如液压起重机的变幅机构、液压挖掘机动臂的升降机构等）来简述液压系统的工作原理。在图 1.5 中，当换向阀处于图 1.5(a) 所示位置形态时，原动机带动液压泵 8 从油箱 10 经单向阀 1 吸油，并将有压力的油经单向阀 2 排至管路，压力油沿管路经过节流阀 4 进入换向阀 5，经过换向阀 5 阀芯左边的环槽，经管路进入液压缸 7 的下腔。液压缸 7 的缸体被铰接在机座上，在压力油的推动下，活塞向上运动，通过活塞杆带动工作机构 6 产生举升运动。同时，液压缸 7 上腔中的油液被排出，经管路、换向阀 5 阀芯右边的环槽和管路流回油箱 10。

如果扳动换向阀 5 的手柄使其阀芯移到左边位置，如图 1.5(b) 所示，此时压力油经过阀芯右边的环槽，经管路进入液压缸 7 的上腔，使举升机构降落。同时，从液压缸 7 下腔排出的油液，经阀芯左边的环槽流回油箱。

从图中可以看出，液压泵输出的压力油流经单向阀 2 后分为两路：一路通向溢流阀 3，另一路通向节流阀 4。改变节流阀 4 的开口大小，就能改变通过节流阀的油液流量，以控制举升速度。而从定量液压泵输出的油液除进到液压缸外，其余部分通过溢流阀 3 返回油箱。

这里溢流阀 3 起着过载安全保护和配合节流阀改变进到液压缸的油液流量的双重作用。当溢流阀 3 中的钢球在弹簧力的作用下将阀口堵住时，压力油不能通过溢流阀 3；如果油液的压力增高到使作用在钢球上的液压作用力能够克服弹簧的作用力而将钢球顶开时，压力油就通过溢流阀 3 和管路直接流回油箱，油液的压力就不会继续升高。因此，只要调定溢流阀 3 中弹簧的压紧力大小，就可改变压力油顶开溢流阀钢球时压力的大小，这样也就控制了液压泵输出油液的最高压力，使系统具有过载安全保护作用。通过改变节流阀 4 的开口大小改变通过节流阀的油液流量，就可调节举升机构的运动速度（同时改变了通过溢流阀 3 的分流油液流量）。

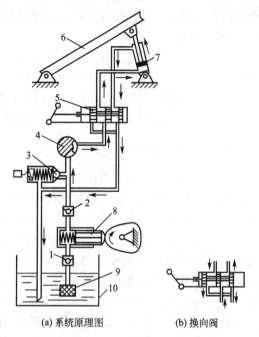

图 1.5 液压举升机构结构原理图
1、2—单向阀；3—溢流阀；4—节流阀；
5—换向阀；6—工作机构；7—液压缸；
8—液压泵；9—滤油器；10—油箱

此系统中换向阀 5 用来控制运动的方向，使举升机构既能举升又能降落；节流阀 4 控制举升的速度；由溢流阀 3 来控制液压泵的输出压力。图中 9 为网式滤油器，液压泵从油箱吸入的油液先经过滤油器，以滤清油液，保护整个系统不受污染。

从上面这个简单的例子可以看出：
(1) 流体传动是以液体或者气体为工作介质传递动力的；
(2) 流体传动是用流体的压力能传递动力的，系统的工作压力取决于负载，运动速度取决于流量；
(3) 流体传动中的工作介质（液体或者气体）是在受控制和调节的状态下进行工作的，因此，流体传动与流体控制是融为一体的。

1.2.2 液压传动的组成

通过上述分析可知，一个完整的液压系统要能正常工作，一般要包括五个组成部分。
(1) 动力元件：即能源装置，液压系统一般以液压泵或蓄能器作为动力元件，其气动系统是空气压缩机和储存罐。其作用是将原动机输出的机械能转换成流体压力能，并向系统或用气点供给压力流体。
(2) 执行元件：包括液压缸或气缸、液压马达或气马达，前者实现往复运动，后者实现旋转运动，其作用是将液压能转化成机械能，输出到工作机构上。
(3) 控制元件：包括压力控制阀、流量控制阀、方向控制阀和行程阀等，其作用是控制和调节流体系统的压力、流量和液流方向以及充当信号转换、逻辑运算、放大等功能的信号控制元件,以保证执行元件能够得到所要求的力(或扭矩)、速度(或转速)和运动方向(或旋转方向)。

(4) 辅助元件:包括油箱、管路、管接头、滤油器、消声器、油雾器、滤气器以及各种仪表等。这些元件也是流体系统必不可少的。

(5) 工作介质:用以传递能量,同时还起散热和润滑作用。液压系统用液压油作为工作介质,气动系统用压缩空气作为工作介质。

1.2.3 液压传动的图形符号

由图 1.5 可以看出,液压与气压传动结构式原理图近似于实物的断面图,虽然直观性强,比较容易理解,并且在液压系统出现故障时,根据此原理图进行检查、分析也比较方便,但是绘制麻烦,特别是当系统中元件较多时,绘制非常不方便,并且反映不出元件的职能作用,必须根据元件的结构进行分析才能了解其作用。另有一种职能符号式液压与气压系统原理图,能极大地简化液压和气压系统原理图的绘制。在这种原理图中,各液压元件都用符号表示,这些符号只表示元件的职能和连接系统的通路,并不表示元件的具体结构,这对专利元件结构更具有保密性。我国制定的液压与气动系统图形符号标准 GB/T 786.1—2009《流体传动系统及元件图形符号和回路图 第 1 部分 用于常规用途和数据处理的图形符号》就是采用职能式符号,其中规定符号都以元件的静止位置或零位置表示。所以图 1.5 所示的液压系统结构式原理图可用职能式符号表示成图 1.6 所示。

在图 1.6(a)中,换向阀 5 处于中间位置,其压力油口、通液压缸的两个油口以及回油

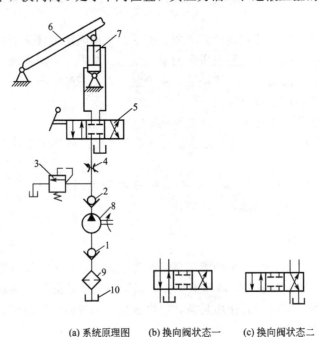

(a) 系统原理图　(b) 换向阀状态一　(c) 换向阀状态二

图 1.6　用图形符号表示的液压系统原理图

1、2—单向阀;3—溢流阀;4—节流阀;5—换向阀;6—工作机构;
7—液压缸;8—液压泵;9—滤油器;10—油箱

口，均被阀芯堵住。这时液压泵输出的油液全部通过溢流阀 3 流回油箱，工作机构 6 不动。如操纵手柄将换向阀 5 阀芯向右推，油路连通情况就如图 1.6(b)所示，这时液压缸 7 下腔通压力油，上腔通油箱，液压缸活塞带动工作机构向上举升。如将换向阀 5 阀芯向左推，油路就如图 1.6(c)所示，工作机构向下降落。溢流阀 3 上的虚线代表控制油路，控制油路中油液的压力即为液压泵的输出油压，当该压力油的作用力能够克服弹簧力时，即下压溢流阀的阀芯使液压泵出口与回油管构成通路，产生溢流保护作用。

1.3 液压传动的特点及应用

1.3.1 液压传动的特点

液压传动与机械传动相比，具有以下的优点：

(1) 液压传动操作控制方便，易于实现无级调速而且调速范围大，调速范围可达数百，最大至 2000∶1。

(2) 液压传动体积小，单位功率的质量小，一般只有电动机的 1/10，单位质量输出功率大，容易获得较大的力和力矩，具有运动惯性小、动态性能好的优点。因而启动、制动迅速，运动平稳，利于相关部件和控制系统的小型化和微型化。如轴向柱塞泵的质量仅是同功率直流发电机质量的 10%～20%，前者尺寸仅为后者的 12%～13%。对于工程建设机械，这个优点表现尤为突出。

(3) 可以简便地与电控部分结合，组成电液控制、气电控制或气液控制的传动和控制一体化系统，实现各种自动控制优势互补。这种控制既具有流体传动输出功率适应范围大的特点，又具有电子控制方便灵活的特点。现代机械装备已越来越多地采用此种方法。

(4) 工作安全性好，具有实现过载保护功能，并有自润滑作用。

(5) 易于实现标准化、系列化和通用化，便于设计、制造和推广使用。

液压传动具有以下主要缺点：

(1) 液压传动要经过两次能量转换，传动效率低。再加上受泄漏和流动阻力的影响，其传动效率一般为 75%～85%。

(2) 工作性能易受温度影响。温度的变化引起液压油黏度的变化，不能在高温情况下工作，温度波动影响其工作性能。

(3) 液压元件的制造和维护要求较高，价格也较贵。

(4) 液压系统容易泄漏，当油液中有空气和水分时会影响系统的传动比。

(5) 液压系统出现故障时查找困难。

由于液压传动有其突出的优点，目前在国内外机械设备上得到了广泛的应用。从挖掘机、装载机、机床、航运船舶、航空飞行器、民用娱乐装置、戏剧舞台等都实现了液压传动。这些机械装置采用流体传动后，普遍比原来同规格的机械传动产品减小了外形尺寸，减轻了质量，提高了产品性能。由于采用了各种液压助力装置，使操作大大简化、轻巧和灵便，大大提高了作业效率、质量和运行安全保障。尤其是近年来，微电子技术在流体技术上的应用，使各类机械装置的综合自动化水平越来越高，提升了机械设备的使用可靠性、操作安全性、舒适性和延长了使用寿命。

总之，液压传动的优点是显而易见的，随着设计制造和使用水平的不断提高，其缺点也正在逐步被克服，从而使流体传动有着更广泛的发展前景。

1.3.2 液压传动的应用

驱动机械运动的机构和操纵装置有多种形式。根据所用的部件和零件不同，具体形式可分为机械、电气、气动、液压等，还可将这些不同的形式组合起来，形成四位一体的综合传动形式。液压传动是一种新颖的传动方式，其被广泛应用于金属切削机床到现在也不过五六十年，航空工业在20世纪30年代以后才开始采用液压传动。但是液压传动具有独特的优点和技术优势，成为现代机械工程的基本技术构成和现代控制工程的基本技术要素，特别是最近二三十年来，在各种工业行业中的应用程度与日俱增，应用范围也越来越广泛。液压传动在各类机械工业部门的应用情况见表1-1。

表1-1 液压传动在各类机械行业中的应用实例

行业名称	应用场所举例
起重机械	汽车吊、港口龙门吊、叉车、装卸机械、带式运输机等
矿山机械	凿岩机、开掘机、开采机、破碎机、提升机、液压支架等
建筑机械	打桩机、液压千斤顶、平地机等
农业机械	联合收割机、拖拉机、农具悬挂系统等
冶金机械	电炉炉顶及电极升降机、轧钢机、压力机等
轻工机械	打包机、注塑机、校直机、橡胶硫化机、造纸机等
汽车工业	自卸式汽车、平板车、高空作业车、汽车中的转向器、减振器等
智能机械	折臂式小汽车装卸器、数字式体育锻炼机、模拟驾驶舱、机器人等

在国防军事工业中，海、陆、空各种作战武器均采用了液压和气动技术。如飞机起落架和机翼动作及控制、舰艇炮塔运动及控制、导弹导向飞行及控制、雷达动作及控制等。

在工程建设施工设备方面，从挖掘机、装载机、推土机、铲运机、平地机到混凝土泵、振动压路机等都实现了液压和气动化。这些机械采用流体技术后外形尺寸减小、质量减小、产品性能提高、操作简化灵便，提高了作业效率和作业质量。尤其是提高了机械设备的使用可靠性、操作安全性、舒适性并延长了使用寿命，使其适应性更强。

在机床上，磨床砂轮架和工作台的进给运动大部分采用液压传动；车床、六角车床、自动车床的刀架或转塔刀架，铣床、刨床、组合机床等的工作台进给运动也都采用了液压传动；龙门刨床的工作台、牛头刨床或插床的滑枕，由于要求作高速往复直线运动，并且要求换向冲击小、换向时间短、能耗低，因此都可以采用液压传动；仿形装置车床、铣床、刨床上的仿形加工常采用液压伺服系统来完成，其精度可达 0.01~0.02mm；机床上的夹紧装置、齿轮箱变速操纵装置、丝杆螺母间隙消除装置、垂直移动部件平衡装置、分度装置、工件和刀具装卸装置、工件输送装置等，也采用气压或液压机构。在机床上采用液压和气压机构利于简化机床结构，提高机床自动化程度。

小 结

本章介绍了液压传动的基本概念、工作原理、系统组成，液压传动的国内外发展状况、水平和发展趋势，以及液压传动的特点和应用。其中，液压传动是利用液体作为工作介质，并利用液体压力来传动动力。液压传动系统由动力元件、执行元件、控制元件、辅助元件和油液介质五部分组成。液压传动技术正向快速、高效、高压、大功率、低噪声、经久耐用、高度集成化等方向发展，同时计算机辅助设计(CAD)、计算机辅助测试(CAT)、计算机直接控制(CDC)、机电一体化技术、可靠性技术等也是液压控制技术的主要研究内容和发展方向。液压传动与其他传动比较具有显著特点，在国民经济的各个部门都得到了广泛应用，如建筑机械、工程机械、机械制造业、航空航天、石油化工等。液压传动的发展水平和应用程度已成为衡量一个国家工业先进程度的重要标志之一。

【关键术语】

流体传动　液压传动　液力传动　基本原理　特点　应用　研究状况　发展趋势

综 合 练 习

一、填空题

1. 流体分为_____流体和_____流体两类，其中，气体和液体都可以用作能量传递的介质。

2. 通常情况下一台完整的机器设备由_____、_____和_____三大部分组成。

3. 在各类机械设备中，传动是指能量或动力由发动机向工作装置的传递，根据传递能量的工作介质不同，将传动分为_____、_____和_____。

4. 液压传动的发展水平和应用程度，已成为衡量一个国家_____程度的重要标志之一。

5. 完整的液压系统要能正常工作，一般要包括_____、_____、_____、_____和_____五个组成部分。

6. 液压系统的压力取决于_____，而速度取决于_____。

二、问答题

1. 什么是流体传动？流体传动的主要组成部分是什么？
2. 举例说明液压传动的工作原理和液压传动系统的构成。
3. 液压传动的优点和缺点分别是什么？
4. 液压传动的发展趋势是什么？

第 2 章 液压流体力学基础

本章学习目标

★ 了解液压油黏度的物理意义、表示方法以及液压油的选用；
★ 理解静止液体的力学性质和静力学基本方程；
★ 掌握流动液体的基本方程，即连续性方程、能量方程(伯努利方程)和动量方程；
★ 了解液体流动时的节流压力损失，即局部和沿程节流压力损失的分析和计算；
★ 掌握液体流经各类小孔及缝隙的流量计算方法；
★ 了解液压冲击、气穴现象及其危害。

本章教学要点

知识要点	能力要求	相关知识
液压传动工作介质	了解液压油的物理特性、选用和注意事项	油液黏度的物理意义、表示方法和影响因素
液体静力学基础	了解液体的静力学性质和静力学基本方程	液体静力学基本知识，即压力分布、表示方法、压力单位和帕斯卡原理
流体动力学基础	掌握流体基本方程以及流体流经各类小孔、缝隙的流量与压力关系	油液连续性方程、能量方程和动量方程，油液的局部和沿程节流压力损失及其叠加计算
液压冲击和气穴现象	了解液压冲击、气穴现象及它们的危害	液压冲击、气穴现象和气蚀产生的机理

本章学习方法

本章所涉及的基本概念、基本方程、压力以及流量的计算是液压传动技术的基础，对正确理解和掌握液压传动的基本原理是十分重要的。首先要掌握静止液体的力学性质，如静压力及其性质、压力的表示方法及单位；其次要掌握流动液体的一些基本概念，如理想液体与实际液体、稳定流动与非稳定流动、流量与流速等，理解液体流动时所具有的能量形式、单位以及相互转换关系，区分理想液体的能量方程与实际液体的能量方程的异同及产生差异的原因，掌握沿程压力损失与局部压力损失的概念及计算方法，正确分析并计算液体流经小孔及缝隙的流量，并利用所学的高等数学理论知识，掌握基本数学模型的建立和推导过程。

导入案例

汽车液压筒式减振器特性及影响因素分析

目前汽车上广泛使用的减振器为液压筒式减振器,如图2.1所示。

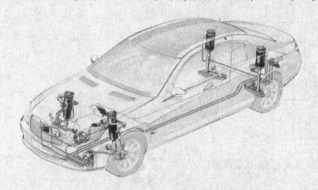

图2.1 液压减振器在汽车上的装配图

液压筒式减振器与弹簧以及导向杆组成车辆悬架系统,如图2.2所示。

悬架系统决定和影响车辆的乘坐舒适性、操作平顺性和驾驶安全性,其中,液压筒式减振器是车辆悬架系统的重要部件,其特性主要是指当车身振动带动活塞上、下运动时,在不同速度下油液流经节流阀所产生的节流阻尼力大小不同。减振器阻尼特性是由减振器结构、节流阀结构和油液参数所决定的,其中,液压筒式减振器断面图如图2.3所示。

图2.2 车辆悬架系统示意图

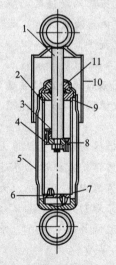

图2.3 液压筒式减振器断面图

1—活塞杆;2—内缸筒;3—活塞;4—流通阀;
5—外缸筒;6—补偿阀;7—压缩阀;8—复原阀;9—导向器;10—密封圈;11—防尘罩

液压筒式减振器大都采用双筒式结构,有四个阀,分别是复原阀、补偿阀、压缩阀和流通阀,其中,复原阀和压缩阀对减振器特性起决定性作用。节流阀是由节流阀体、常通节流孔、节流阀片(一般为多片叠加)和限位挡圈组成的。减振器节流阀的结构原理如图2.4所示。

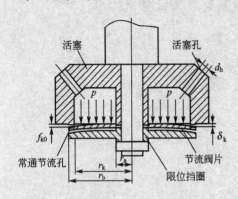

图2.4 减振器节流阀的结构原理图

图2.4中，r_a为节流阀片内半径；r_k为阀口位置半径；r_b为节流阀片外半径；f_{k0}为节流阀片预变形量，是由阀片安装结构决定的；d_h为活塞孔直径；p为节流阀片所受压力；δ_k为阀口开度。

在减振器复原运动过程中，在活塞上腔的油液流经相应活塞孔，然后流经常通节流孔和节流阀片与活塞下端面之间的节流缝隙，流到活塞下腔而产生节流压力，在某一速度下节流压力与相应面积的乘积，即为减振器在该速度下的复原阻尼力。

因此，要根据减振器速度与油液流量、节流压力、阀片变形之间关系，建立精确的减振器阀系参数设计和特性仿真数学模型，不仅需要精确的阀片变形解析计算公式，还必须对减振器油液特性及其流经各处的节流损失特性进行分析，即应对以下几方面进行分析：

（1）减振器油液黏度随温度和压力的变化规律及其特性；
（2）减振器临界速度的建立，即当减振器运动速度大于临界速度时，减振器油液流经活塞孔时为紊流；
（3）减振器油液流经活塞孔（细长孔）时的非线性沿程节流损失解析计算；
（4）减振器油液从活塞上腔流到下腔，由于方向改变、面积突然变大和变小所引起的各局部节流损失；
（5）各局部节流损失叠加及其等效沿程损失、活塞孔等效长度的计算；
（6）减振器油液流经常通节流孔、节流缝隙的节流压力与流量之间的关系；
（7）减振器初次开阀速度和最大开阀速度，以及开阀前、后的油路。

问题：
1. 减振器内缸筒直径为D，活塞孔直径和个数分别为d_h和n_h，油液临界雷诺系数为Re，如何确定减振器临界速度v_c的数值？
2. 减振器内部有油液，为何活塞杆却会出现灼伤？
3. 减振器阻尼力是怎么形成的？
4. 节流阀片厚度为h_1，常通节流孔的宽度和个数分别为b_{A0}和n_{A0}，则常通节流孔的总面积为多少？
5. 为何有的减振器使用一段时间后会出现反弹现象？

2.1 液压传动的工作介质

液压传动是以液体作为工作介质进行能量转换、传递与控制的。流体力学是研究流体在外力作用下的平衡和运动规律的一门学科。与液压传动和控制密切相关的流体力学基础知识,对了解液体的物理性质,掌握液体在静止和运动过程中的基本力学规律以及掌握液压传动的基本原理是十分重要的,同时这些内容也是合理设计和使用液压系统的理论基础。

在液压传动系统中,液压油具有良好的润滑性能,是传递能量的优秀工作介质。另外还有各种特性不同的液压介质可供选择,以满足各类应用场合的需要。为合理选择与使用液压油,首先必须了解液压油的一些重要特性。

2.1.1 液压油的性质

1. 密度

单位体积液体所具有的质量称为该液体的密度,用 ρ(单位 kg/m^3)表示,即

$$\rho=\frac{m}{V} \tag{2-1}$$

式中,m 为液体的质量(kg);V 为液体的体积(m^3)。

液体的密度随温度的升高而下降,随压力的增加而上升。对于液压传动中常用的液压油(矿物油)来说,在常用的温度和压力范围内,密度变化很小,可忽略不计。在计算时,液压油密度常取 $\rho=900kg/m^3$。

2. 压缩性

液体受压力作用而发生体积变化的性质称为液体的可压缩性。可压缩性的大小用体积压缩系数 κ 表示,其定义为:单位压力变化引起的液体体积的相对变化量。其表达式为

$$\kappa=-\frac{1}{\Delta p}\cdot\frac{\Delta V}{V} \tag{2-2}$$

式中,V 为液体的初始体积;ΔV 为液体体积在压力变化 Δp 时的变化量;Δp 为液体压力的变化量。

由于压力增大时液体的体积减小,因此为了使 κ 为正值,式(2-2)的右边须加一负号。液压体积压缩系数 κ 的倒数称为液体体积弹性模量,用 K 表示,即

$$K=\frac{1}{\kappa}=-\frac{\Delta p V}{\Delta V} \tag{2-3}$$

在实际应用中,常用 K 值说明液体抵抗压缩能力的大小,它表示产生单位体积相对变化量所需的压力增量。

液压油的体积弹性模量 $K=(1.4\sim2)\times10^9 Pa$,是钢的 $0.67\%\sim1\%$。在系统压力变化不是很大时,可忽略液压油的可压缩性,即认为油液是不可压缩的。当系统压力变化较大或研究液压系统的动态特征、设计液压伺服系统时,必须考虑油液的可压缩性。

在实际液压系统中,液压油中混有空气,其压缩性显著增加,体积弹性模量显著减小,这将严重影响液压系统的工作性能。因此液压系统中应尽量减少油液中的空气含量。由于实际液压系统的液压油中,难免会混有空气,在工程计算中通常对矿物油型液压油取 $K=(0.7\sim1.4)\times10^9 Pa$。

液压油液的体积弹性模量与温度、压力有关。温度升高时,K 值减小,在液压油液正常的工作温度范围内,K 值会有 $5\%\sim25\%$ 变化。压力增大时,K 值增大,反之则减小,但这种变化呈非线性。

封闭在容器内的液体在外力作用下的情况极像一根弹簧,外力增大,体积减小;外力减小,体积增大。在液体承压面积 A 不变时,可以通过压力变化 $\Delta p=\Delta F/A$(ΔF 为外力

变化值)、体积变化 $\Delta V = A \cdot \Delta l$($\Delta l$ 为液柱长度变化值)和式(2-3),求出它的液压弹簧刚度 k_h,即

$$k_h = -\frac{\Delta F}{\Delta l} = \frac{A^2 K}{V} \qquad (2-4)$$

3. 黏性

1) 黏性的意义

液体在外力作用下流动时,由于液体分子间的内聚力而产生的阻止液体分子相对运动的内摩擦力的性质称为黏性。黏性的大小用黏度表示。黏度是液体最重要的物理性质之一,也是选择液压用油的主要依据。

液体流动时,由于它和固体壁面间的附着力以及它的黏性,会使其内各液层间的速度大小不等,如图 2.5 所示。设在两个平行平板之间充满液体,两平行平板间的距离为 h,当上平板以速度 u_0 相对于静止的下平板向右移动时,紧贴于上平板极薄的一层液体,在附着力的作用下,也随着上平板一起以 u_0 的速度向右运动;紧贴于下平板极薄的一层液体则和下平板一起保持不动;而中间各层液体从上到下按递减的速度向右运动,这是因为相邻两薄层液体间存在内摩擦力,该力对上层液体起阻滞作用,而对下层液体起拖拽作用。当两平板间的距离较小时,各液层的速度近似按线性规律分布。

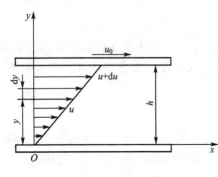

图 2.5　液体黏性示意图

实验测定表明:液体流动时,相邻液层间的内摩擦力 F 与液层间的接触面积 A 和液层间相对运动的速度 du 成正比,而与液层间的距离 dy 成反比,即

$$F = \mu A \frac{du}{dy} \qquad (2-5)$$

式中,μ 为比例系数,称为动力黏度;$\frac{du}{dy}$ 为速度梯度,即相对运动速度对液层距离的变化率。

若以 τ(切应力)表示液层间单位面积上的内摩擦力,则

$$\tau = \frac{F}{A} = \mu \frac{du}{dy} \qquad (2-6)$$

式(2-6)称为牛顿液体内摩擦定律。

由式(2-5)可知,在静止液体中,因速度梯度 $\frac{du}{dy}=0$,故内摩擦力为零。

2) 液体的黏度

液体黏性的大小用黏度表示。常用的黏度有三种,即动力黏度、运动黏度和相对黏度。

(1) 动力黏度 μ。动力黏度又称绝对黏度,根据牛顿液体内摩擦定律可得

$$\mu = \frac{\tau}{du/dy} \qquad (2-7)$$

由此可知,液体动力黏度的物理意义是:当速度梯度等于 1 时,相互接触的液体层间

单位面积上的内摩擦力。

动力黏度 μ 的法定计量单位是 $Pa \cdot s$($1Pa \cdot s=1N \cdot s/m^2$),以前沿用的单位为泊(P, $dyn \cdot s/cm^2$),两者之间的换算关系为

$$1Pa \cdot s = 10P$$

(2) 运动黏度 ν。动力黏度 μ 和液体密度 ρ 之比值称为运动黏度,用 ν 表示,即

$$\nu = \frac{\mu}{\rho} \tag{2-8}$$

液体的运动黏度没有明确的物理意义,但它在工程实际中经常用到。因为它的单位只有长度和时间的量纲,类似于运动学的量纲,所以被称为运动黏度。它的法定计量单位为 m^2/s,以前沿用的单位为 cm^2/s(St)或 mm^2/s(cSt),它们之间的关系是:$1m^2/s=10^4 St=10^6 cSt$。

工程中常用运动黏度来表示液压油的黏度。如液压油的牌号,就是用它在40℃时运动黏度的平均值来表示的。32号液压油就是指在40℃时的运动黏度平均值为 $32mm^2/s$。

(3) 相对黏度。动力黏度和运动黏度是理论分析和计算时经常使用的黏度,但它们都难以直接测量。因此在工程上常使用相对黏度。相对黏度又称条件黏度,它是采用特定的黏度计在规定的条件下测量出来的黏度。用相对黏度计测量出它的相对黏度后,再根据相应的关系式换算成运动黏度或动力黏度,以便于使用。在相对黏度中,中国、德国、俄罗斯等国家采用恩氏黏度°E,美国、英国等国家采用通用赛氏秒 SSU,美国、英国还用商用雷氏秒 R_1S,法国等采用巴氏度°B。

恩氏黏度由恩氏黏度计测定,即将200ml温度 t(℃)的被测液体,流经直径为2.8mm小孔所需的时间 t_1,然后测出同体积的蒸馏水在20℃时流过同一小孔所需的时间 t_2。t_1 与 t_2 的比值即为该液体在 t(℃)时的恩氏黏度。恩氏黏度用符号°E表示,即

$$°E = \frac{t_1}{t_2} \tag{2-9}$$

一般以20℃、40℃及100℃作为测定液体恩氏黏度的标准温度,由此而得到的恩氏黏度分别用°E_{20}、°E_{40} 和°E_{100} 来标记。

恩氏黏度和运动黏度可用下面的经验公式换算:

$$\nu = \left(7.31°E - \frac{6.31}{°E}\right) \times 10^{-6} \tag{2-10}$$

其他黏度之间的换算关系可参考有关书籍。

两种混合油液的恩氏黏度,可按以下公式进行计算:

$$°E = \frac{a°E_1 + b°E_2 - c(°E_1 - °E_2)}{100}$$

式中,a、b 为两种油液所占的百分比;°E_1、°E_2 为两种油液的恩氏黏度;c 为实验系数。

3) 黏度与压力的关系

当压力增加时,液体分子间距离减小,内聚力增加,其黏度也有所增加,液压油的动力黏度 μ 与压力 p(MPa)的关系为

$$\mu = \mu_0 e^{kp} \tag{2-11}$$

式中,μ_0 为1标准大气压力下液压油的动力黏度($Pa \cdot s$);k 为随液压油而异的指数,即压粘系数,对矿油型液压油 $k=(0.015 \sim 0.03)$。

在液压系统中,若系统的压力不高,压力对黏度的影响较小,一般可忽略不计。当压

力高于50MPa时,压力对黏度的影响较明显,则必须考虑压力对黏度的影响。

4)黏度与温度的关系

液压油的黏度对温度的变化极为敏感,温度升高,黏度将显著降低。油的黏度随温度变化的性质称为黏温特性。不同种类的油液有不同的黏温特性,油液黏度的变化将直接影响液压系统的性能和泄漏量,因此,希望油液的黏度随温度的变化越小越好,液压油黏度与温度的关系可以用下式表示:

$$\mu_t = \mu_0 e^{-\lambda(t-t_0)} \approx \mu_0(1-\lambda\Delta t) \qquad (2-12)$$

式中,λ为随液压油而异的常数,即温黏系数。

图2.6所示为一些典型液压油的黏温曲线。

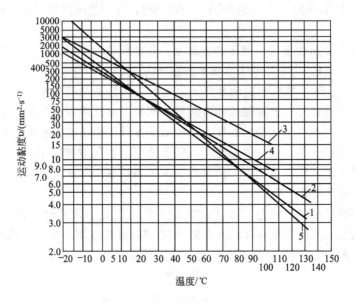

图2.6 液压介质的黏温曲线
1—YA液压液;2—YD液压液;3—YRB液压液;4—YRC液压液;5—YRD液压液

液压油的黏温特征可以用黏度指数Ⅵ来表示,Ⅵ值越大,表示油液黏度随温度的变化率越小,即黏温特性越好。一般液压油要求Ⅵ值在90以上,精制的液压油及加有添加剂的液压油,其Ⅵ值可大于100。

4. 其他特性

液压油还有其他一些物理化学性质,如抗燃性、抗氧化性、抗泡沫性、抗乳化性、防锈性、抗磨性等,这些性质对液压系统的性能也影响较大。对于不同品种的液压油,这些性质的指标是不同的,具体应用时可查油类产品手册。

2.1.2 液压介质的使用要求和选用

1. 对液压介质的要求

液压油既是液压传动与控制系统的工作介质,又是各种液压元件的润滑剂,因此液压油的性能会直接影响液压系统的功能,如工作可靠性、灵敏性、稳定性、系统效率和零件寿命等。选用液压油时应满足下列要求:

(1) 黏度适宜和黏温特性好。适宜的黏度和良好的黏温特性对液压系统来说是十分重要的。在使用的温度范围内，黏度随温度的变化越小越好。一般液压系统所用的液压油的黏度范围为 $\nu=(11.5\sim35.3)\times10^{-6}\,\text{m}^2/\text{s}$。

(2) 润滑性能好。液压设备中，除液压元件外，还有一些相对运动的零件，也需要润滑，因此液压油应具有良好的润滑性和足够的油膜强度，以免产生干摩擦。

(3) 稳定性要好，即对热、氧化、水解和剪切都有良好的稳定性，使用寿命长。在储存和工作过程中要不易氧化变质，以防胶质沉淀物影响系统正常工作；要防止油液变酸，腐蚀金属表面。油液抵抗其受热时发生化学变化的能力称为油液的热稳定性，热稳定性差的油液在温度升高时容易使油的分子裂化或聚合，产生脂状沥青、焦油等物质。由于这种化学反应是随温度升高而加快的，所以一般液压油的工作温度限制在 65℃以下。油液与空气中的氧或其他含氧物质发生反应后生成酸性化合物，能腐蚀金属，这种化学反应的速度越慢，氧化稳定性就越好。

油液遇水发生分解变质的程度称为水解稳定性。水解变质后的油液黏度降低，腐蚀性增加。油液在很高的压力下通过很小的缝隙或孔时，由于机械剪切作用使油的化学结构发生变化，黏度减小。要求油液具有抗剪切稳定性，不致受机械剪切作用而使其黏度降低。

(4) 消泡性好。油液中含有的杂质易堵塞油路，若含有易挥发性物质，则会使油液中产生气泡，影响运动平稳性。泡沫一旦随油液进入液压系统，就会引起振动、噪声以及油的压缩性增大等不良现象，因此需要液压油具有能够迅速而充分地放出气体而不致形成泡沫的性质，即消泡性。为了改善油的消泡性，油液中可加入消泡添加剂。

(5) 凝固点低，低温流动性好。为了保证能够在寒冷气候情况下正常工作，液压油的凝固点要低于工作环境的最低温度，保证低温流动性，在低温下能够正常工作。

(6) 闪点高。对于高温或有明火的工作场合，为满足防火安全的需要，油的闪点要高。

(7) 杂质少。

2. 液压介质的种类

液压介质的品种很多，主要可分为三大类型：石油型、合成型和乳化型。液压油的主要种类和性能见表 2-1。

表 2-1 液压油的主要种类和性能

性能\种类	可燃性液压油			抗燃性液压油			
	矿物油类			合成液		乳化液	
	通用液压油	抗磨液压油	低温液压油	磷酸酯液	水-乙二醇液	油包水型	水包油型
密度/(kg·m^{-3})	850~900			1100~1500	1040~1100	920~940	1000
黏度	小~大	小~大	小~大	小~大	小~大	小	小
黏度指数Ⅵ不小于	90	95	130	130~180	140~170	130~150	极高
润滑性	优	优	优	良	良	良	可
防锈蚀性	优	优	优	良	良	良	可
闪点不低于/℃	170~200	170	150~170	难燃	难燃	难燃	不燃
凝点不高于/℃	-10	-25	-35~-45	-20~-50	-50	-25	-5

石油型液压油是以矿物油为原料，精炼后按需要加入适当添加剂而成。这类液压油润滑性好，但抗燃性差。

目前我国液压传动系统或设备采用机械油和汽轮机油的情况很普遍。机械油是一种工业用润滑油，价格低廉，但精制深度较浅，化学稳定性较差，使用时易生成黏稠物质阻塞元件小孔，影响系统性能。使用这种油时，系统的压力越高，问题越严重。因此只有在低压系统且要求很低时才可以应用机械油，至于汽轮机油，虽经深度精制并加有抗氧化、抗泡沫等添加剂，其性能优于机械油，但这种油的抗磨性和防锈性不如通用液压油。

通用液压油一般是以汽轮机油作为基础油再加以各种添加剂配制而成的，其抗氧化性、抗磨性、抗泡沫性、黏温特性均好，广泛适用于中低压系统，一般机床液压系统最适宜使用这种油。对于高压或中高压系统，可根据其工作条件和特殊要求选用抗磨液压油、低温液压油等专用油类。

石油型液压油有很多优点，其主要缺点是具有可燃性。在一些高温、易燃、易爆的工作场合，为安全起见，应该使用抗燃性液压油，如磷酸酯、水-乙二醇等合成液，或油包水、水包油等乳化液。

3. 液压油的选用

首先应根据液压系统的使用环境和工作条件选用合适的液压油类型，类型确定后再选择油的牌号。

对液压油牌号的选择，主要是对油液黏度等级的选择，因为黏度对液压系统的稳定性、可靠性、效率、温升以及磨损都有显著的影响。在选择黏度时应注意以下几方面的情况。

(1) 液压系统的工作压力：工作压力较高的液压系统宜选用黏度较大的液压油，以便于密封，减少泄漏；反之，可选用黏度较小的液压油。

(2) 环境温度：环境温度较高时宜选用黏度较大的液压油，因为环境温度高会使油的黏度下降。

(3) 运动速度：当工作部件的运动速度较高时，为减小液流的摩擦损失，宜选用黏度较小的液压油。

在液压传动系统中，液压泵的工作条件最为苛刻。它不但压力大，转速和温度也较高，而且液压油液被泵吸入和被泵压出时要受到剪切作用，所以一般根据液压泵的要求来确定液压油液的黏度。同时，因油温对油液的黏度影响极大，过高的油温不仅改变了油液的黏度，而且还会使常温下平和、稳定的油液变得带有腐蚀性，分解出不利于使用的成分，或因过量的气化而使液压泵吸空，无法正常工作。所以应根据具体情况控制油温，使泵和系统在油液的最佳黏度范围内工作。

各类液压泵适用的黏度范围见表2-2。

表 2-2　各类液压泵适用的黏度范围　　　　　单位：Pa·s

液压泵类型		$\nu(40℃)/(10^6 m^2 \cdot s^{-1})$	
		环境温度 5~40℃	环境温度 40~80℃
叶片泵	$p<7$MPa	30~50	40~75
	$p\geq 7$MPa	50~70	55~90
齿轮泵		30~70	95~165
轴向柱塞泵		40~75	70~150
径向柱塞泵		30~80	65~240

2.2 液体静力学基础

液体静力学研究液体处于静止状态下的力学规律以及这些规律的应用。这里所说的静止,是指液体内部质点之间没有相对运动,至于液体整体,完全可以像刚体一样作各种运动。

2.2.1 液体静压力及特征

作用在液体上的力有两类,即质量力和表面力。

质量力是作用在液体质点上的力,其大小与质量成正比,如重力、惯性力等。

表面力是作用在液体表面上的力,表面力可以是其他物体(如活塞重力、大气压力)作用在液体上的力,这是外力;也可以是一部分液体作用在另一部分液体上的力,这是内力。

作用在液体表面上的力可以分为切向力和法向力。当液体静止时,由于液体质点之间没有相对运动,不存在切向摩擦力,所以作用在静止液体表面上的力只有法向力。

静止液体在单位面积上所承受的法向力称为静压力,如果在液体内部某点处微小面积 ΔA 上作用法向力 ΔF,则当 ΔA 趋于零时 $\Delta F/\Delta A$ 的值即为该点的静压力,用 p 表示,即

$$p = \lim_{\Delta A \to 0} \frac{\Delta F}{\Delta A} \qquad (2-13)$$

若在液体的面积 A 上,所受的为均匀分布的作用力 F,则静压力可表示为

$$p = \frac{F}{A} \qquad (2-14)$$

由于液体质点间的内聚力很小,不能受拉,因此液体的静压力总是只能沿着液体表面的内法线方向。液体的静压力在物理学上称为压强,但在液压传动中习惯称为压力。液体的静压力有如下特性:

(1) 液体的静压力沿着内法线方向作用于承压面;
(2) 静止液体内,任意一点所受到的各个方向的静压力都相等。

2.2.2 静力学基本方程

在重力作用下,密度为 ρ 的液体在容器中处于静止状态,其外加压力为 p_0,它的受力情况如图 2.7(a)所示,除了液体重力、液体表面上的外加压力之外,还有容器壁面作用在液体上的压力。如要计算离液面深度为 h 处某一点的压力时,可以取出底面包含该点的一个微小垂直液柱来研究,如图 2.7(b)所示。

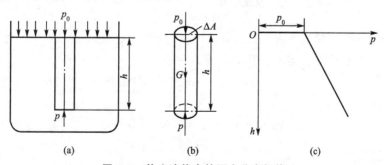

图 2.7 静止液体内的压力分布规律

液柱顶面受外加压力 p_0 作用,底面上所受的压力为 p,微小液柱的端面积为 ΔA,高为 h,其体积为 $h\Delta A$,则液柱的重力为 $\rho g h\Delta A$(g 为重力加速度),并作用于液柱的质心上。作用于液柱侧面上的力,因为对称分布而相互抵消。由于液体处于平衡状态,在垂直方向上的力存在如下关系:

$$p\Delta A = p_0 \Delta A + \rho g h \Delta A$$

上式两边除以 ΔA,则得

$$p = p_0 + \rho g h \tag{2-15}$$

式(2-15)即为液体静压力基本方程,该式表明:

(1) 静止液体内任一点处的压力由两部分组成:一部分是液面上的压力 p_0,另一部分是该点以上液体的自重所产生的压力 $\rho g h$。当液面上只受大气压力 p_a 时,式(2-15)可改写为

$$p = p_a + \rho g h \tag{2-16}$$

(2) 静止液体内的压力沿液体深度呈线性规律分布,如图 2.7(c)所示。

(3) 离液面深度相同处各点的压力相等。压力相等的所有点组成的面称为等压面。在重力作用下静止液体中的等压面是一个水平面。

在液压传动中,外力作用产生的压力与液体自重所产生的压力相比,后者很小,在液压传动系统中可以忽略不计,可以近似认为在整个液体内部的压力是相等的,以后在分析液压传动系统压力时,一般都采用此结论。

根据度量基准的不同,液体压力分为绝对压力和相对压力两种。绝对压力是以绝对真空作为基准来进行度量,相对压力是以当地大气压力为基准来进行度量。显然:

$$绝对压力 = 大气压力 + 相对压力$$

因大气中的物体受大气压的作用是自相平衡的,所以大多数压力表测得的压力值是相对压力,故相对压力又称表压力。在液压技术中所提到的压力,如不特别指明均为相对压力。

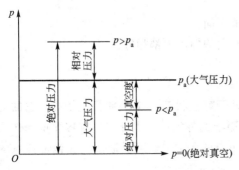

图 2.8 绝对压力、相对压力与真空度的关系

当绝对压力低于大气压力时,比大气压力小的那部分压力值称为真空度。真空度就是大气压力与绝对压力之差,即

$$真空度 = 大气压力 - 绝对压力$$

绝对压力、相对压力和真空度的关系如图 2.8 所示。

压力的单位为帕(Pa),$1Pa = 1N/m^2$,由于 Pa 的单位量值太小,在工程上常采用兆帕(MPa)表示。它们之间的换算关系为

$$1MPa = 10^6 Pa$$

压力的单位还有标准大气压(atm)以及以前沿用的单位巴(bar)、工程大气压(at,即 kgf/cm^2)、水柱高或汞柱高等,各压力的换算关系为

$$1atm = 0.101325 \times 10^6 Pa$$

$$1bar = 10^5 Pa$$

$$1at(1kgf/cm^2) = 0.981 \times 10^5 Pa$$

$$1mH_2O = 9.8 \times 10^3 Pa$$

$$1mmHg(毫米汞柱) = 1.33 \times 10^2 Pa$$

2.2.3 帕斯卡原理

由静力学基本方程可知，静止液体中任意一点处的压力都包含了液面上的压力 p_0。这说明在密闭的容器中，由外力作用所产生的压力可以等值地传递到液体内部的所有各点。这就是帕斯卡原理。

图 2.9 所示为两个面积分别为 A_1、A_2 的液压缸，缸内充满液体并用连通管使两缸相通。作用在大活塞上的负载为 F_1，缸内液体压力为 p_1，$p_1 = F_1/A_1$；小活塞上作用一个推力 F_2，缸内的压力为 p_2，$p_2 = F_2/A_2$。

根据帕斯卡原理 $p_1 = p_2 = p$，则

$$\frac{F_1}{A_1} = \frac{F_2}{A_2} = p$$

即

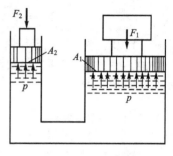

图 2.9 液压起重原理

$$F_1 = F_2 \frac{A_1}{A_2} \qquad (2-17)$$

由式(2-17)可知，由于 $(A_1/A_2) > 1$，因此可用一个很小的推力 F_2，就可以推动一个比较大的负载 F_1，液压千斤顶就是根据此原理制成的。

由式(2-17)还可以看出，若负载 F_1 增大，系统压力 p 也增大；反之，则系统压力 p 减小。若负载 $F_1 = 0$，当忽略活塞重力及其他阻力时，不论怎样推动小液压缸活塞，也不能在液体中形成压力。这说明压力 p 是液体在外力作用下受到挤压而形成和传递的。由此，可得出一个很重要的概念：液压系统中，液体的压力是由外负载决定的。

2.2.4 液体作用于固体表面上的力

在液压系统中，质量力可以忽略不计。液体和固体表面相接触时，固体表面将受到液体静压力的作用。由于静压力近似处处相等，因此可认为作用于固体表面上的压力是均匀分布的，且垂直承受压力的表面。固体表面上各点在某一方向上所受静压力的总和，就是液体在该方向上作用于固体表面上的力。

当固体表面为一平面时，作用在该表面上静压力的方向是相互平行的，且与该平面垂直。作用力 F 等于液体的压力 p 与该平面面积的乘积。即

$$F = pA \qquad (2-18)$$

当固体表面为一曲面时，曲面上各点的静压力是不平行的。但作用在曲面上各点静压力的方向均垂直于曲面，并且大小相等。在工程上通常只需计算作用于曲面上某一指定方向上的分力。例如，图 2.10 所示液压缸缸体，其半径为 r，长度为 l。

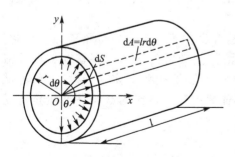

图 2.10 缸体受力计算图

如需要求出液压油对缸体右半壁内表面在水平方向上的作用力 F_x 时，可在缸体上取一微小窄条，宽为 dS，其面积为

$$dA = ldS = lrd\theta$$

则液压油作用于这块面积上的力 dF 的水平分量 dF_x 为

$$dF_x = dF\cos\theta = pdA\cos\theta = plr\cos\theta d\theta$$

对上式进行积分，得缸体右侧内壁面上所受的 x 方向的作用力为

$$F_x = \int_{-\pi/2}^{\pi/2} dF_x = \int_{-\pi/2}^{\pi/2} plr\cos\theta d\theta = 2lrp = A_x p \qquad (2-19)$$

式中，A_x 为缸筒在垂直于作用力方向 x 上的投影面积。

由此可得出：液压力在曲面某方向上的分力 F_x 等于压力 p 与曲面在该方向上投影面积 A_x 的乘积。即

$$F_x = pA_x \qquad (2-20)$$

2.3 流体动力学基础

本节主要讨论液体的流动状态、运动规律及能量转换等问题，这些都是流体动力学的基础以及液压传动中分析问题和设计计算的理论依据。

液体静止时，由于液体质点之间没有相对运动，因而液体的黏性不起作用。液体流动时，其黏性将起重要作用。液体流动时，由于重力、惯性力、黏性摩擦力等因素影响，其内部质点的运动状态各不相同。这些质点在不同时间、不同空间处的运动变化对液体的能量损耗有影响。此外，流动液体的运动状态还与液体的温度、黏度等参数有关。但对液压技术来说，研究的只是整个液体在空间某特定点处或特定区域内的平均运动情况。为了简化条件，便于分析，一般都假定在等温条件下来讨论液体的流动情况。

流动液体的连续性方程、伯努利方程和动量方程是描述流动液体力学规律的三个基本方程。前两个方程用来解决压力、流速两者之间的关系问题，动量方程用来解决流动液体与固体壁面作用力的问题。

2.3.1 流动液体的基本概念

1. 理想液体和恒定流动

由于液体具有黏性，因此在研究流动液体时必须考虑黏性的影响。但液体中的黏性问题非常复杂，为了便于分析和计算，开始分析时可先假设液体没有黏性，然后再考虑黏性的影响，并通过实验验证等办法对分析和计算结果进行补充或修正。这种方法同样可用来处理液体的可压缩性问题。一般把既无黏性也无压缩性的液体称为理想液体，把事实上既有黏性又有压缩性的液体称为实际液体。

液体流动时，若液体中任何一点的压力、流速和密度等流动参数都不随时间变化，这种流动称为恒定流动（也称定常流动）。反之，液体流动时的压力、流速和密度等流动参数中任何一个参数随时间变化的流动称为非恒定流动（也称非定常流动）。研究液压系统静态性能时，可认为液体是恒定流动的，而研究动态性能时必须按非恒定流动考虑。

2. 通流截面、流量和平均流速

液体在管道中流动时，垂直于流动方向的截面称为通流截面。单位时间内流过通流截

面的液体体积称为流量,用 q 表示,单位为 m^3/s,工程上也常用 L/min 作为单位。

设在液体中取一微小通流截面 dA,如图 2.11 所示。

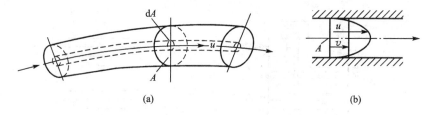

图 2.11 流量和平均流速

液体在该截面上各点流速 u 可以认为是相等的,即流过该微小通流截面 dA 的流量为

$$dq = udA \tag{2-21}$$

则流过整个通流截面 A 的流量为

$$q = \int_A u dA \tag{2-22}$$

实际液体在管道中流动时,由于黏性力的作用,整个通流截面上各点的速度 u 一般是不等的。故按式(2-22)计算流量较难。为了便于解决问题,引入了平均流速 v 的概念。即假想流经通流截面的流速是均匀分布的,液体按平均流速流动通过通流截面的流量等于以实际流速流过的流量。即

$$q = \int_A u dA = vA \tag{2-23}$$

由此得出通流截面上的平均流速为

$$v = \frac{q}{A} \tag{2-24}$$

在工程实际中,只有平均流速 v 具有应用价值(有时工程中要考虑实际流场的分布情况)。液压缸工作时,活塞的运动速度就等于缸内液体的平均流速,因此可以根据式(2-24)建立起活塞运动速度 v 与液压缸有效面积 A 和流量 q 之间的关系,当液压缸有效面积一定时,活塞运动速度取决于入出液压缸的流量。

3. 层流、紊流、雷诺数

液体的流动有两种状态,即层流和紊流。这两种流动状态的物理现象可以通过雷诺实验观察出来。

实验装置如图 2.12(a)所示。水箱 6 由进水管 2 不断充水,并由溢流管 1 保持水箱的水面为恒定,容器 3 盛有红颜色水,打开阀门 8 后,水就从管 7 中流出,这时再打开阀门 4,红色水即从容器 3 经管 5 流入管 7 中。根据红色水在管 7 中的流动状态,即可观察出管中水的流动状态。当管中水的流速较低时,红色水在管中呈明显的直线,如图 2.12(b)所示。

这时可看到红线与管轴线平行,红色线条与周围液体没有任何混杂现象,表明管中的水流是分层的,层与层之间互不干扰,液体的这种流动状态称为层流。

将阀门 8 逐渐开大,当管中水的流速逐渐增大到某一值时,可看到红线开始曲折,如图 2.12(c)所示,表明液体质点在流动时不仅沿轴向运动,还有径向运动,若管中流速继

续增大,则可看到红线成紊乱状态,完全与水混合,如图2.12(d)所示,这种无规律的流动状态称为紊流。如果将阀门逐渐关小,会看到相反的过程。

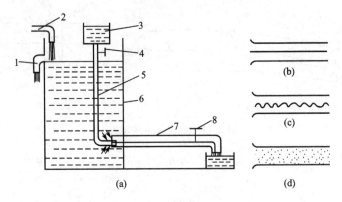

图 2.12 雷诺实验装置

一般在层流与紊流之间的中间过渡状态是一种不稳定的流态,通常按紊流处理。

实验证明,液体在管中流动的状态是层流还是紊流,不仅与管内液体的平均流速 v 有关,还和管径 d、液体的运动黏度 ν 有关。决定液体流动状态的是这三个参数组成的一个称为雷诺数 Re 的无因次量,即

$$Re = \frac{vd}{\nu} \tag{2-25}$$

液体的流动状态由临界雷诺数 Re_{cr} 决定。当 $Re < Re_{cr}$ 时为层流;当 $Re > Re_{cr}$ 时为紊流。临界雷诺数一般可由实验求得,常见管道临界雷诺数见表 2-3。

表 2-3 常见管道的临界雷诺数

管道的形状	临界雷诺数 Re_{cr}	管道的形状	临界雷诺数 Re_{cr}
光滑的金属圆管	2320	带沉割槽的同心环状缝隙	700
橡胶软管	1600~2000	带沉割槽的偏心环状缝隙	400
光滑的同心环状缝隙	1100	圆柱形滑阀阀口	260
光滑的偏心环状缝隙	1000	锥阀阀口	20~100

雷诺数的物理意义是:雷诺数是液流的惯性力对黏性力的无因次比,当雷诺数大时惯性力起主导作用,这时液体流态为紊流;当雷诺数小时黏性力起主导作用,这时液体流态为层流。

对于非圆截面的管道,液流的雷诺数可按下式计算:

$$Re = \frac{4vR}{\nu} \tag{2-26}$$

式中,R 为通流截面的水力半径。

所谓水力半径 R,是指有效通流截面积 A 和其湿周长度(通流截面上与液体相接触的管壁周长)X 之比,即

$$R = \frac{A}{X} \tag{2-27}$$

水力半径 R 的大小对管道的通流能力影响很大。水力半径大,意味着液流和管壁的接

触周长短，管壁对液流的阻力小，因而通流能力大；水力半径小，则通流能力就小，管路容易堵塞。

2.3.2 流量连续性方程

液体在管道中作稳定流动时，由于假定液体是不可压缩的，即密度 ρ 是常数，液体是连续的，其内部不可能有间隙存在。因此根据质量守恒定律，液体在管内既不能增多，也不能减少。所以单位时间内流过管子每一个截面的液体质量一定是相等的。这就是液流的连续性原理（质量守恒定律）。

图 2.13 所示为液体在管道中作恒定流动，任意取截面 1、2，其通流截面分别为 A_1 和 A_2，液体流经两截面时的平均流速和液体密度分别为 v_1、ρ_1 和 v_2、ρ_2。

根据质量守恒定律，在单位时间流过两个截面的液体质量相等，即

$$\rho_1 v_1 A_1 = \rho_2 v_2 A_2 = 常数$$

当忽略液体的可压缩性时，$\rho_1 = \rho_2$，则得

$$v_1 A_1 = v_2 A_2 = 常数$$

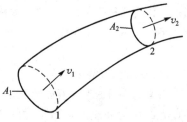

图 2.13 连续性方程示意图

或

$$q = v_1 A_1 = v_2 A_2 = 常数 \tag{2-28}$$

由于通流截面是任意选取的，故

$$q = vA = 常数 \tag{2-29}$$

这就是液流的流量连续性方程。该方程说明：在管道中作恒定流动的不可压缩液体流过各截面的流量是相等的，因而流速与通流面积成反比。

2.3.3 伯努利方程

伯努利方程是能量守恒定律在流动液体中的表现形式，它主要反映动能、势能、压力能三种能量的转换。

1. 理想液体的伯努利方程

图 2.14 所示为液流流束的一部分，其内取截面 1、2 所围的一段恒定流动的理想液体。

设截面 1、2 处的通流截面分别为 A_1、A_2，压力分别为 p_1、p_2，流速分别为 v_1、v_2，截面中心高度分别为 h_1、h_2。假设在很短时间 dt 内，该段理想液体从截面 1、2 流到截面 1'、2'。因为移动距离很小，在从截面 1 到截面 1' 和截面 2 到截面 2' 这两小范围内，通流截面、压力、流速和高度均可认为不变，现分析该段液体的动能变化。

1) 外力对液体所做的功

由于理想液体没有黏性，不存在内摩擦

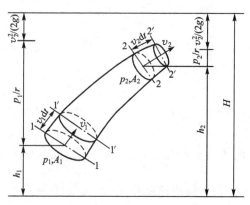

图 2.14 伯努利方程示意图

力，所以外力对液体所做的功仅为两截面压力所作功的代数和，1-2段液体前后分别受到作用力 p_1A_1 和 p_2A_2，当1-2段液体运动到 $1'-2'$，外力所作的总功 W 为

$$W = p_1 A_1 v_1 \mathrm{d}t - p_2 A_2 v_2 \mathrm{d}t \tag{2-30}$$

根据液体流动的连续性原理有

$$v_1 A_1 = v_2 A_2$$

或

$$v_1 A_1 \mathrm{d}t = v_2 A_2 \mathrm{d}t = V \tag{2-31}$$

式中，V 为 $1-1'$ 或 $2-2'$ 微小段液体的体积。

将式(2-31)代入式(2-30)得

$$W = p_1 V - p_2 V \tag{2-32}$$

2) 液体机械能的变化

再来考察 1-2 段液体流到 $1'-2'$ 时的能量变化。因为是恒定流动，$1'-2$ 这段液体任一点处的压力和流速均不随时间变化，所以这段液体的能量不会增减，而有变化的仅是微段液流 $1-1'$ 移动到 $2-2'$ 的位置高度和流速改变了，从而引起势能和动能的变化，其总变化量 ΔE 为

$$\Delta E = \frac{1}{2} m v_2^2 + m g h_2 - \frac{1}{2} m v_1^2 - m g h_1 \tag{2-33}$$

式中，m 为 $1-1'$ 或 $2-2'$ 微段液体的质量；g 为重力加速度。

因假设为理想液体，没有黏滞能量损耗，故根据能量守恒定律，1-2 段液体流到 $1'-2'$ 后所增加的能量应等于外力对其所做的功，即

$$W = \Delta E \tag{2-34}$$

将式(2-32)和式(2-33)代入式(2-34)得

$$p_1 V - p_2 V = \frac{1}{2} m v_2^2 + m g h_2 - \frac{1}{2} m v_1^2 - m g h_1 \tag{2-35}$$

或

$$p_1 V + \frac{1}{2} m v_1^2 + m g h_1 = p_2 V + \frac{1}{2} m v_2^2 + m g h_2 \tag{2-36}$$

因为 1、2 两通流截面位置是任意取的，故上式所表示的关系适用于流束内任意两个通流截面，所以上式可改写为

$$pV + \frac{1}{2} m v^2 + m g h = \text{常数} \tag{2-37}$$

将式(2-37)各项除以 mg，得

$$\frac{p}{\gamma} + \frac{v^2}{2g} + h = \text{常数} \tag{2-38}$$

式中，γ 为液体的重度，$\gamma = \rho g$；$\frac{p}{\rho g}$ 为单位重量液体具有的压力能，称为比压能或压力高度(压力头)；$\frac{v^2}{2g}$ 为单位重量液体具有的动能，称为比动能或速度高度(速度头)；h 为单位重量液体具有的势能，称为比势能(位置头)。

式(2-38)就是理想液体作恒定流动时的能量方程，又称伯努利方程。

伯努利方程的物理意义是：理想液体在密闭管道内作恒定流动时具有三种能量形式，分别为压力能、动能和势能。这三种能量之和为常数，即能量守恒，且三者之间可以互相转换。

当管道水平放置($h_1=h_2$)时，或位置高低的影响甚小可以忽略不计时，各通流截面处的比势能均相等，则通流截面小的地方，液体流速就高，而该处的压力就低，即截面小的管道，流速较高，压力较低；而截面大的管道，流速较低，压力较高。在液压传动中，主要的能量形式为压力能。

2. 实际液体伯努利方程

实际液体在流动时，由于液体存在黏性，会产生内摩擦力，消耗能量，同时管道局部形状和尺寸的骤然变化，使液体产生扰动，也消耗能量。因此实际液体流动时必须考虑因液体流动而损失的一部分能量。另外，式(2-38)中的动能是按平均流速考虑的，存在一定误差；而实际液体的黏性使液体在通流截面上各点的实际流速并不相同，精确计算时必须引进动能修正系数。因此实际液体的伯努利方程可写为

$$\frac{p_1}{\rho g}+\frac{\alpha_1 v_1^2}{2g}+h_1=\frac{p_2}{\rho g}+\frac{\alpha_2 v_2^2}{2g}+h_2+h_w \tag{2-39}$$

式中，h_w 为液体在两个截面之间流动时，单位重量液体因克服内摩擦力而损失的能量；α_1、α_2 为动能修正系数，层流时取 $\alpha=2$，紊流时取 $\alpha=1$。

应用实际液体的伯努利方程时须注意以下几点：

(1) 截面1、2需顺流向选取，上游为截面1，下游为截面2，否则 h_w 为负值。

(2) 截面中心在基准以上时，h 取正值；反之取负值。

(3) 两通流截面压力的表示形式应相同，如 p_1 是相对压力，p_2 也应是相对压力。

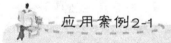

实际液体伯努利方程应用实例

液压泵装置如图2.15所示，油箱与大气相通，泵吸油口至油箱液面高度为 h，试分析液压泵正常吸油的条件。

解：设以油箱液面为基准面，取油箱液面 1-1 和泵进口处截面 2-2 列伯努利方程，即

$$\frac{p_1}{\rho g}+\frac{v_1^2}{2g}+h_1=\frac{p_2}{\rho g}+\frac{v_2^2}{2g}+h_2+h_w$$

式中 $p_1=$大气压$=p_a$，$h_1=0$，$h_2=h$，$v_1\ll v_2$，$v_1\approx 0$，代入伯努利方程后可得：

$$\frac{p_a}{\rho g}=\frac{p_2}{\rho g}+\frac{v_2^2}{2g}+h_2+h_w$$

即液压泵吸油口的真空度为

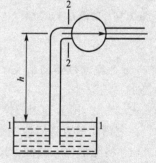

图 2.15 液压泵装置

$$p_a-p_2=\rho g h+\frac{1}{2}\rho v^2+\rho g h_w$$

如果泵安装在油箱液面之上，那么 $h>0$，因 $\frac{1}{2}\rho v^2$ 和 $\rho g h_w$ 永远是正值，这样泵的进

口处必定形成真空度。实际上，液体是靠液面的大气压力压进泵去的。如果泵安装在油箱液面以下，那么$h<0$，当$|\rho g h|>\frac{1}{2}\rho v_2^2+\rho g h_w$时，泵进口处不形成真空度，油液自行灌入泵内。

为便于安装维修，液压泵应安装在油箱液面以上，依靠进口处形成的真空度来吸油。为保证液压泵正常工作，进口处的真空度不能太大，否则当绝对压力p_2小于油液的空气分离压时，溶于油液中的空气会分离析出形成气泡，产生气穴现象，引起振动和噪声。为此，需限制液压泵的安装高度h，一般泵的吸油高度h值不大于0.5m，并且希望吸油管内保持较低的流速。

2.3.4 动量方程

动量方程是动量定理在流体力学中的具体应用。在液压传动中，经常需要计算液流作用在固体壁面上的力，这类问题用动量定理来解决比较方便。

动量定理指出：作用在物体上的外合力等于物体在力作用方向上单位时间内动量的变化量，即

$$\sum F=\frac{\mathrm{d}(mv)}{\mathrm{d}t} \tag{2-40}$$

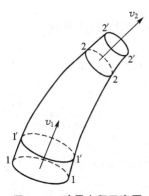

图 2.16 动量方程示意图

如图2.16所示，有一段液体1-2在管道内作恒定流动，在通流截面1-1和2-2处的平均流速分别为v_1和v_2，面积分别为A_1和A_2。经过很短时间Δt之后，液体从1-2流到$1'-2'$位置。

因为是恒定流动，故液体段$1'-2$内各点流速是不变的，它的体积和质量也是不变的，所以动量也没有发生变化。这样在Δt时间内，液体段1-2的动量变化等于液体段$2-2'$动量与液体段$1-1'$动量之差，也等于在同一时间内经过液流段1-2流出与流入的液体动量的差值。其表达式为

$$\Delta(mv)=(mv_2)_{2-2'}-(mv_1)_{1-1'}=\rho q_V v_2 \Delta t-\rho q_V v_1 \Delta t \tag{2-41}$$

将式(2-41)代入式(2-40)得

$$\sum F=\rho q_V v_2-\rho q_V v_1 \tag{2-42}$$

式中，ρ为流动液体的密度；q_V为液体的体积流量；v_1、v_2为分别为液体流经截面1-1和2-2的平均流速。

式(2-42)即为理想液体作恒定流动时的动量方程。

在应用动量方程时应注意以下几点：

(1) 实际液体有黏性，用平均流速计算动量时，会产生误差。为了修正误差，需引入动量修正系数β。式(2-42)可写为

$$\sum F=\rho q_V \beta_2 v_2-\rho q_V \beta_1 v_1 \tag{2-43}$$

式中，$\beta=\dfrac{\int_A \mathrm{d}mu\Delta t}{mv\Delta t}=\dfrac{\int_A (\rho u\mathrm{d}A)u}{(\rho v A)v}=\dfrac{\int_A u^2\mathrm{d}A}{v^2 A}$。

(2) 式(2-42)中，F、v_1 和 v_2 均为矢量，在具体应用时，应将该矢量向某指定方向投影，列出在该方向上的动量方程。如在 x 方向的动量方程为

$$F_x = \rho q_V \beta_2 v_{2x} - \rho q_V \beta_1 v_{1x} \tag{2-44}$$

(3) 式(2-42)中是液体所受到固体壁面的作用力，而液体对固体壁面的作用力与 F 相同，但方向相反。

动量方程应用分析滑阀液动力实例

下面以常用的滑阀为例，分析液体对滑阀阀芯的作用力（即稳态液动力），如图 2.17 所示。油液进入阀口的速度为 v_1，油液以一射流角 θ 流出阀口，速度为 v_2。

解：取进、出口之间的液体体积为控制液体，根据动量方程，可求出作用在控制液体上的轴向力 F，即

$$F = \rho q_V (\beta_2 v_2 \cos\theta - \beta_1 v_1 \cos 90°) = \rho q_V \beta_2 v_2 \cos\theta$$

滑阀阀芯上所受的液动力 F' 为

$$F' = -F = -\rho q_V \beta_2 v_2 \cos\theta$$

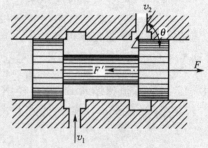

图 2.17 滑阀的液动力

F' 的方向与 $v_2 \cos\theta$ 的方向相反，即阀芯上所受的液动力，是使滑阀阀口趋于关闭。

当液流反方向通过滑阀时，同理可得相反的结果。由此可见，作用在滑阀阀芯上的液动力总是使阀口趋于关闭。

2.3.5 液体流动时的压力损失

实际液体具有黏性，流动时会有阻力产生。为了克服阻力，流动的液体需要损耗掉一部分能量，这种能量损失可归纳为伯努利方程中的 h_w 项。h_w 具有压力的量纲，通常称为压力损失。在液压传动系统中，压力损失使液压能转变为热能，它将导致系统的温度升高。因此，在设计液压系统时，要尽量减少压力损失，而这种压力损失与液体的流动状态有关，以下主要分析液体流动时所产生的能量损失，即压力损失。

压力损失可分为沿程压力损失和局部压力损失两类。

1. 沿程压力损失

液体在直径不变的直管中流动时，由于液体内摩擦力的作用而产生的能量损失，称为沿程压力损失。液体的流动状态不同，所产生的沿程压力损失也有所不同。

1) 层流时的沿程压力损失

液压传动中，液体的流动状态多数是层流。当液流为层流时，液体流经直管中的压力损失可以通过理论计算求得。

如图 2.18(a)所示，假定液体在内径为 $d(d=2R)$ 的管道中流动，流动状态为层流，圆管水平放置。在管内取一段与管轴线重合的微圆柱体，其半径为 r，长度为 l，作用在微圆柱体左端的液压力为 p_1，右端的液压力为 p_2，圆柱面上的摩擦力为 F_f。

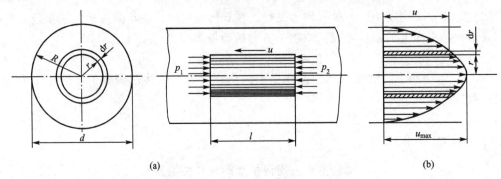

图 2.18 直管中的压力损失计算图

(1) 通流截面上流速的分布规律。由图 2.18(a)可知,微小液柱的力平衡方程为

$$(p_1-p_2)\pi r^2 = F_f \qquad (2-45)$$

根据牛顿内摩擦定律可知:

$$F_f = \tau A = -2\pi r l \mu \frac{\mathrm{d}u}{\mathrm{d}r} \qquad (2-46)$$

式中,负号表示流速增量 $\mathrm{d}u$ 与半径增量 $\mathrm{d}r$ 的符号相反,如图 2.18(b)所示。

若令 $\Delta p = p_1 - p_2$,将 F_f 代入上式整理可得

$$\mathrm{d}u = -\frac{\Delta p}{2\mu l} r \mathrm{d}r \qquad (2-47)$$

对式(2-47)积分,并应用边界条件,当 $r=R$ 时,$u=0$,得

$$u = \frac{\Delta p}{4\mu l}(R^2 - r^2) \qquad (2-48)$$

式(2-48)表明,液体在直管中作层流运动时,速度对称于圆管中心线并按抛物线规律分布。最大流速在轴线上,即当 $r=0$ 时流速为最大,其值为

$$u_{\max} = \frac{\Delta p R^2}{4\mu l} = \frac{\Delta p d^2}{16\mu l} \qquad (2-49)$$

(2) 流量。图 2.18(b)所示抛物体的体积就是液体单位时间内经过流截面的体积流量。在半径为 r 处取一层厚度为 $\mathrm{d}r$ 的微圆环面积,通过此环形面积的流量为

$$\mathrm{d}q = u 2\pi r \mathrm{d}r \qquad (2-50)$$

对上式积分,得

$$q = \int_0^R u 2\pi r \mathrm{d}r = \int_0^R \frac{\Delta p}{4\mu l}(R^2 - r^2) 2\pi r \mathrm{d}r = \frac{\pi d^4}{128\mu l}\Delta p \qquad (2-51)$$

(3) 平均流速。设管道内的平均流速为 v,根据平均流速的定义,可得

$$v = \frac{q}{A} = \frac{q}{\frac{\pi}{4}d^2} = \frac{\pi d^4}{128\mu l}\Delta p \cdot \frac{4}{\pi d^2} = \frac{d^2}{32\mu l}\Delta p \qquad (2-52)$$

将上式与 $u_{\max}$ 值比较,得平均流速 v 与最大流速 $u_{\max}$ 的关系为

$$v = \frac{1}{2} u_{\max} \qquad (2-53)$$

用平均流速计算层流状态的动能和势能时,修正系数 α 和 β 的值为

$$\alpha = \frac{\int_A u^3 \mathrm{d}A}{v^3 A} = \frac{\int_0^R \left[\frac{\Delta p}{4\mu l}(R^2 - r^2)\right]^3 2\pi r \mathrm{d}r}{\left[\frac{\Delta p R^2}{8\mu l}\right]^3 \pi R^2} = 2 \qquad (2-54)$$

$$\beta = \frac{\int_A u^2 dA}{v^2 A} = \frac{\int_0^R \left[\frac{\Delta p}{4\mu l}(R^2 - r^2)\right]^2 2\pi r dr}{\left[\frac{\Delta p R^2}{8\mu l}\right]^2 \pi R^2} \approx 1.33 \quad (2-55)$$

(4) 沿程压力损失。层流状态时,液体流经直管的压力损失为

$$\Delta p_\lambda = \frac{8\mu l v}{R^2} = \frac{32\mu l v}{d^2} \quad (2-56)$$

式中,Δp_λ 为沿程压力损失。

从式(2-56)可看出,当直管中的液流为层流时,其压力损失与管长、流速和液体黏度成正比,而与管径的平方成反比。计算压力损失时,为简化,可将式(2-56)进行适当变换,沿程压力损失公式可改写成如下形式:

$$\Delta p_\lambda = \frac{64}{2}\left(\frac{v d \rho}{Re \mu}\right)\frac{\mu l}{d^2}v = \frac{64}{Re}\gamma \frac{l}{d} \cdot \frac{v^2}{2g} = \lambda \gamma \frac{l}{d} \cdot \frac{v^2}{2g} \quad (2-57)$$

式中,λ 为沿程阻力系数,层流时,理论值 $\lambda = \frac{64}{Re}$。

实际应用时,对光滑金属管取 $\lambda = \frac{75}{Re}$,对橡胶管取 $\lambda = \frac{80}{Re}$。

式(2-57)是在管道水平放置的条件下推导出来的。由于液体的自重和位置变化所引起的压力变化很小,可以忽略,因此式(2-57)也同样适用于管道非水平放置的情况。

2) 紊流时的沿程压力损失

紊流的特性之一是液体各质点不再是规则的轴向运动,液体质点在运动过程中互相碰撞、掺混与脉动,并形成漩涡。紊流能量损失比层流大得多。紊流时计算沿程压力损失的公式在形式上与层流相同,即

$$\Delta p_\lambda = \lambda \gamma \frac{l}{d} \cdot \frac{v^2}{2g} \quad (2-58)$$

式中的阻力系数 λ 除与雷诺数 Re 有关外,还与管壁的相对粗糙度有关,即

$$\lambda = f\left(Re, \frac{\Delta}{d}\right) \quad (2-59)$$

式中,Δ 为管壁的绝对粗糙度,它与管径 d 的比值 Δ/d 称为相对粗糙度。

对于光滑管,λ 值可用下式计算:

$$\lambda = \frac{0.3164}{Re^{0.25}} \quad (2-60)$$

对于各种粗糙管,λ 的值可以根据不同的 Re 和 Δ/d 从有关手册上查出。

2. 局部压力损失

流动液体除通过直管产生沿程压力损失外,通过阀门、弯头、接头等局部障碍时,液流方向和流速发生变化,在这些地方发生撞击、分离、旋涡等现象,也会造成能量损失,这部分能量损失称为局部压力损失。局部压力损失是由旋涡使液体质点相互撞击消耗动能造成的,或者是由于截面流速剧烈变化产生附加摩擦消耗动能造成的。消耗的动能均由压力能变为热能。

液体在流过这些局部障碍时,液体的流动状态极为复杂,影响因素较多。局部压力损失值除少数形式可以从理论上进行分析、计算外,一般都依靠实验方法先求得各种类型的局部阻力系数,然后再计算局部压力损失。局部压力损失的大小可按下列公式计算:

$$\Delta p_\xi = \xi \gamma \frac{v^2}{2g} \tag{2-61}$$

式中，ξ 为局部阻力系数（由实验求得，具体数值可查阅有关手册）。

各种局部压力损失的形式可能不同，但物理本质是相同的，故式（2-61）可以认为是局部压力损失的一般表达式。当液流通过阀口、弯头及突然变化的截面时，其局部阻力系数是不同的，各种局部损失的形式及其阻力系数 ξ 可由有关手册查得。

液流通过各种阀的局部压力损失，可由阀的产品样本中查得。查得压力损失为在额定流量 q_n 下的压力损失 Δp_n。当实际通过的流量 q_v 不是额定流量时，通过该阀的压力损失为

$$\Delta p_\xi = \Delta p_n \left(\frac{q_v}{q_n}\right)^2 \tag{2-62}$$

式中，q_n 为阀的额定流量；q_v 为阀的实际流量；Δp_n 为阀通过额定流量下的压力损失。

3. 管道系统中的总压力损失

液压系统的管道常由若干段直管和一些弯头、管接头、控制阀等组成。管路系统中总的压力损失 $\sum \Delta p$ 等于所有直管的沿程压力损失 $\sum \Delta p_\lambda$ 与所有局部压力损失 $\sum \Delta p_\xi$ 之和，即

$$\sum \Delta p = \sum \Delta p_\lambda + \sum \Delta p_\xi \tag{2-63}$$

$$\sum \Delta p = \sum \lambda \gamma \frac{l}{d} \cdot \frac{v^2}{2g} + \sum \xi \gamma \frac{v^2}{2g} \tag{2-64}$$

利用式（2-63）或（2-64）计算总压力损失时，两相邻局部损失之间要有足够的距离。因为当液流经过一个局部阻力处后，要在直管中流经一段距离，液流才能稳定；否则，如液流尚未稳定就又经过第二个局部阻力处，将使情况复杂化，有时阻力系数可能比正常情况下大 2~3 倍。一般希望在两个局部阻力处之间的直管长度 $l > (10~20)d$，d 为管道内径。

液压系统的总压力损失也可用实验方法测得，这种方法简便、准确。

由式（2-64）可看出，高流速使压力损失增大。为使液压系统正常工作又不至于压力损失过大，设计液压系统时，一般推荐管路中的液流速度如下：

压油管路　$v = (3~4)\text{m/s}$；

吸油管路　$v = (0.5~1.5)\text{m/s}$；

回油管路　$v \leqslant 3\text{m/s}$。

压力损失消耗能量使系统发热，应力图避免；但压力损失又可理解为作用于某控制体两端的压差，而控制或造成某些阀类元件所必需的压差，在液压技术中可用来实现流量与压力的控制。

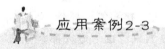

液压系统压力损失分析实例

在图 2.19 所示液压系统中，已知泵的流量 $q = 1.5 \times 10^{-3} \text{m}^3/\text{s}$，液压缸无杆腔的面积 $A = 8 \times 10^{-3} \text{m}^2$，负载 $F = 3000\text{N}$，回油腔压力近似为零，液压缸进油管的直径 $d = 20\text{mm}$，总长即为管的垂直高度 $H = 5\text{m}$，进油路总的局部阻力系数 $\xi = 7.2$，液压油的密度 $\rho = 900\text{kg/m}^3$，工作温度下的运动黏度 $\nu = 46\text{mm}^2/\text{s}$。试求：

(1) 进油路的压力损失；
(2) 泵的供油压力。

解：(1) 求进油路压力损失。进油管内流速为

$$v_1 = \frac{q}{\frac{\pi d^2}{4}} = \frac{4 \times 1.5 \times 10^{-3}}{\pi \times (20 \times 10^{-3})^2} \text{m/s} = 4.77 \text{m/s}$$

$$Re = \frac{v_1 d}{\nu} = \frac{4.77 \times 20 \times 10^{-3}}{46 \times 10^{-6}} = 2074 < 2320$$

因此，进油管内的油液流动为层流。

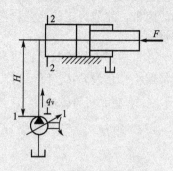

图 2.19 液压系统示意图

沿程阻力系数 $\lambda = 75/Re = 75/2074 = 0.036$，故进油路的压力损失为

$$\sum \Delta p = \lambda \rho \cdot \frac{l}{d} \cdot \frac{v_1^2}{2} + \xi \rho \frac{v_1^2}{2} = \left(0.036 \frac{5}{20 \times 10^{-3}} + 7.2\right) \frac{900 \times 4.77^2}{2} \text{Pa}$$

$$= 0.166 \times 10^6 \text{Pa} = 0.166 \text{MPa}$$

(2) 求泵的供油压力。对泵的出口油管截面 1-1 和液压缸进口后的截面 2-2 之间列出伯努利方程，即

$$\frac{p_1}{\rho g} + \frac{\alpha_1 v_1^2}{2g} + h_1 = \frac{p_2}{\rho g} + \frac{\alpha_2 v_2^2}{2g} + h_2 + h_w$$

或

$$p_1 = p_2 + \frac{1}{2}\rho(\alpha_2 v_2^2 - \alpha_1 v_1^2) + \rho g(h_2 - h_1) + \rho g h_w$$

式中，p_2 为液压缸的工作压力，$p_2 = F/A = \frac{30000}{8 \times 10^{-3}} = 3.75 \times 10^6 \text{Pa} = 3.75 \text{MPa}$；$\rho g h_w$ 为两截面间的压力损失，$\rho g h_w = \sum \Delta p = 0.166 \text{MPa}$；$v_2$ 为液压缸的运动速度，$v_2 = \frac{1.5 \times 10^{-3}}{8 \times 10^{-3}} \text{m/s} = 0.19 \text{m/s}$。

因 $\alpha_1 = \alpha_2 = 2$，则

$$\frac{1}{2}\rho(\alpha_2 v_2^2 - \alpha_1 v_1^2) = \frac{1}{2} \times 900(2 \times 0.19^2 - 2 \times 4.77^2) \text{Pa}$$

$$= -0.02 \times 10^6 \text{Pa} = -0.02 \text{MPa}$$

$$\rho g(h_2 - h_1) = \rho g H = 900 \times 9.8 \times 5 \text{Pa} = 0.044 \times 10^6 \text{Pa} = 0.044 \text{MPa}$$

故泵的供油压力为

$$p_1 = (3.75 - 0.02 + 0.044 + 0.166) \text{MPa} \approx 4 \text{MPa}$$

由本例可看出，在液压系统中，由液体位置高度变化和流速变化引起的压力变化量，相对来说是很小的，此两项可忽略不计。因此，泵的供油压力表达式可以简化为

$$p_1 = p_2 + \sum \Delta p \tag{2-65}$$

即泵的供油压力由执行元件的工作压力 p_2 和管路中的压力损失 $\sum \Delta p$ 确定。

2.3.6 液体流经小孔的流量

液体经孔口或缝隙流动的现象在液压系统中经常遇到。在液压传动中常利用液体流经阀的小孔或缝隙来控制压力和流量，以此来达到调压或调速的目的。同时，液压元件（如

液压缸)的泄漏属于缝隙流动。因此,研究液体在孔口和缝隙中的流动规律,了解影响它们的因素,才能为正确地分析液压元件和系统的工作性能以及合理设计液压传动系统提供依据。

孔口根据它们的长径比可分为三种:当小孔的长度 l、直径 d 的比值 $l/d \leqslant 0.5$ 时,称为薄壁小孔;当 $l/d > 4$ 时,称为细长孔;当 $0.5 < l/d \leqslant 4$ 时,称为短孔。

1. 薄壁小孔的流量

图 2.20 所示为进口边做成刃口形的典型薄壁孔口。液体流经截面 1-1 时流速较低,流经小孔时产生很大加速度,在惯性力作用下向中心汇集,使流束收缩,收缩至孔口下游约 $d/2$ 处为最小,C-C 截面称为收缩截面,这种现象称为收缩现象。对于薄壁圆孔,当孔前通道直径 D 与小孔直径 d 之比 $D/d \geqslant 7$ 时,流束的收缩作用不受孔前通道内壁的影响,这时的收缩称为完全收缩;反之,当 $D/d < 7$ 时,孔前通道对液流进入小孔起导向作用,此时收缩称为不完全收缩。

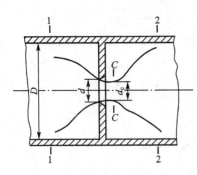

图 2.20 流经薄壁小孔的液流

收缩截面面积 A_c 与小孔截面面积 A_0 之比称为收缩系数 C_c,即

$$C_c = \frac{A_c}{A_0} \tag{2-66}$$

式中,A_c 为收缩截面面积,$A_c = \frac{\pi}{4} d_c^2$;$A_0$ 为小孔截面面积,$A_0 = \frac{\pi}{4} d^2$。

收缩系数取决于雷诺数、孔口及边缘形状、孔口离管道侧壁的距离等因素。

对通道截面 1-1 和截面 C-C 应用伯努利方程,可求得流经薄壁小孔的流量。

列出 1-1 和 C-C 截面的伯努利方程,则有

$$\frac{\alpha_1 v_1^2}{2g} + \frac{p_1}{\gamma} + h_1 = \frac{\alpha_c v_c^2}{2g} + \frac{p_c}{\gamma} + h_c + h_w \tag{2-67}$$

式中,p_1、v_1 为 1-1 截面处的压力和速度;p_c、v_c 为 C-C 截面处的压力和速度;h_w 为局部能量损失。

由式(2-62)可求得

$$h_w = \xi \frac{v_c^2}{2g} \tag{2-68}$$

把式(2-68)代入式(2-67)得:

$$\frac{\alpha_1 v_1^2}{2g} + \frac{p_1}{\gamma} + h_1 = \frac{\alpha_c v_c^2}{2g} + \frac{p_c}{\gamma} + h_c + \xi \frac{v_c^2}{2g} \tag{2-69}$$

由于 $v_c \gg v_1$,$h_1 = h_c$,略去 $\frac{\alpha_1 v_1^2}{2g}$ 后,式(2-69)变为

$$\frac{p_1}{\gamma} = \frac{p_c}{\gamma} + (\alpha_c + \xi) \frac{v_c^2}{2g} \tag{2-70}$$

由式(2-70)可求得

$$v_c = \frac{1}{\sqrt{\xi + \alpha_c}} \sqrt{\frac{2g}{\gamma}(p_1 - p_c)} = C_v \sqrt{\frac{2g}{\gamma} \Delta p} \tag{2-71}$$

式中，Δp 为小孔前后压差，$\Delta p = p_1 - p_c$；α_c 为 $C-C$ 截面的动能修正系数，$\alpha_c = 1$；C_v 为速度系数，$C_v = \dfrac{1}{\sqrt{\xi + \alpha_c}} = \dfrac{1}{\sqrt{1+\xi}}$。

根据流量连续性方程，可求得通过薄壁小孔的流量为

$$q = A_c v_c = C_c A_0 v_c = C_c C_v A_0 \sqrt{\dfrac{2g}{\gamma} \Delta p} \quad (2-72)$$

或

$$q = A_c v_c = C_c A_0 v_c = C_q A_0 \sqrt{\dfrac{2\Delta p}{\rho}} = K A_0 \Delta p^{\frac{1}{2}} \quad (2-73)$$

式中，K 为由小孔的形状、尺寸和液体性质决定的系数，$K = C_q \sqrt{\dfrac{2}{\rho}}$；$C_q$ 为流量系数，$C_q = C_v C_c$。

流量系数值由实验确定，当完全收缩时，$C_q = (0.61 \sim 0.62)$；当不完全收缩时，$C_q = (0.7 \sim 0.8)$。薄壁小孔沿程阻力损失非常小，通过小孔的流量与黏度无关，即流量对油温的变化不敏感。因此，液压系统中常采用薄壁小孔作为节流元件。

2. 短孔的流量

短孔的流量公式仍为式(2-73)，但流量系数不同，一般取 $C_q = 0.82$。短孔易加工，故常用作固定节流器。

3. 细长孔的流量

液体流过细长孔时，一般为层流状态，流量可用前面已推导的圆管层流时的流量式(2-51)确定，即

$$q = \dfrac{\pi d^4}{128 \mu l} \Delta p = \dfrac{d^2}{32 \mu l} A_0 \Delta p = K A_0 \Delta p \quad (2-74)$$

式中，$K = \dfrac{d^2}{32 \mu l}$。

由式(2-74)可知，液体流经细长孔的流量与小孔前后压差的一次方成正比，且受温度、孔长及孔径的影响较大，流量不稳定。因此细长孔主要作固定节流孔和阻尼器用。

4. 小孔的流量计算

根据式(2-73)和式(2-74)，各小孔的流量可统一表示为

$$q = K A_0 \Delta p^m \quad (2-75)$$

式中，对于细长孔，$K = \dfrac{d^2}{32 \mu l}$；对于薄壁孔和短孔，$K = C_q \sqrt{\dfrac{2}{\rho}}$。$m$ 是由小孔的长度与直径之比所决定的常数，对于细长孔 $m=1$，对于薄壁孔 $m=0.5$，对于短孔 $0.5 < m < 1$。

2.3.7 液体流经缝隙的流量

在液压元件中，合理的间隙是零件间正常相对运动所必需的。间隙对液压元件的性能影响极大。讨论液流在间隙中的流动特性，对液压元件的设计、制造、性能分析、计算泄露量等都具有实际意义。

液压装置的各零件之间，特别是有相对运动的各零件之间，一般都存在缝隙(或称间隙)。油液流过缝隙就会产生泄漏，这就是缝隙流量。由于缝隙通道狭窄，液流受壁面的

影响较大,流速较低,因此缝隙液流的流态均为层流。

通常来讲,缝隙流动有三种状况,一种是由缝隙两端压差造成的流动,称为压差流动;另一种是形成缝隙的两壁面作相对运动所造成的流动,称为剪切流动;还有一种是这两种流动的组合,压差和剪切联合作用下的流动。下面讨论在压差作用下的流量计算。

1. 流经平面间隙的流量计算

图 2.21 所示为平行平板缝隙间的流动情况。设缝隙高度为 h,宽度为 b,长度为 l,一般有 $l \gg h$ 和 $b \gg h$,设缝隙两端的压力分别为 p_1 和 p_2,其压差为 $\Delta p = p_1 - p_2$。假定上平板向右运动的速度为 u_0,液体自左向右运动,从缝隙中取出一微小的单元,其左右两端面所受的压力分别为 p 和 $p + \mathrm{d}p$,上下两侧面所受的摩擦切应力分别为 τ 和 $\tau + \mathrm{d}\tau$,方向如图 2.21 所示。

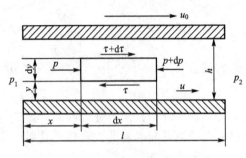

图 2.21 平行平板缝隙流量计算简图

恒定流动时微单元在水平方向上的受力平衡方程为

$$pb\mathrm{d}y + (\tau + \mathrm{d}\tau)b\mathrm{d}x = (p + \mathrm{d}p)b\mathrm{d}y + \tau b\mathrm{d}x \tag{2-76}$$

整理后得

$$\frac{\mathrm{d}\tau}{\mathrm{d}y} = \frac{\mathrm{d}p}{\mathrm{d}x}$$

将 $\tau = \mu \dfrac{\mathrm{d}u}{\mathrm{d}y}$ 代入上式得

$$\frac{\mathrm{d}^2 u}{\mathrm{d}y^2} = \frac{1}{\mu} \cdot \frac{\mathrm{d}p}{\mathrm{d}x} \tag{2-77}$$

对上式积分两次得

$$u = \frac{y^2}{2\mu} \cdot \frac{\mathrm{d}p}{\mathrm{d}x} + C_1 y + C_2 \tag{2-78}$$

式中,C_1、C_2 都是积分常数。

当两平行平板的相对速度为 u_0 时,利用边界条件:$y = 0$ 处,$u = 0$ 和 $y = h$ 处,$u = u_0$,代入式(2-78)得

$$C_1 = \frac{u_0}{h} - \frac{h}{2\mu} \frac{\mathrm{d}p}{\mathrm{d}x}; \quad C_2 = 0$$

另外,液体作层流时压力只是距离(长度)的线性函数,即

$$\frac{\mathrm{d}p}{\mathrm{d}x} = \frac{p_2 - p_1}{l} = -\frac{p_1 - p_2}{l} = -\frac{\Delta p}{l}$$

把这些关系式代入式(2-78)并考虑到运动平板有可能反向运动,可得

$$u = \frac{\Delta p}{2\mu l}(h - y)y \pm \frac{u_0}{h} y \tag{2-79}$$

由此可求出液体在平行平板缝隙中的流量为

$$q = \int_0^h u b \mathrm{d}y = \int_0^h \left[\frac{\Delta p}{2\mu l}(h - y)y \pm \frac{u_0}{h}y \right] b \mathrm{d}y = \frac{bh^3 \Delta p}{12\mu l} \pm \frac{bhu_0}{2} \tag{2-80}$$

对于式(2-80)中的"±"号的确定方法如下:当动平板移动的方向和压差方向相同

时，取"+"号；方向相反时，取"-"号。

当平行平板间没有相对运动($u_0=0$)时，流量值为

$$q=\frac{bh^3}{12\mu l}\Delta p \tag{2-81}$$

当平行平板两端没有压差($\Delta p=0$)时，流量值为

$$q=\frac{bh}{2}u_0 \tag{2-82}$$

如果将通过缝隙中的流量理解为液压元件缝隙中的泄漏量，则可以看到，通过缝隙的流量与缝隙厚度的三次方成正比，这说明液压元件内缝隙的大小对其泄漏量的影响是很大的。此外，这些泄漏所造成的功率损失可写成

$$P=\Delta pq=\Delta p\left(\frac{bh^3}{12\mu l}\Delta p\pm\frac{bh}{2}u_0\right) \tag{2-83}$$

由此可得出如下结论：缝隙 h 越小，泄漏功率损失也越小，但是并不是 h 越小越好。h 的减小会使液压元件中的摩擦功率损失增大，缝隙 h 有一个使这两种功率损失之和达到最小的最佳值。

2. 同心环状缝隙的流量计算

在液压缸的活塞和缸筒之间，液压阀的阀芯和阀套之间，都存在着圆环缝隙。图 2.22 所示的同心环状间隙，圆柱直径为 d，缝隙厚度值为 h，缝隙长度为 l。

当 $\frac{h}{r}\ll 1$（相当于液压元件配合间隙的情况）时，可将环形缝隙沿圆周方向展开，相当于一个平行平板缝隙。因此只要将 $b=\pi d$ 代入式(2-80)，就可得出内外表面之间有相对运动的同心环形缝隙流量公式，即

$$q=\frac{\pi dh^3}{12\mu l}\Delta p\pm\frac{\pi dh}{2}u_0 \tag{2-84}$$

当相对运动速度 $u_0=0$ 时，即为内外表面之间无相对运动的同心圆环缝隙的流量公式

$$q=\frac{\pi dh^3}{12\mu l}\Delta p \tag{2-85}$$

3. 偏心环状缝隙的流量计算

液压元件在实际工作过程中，圆柱体与孔的配合很难保持同心，往往带有一定偏心距 e，如活塞与液压缸不同心时就形成了偏心环状缝隙，如图 2.23 所示。

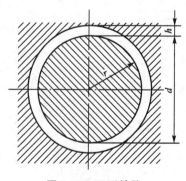

图 2.22 环形缝隙

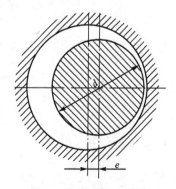

图 2.23 偏心环形缝隙

通过此偏心圆形缝隙的流量可按下式计算

$$q = \frac{\pi d h^3 \Delta p}{12\mu l}(1+1.5\varepsilon^2) \pm \frac{\pi d h u_0}{2} \tag{2-86}$$

式中，h 为内外圆同心时的缝隙值；ε 为相对偏心率，$\varepsilon = \frac{e}{h}$。

当内外圆表面没有相对运动时，即 $u_0 = 0$，其流量公式为

$$q = \frac{\pi d h^3 \Delta p}{12\mu l}(1+1.5\varepsilon^2) \tag{2-87}$$

从式(2-87)可知，通过同心圆环形缝隙的流量公式是偏心环形缝隙流量公式在 $\varepsilon = 0$ 时的特例。当完全偏心时，即 $e = h$ 和 $\varepsilon = 1$，此时有

$$q = 2.5 \frac{\pi d h^3}{12\mu l}\Delta p \tag{2-88}$$

可见，完全偏心时的流量是同心时的 2.5 倍，在实用中估计约为 2 倍。为了减小因偏心环状缝隙导致的泄漏，在液压元件的设计制造和装配中，应采取适当措施，例如在阀芯上加工一些压力平衡槽就能达到阀芯和阀套同心配合的目的，以保证较高的配合同轴度。

4. 圆环平面缝隙的流量计算

图 2.24 所示为一种在静压支承中（例如轴向柱塞泵滑履中）的平面缝隙流动，液体自圆环中心向外辐射流出。

根据式(2-79)、令 $u_0 = 0$，可得在半径为 r 离下平面 z 处的径向速度 u_r 为

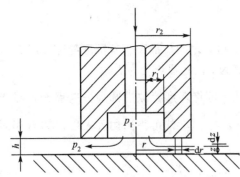

图 2.24 圆环平面缝隙间的液流

$$u_r = -\frac{1}{2\eta}(h-z)z\frac{dp}{dr} \tag{2-89}$$

流过的流量为

$$q = \int_0^h u_r 2\pi r dz = -\frac{\pi r h^3}{6\eta} \cdot \frac{dp}{dr} \tag{2-90}$$

即

$$\frac{dp}{dr} = -\frac{6\eta q}{\pi r h^3} \tag{2-91}$$

$$p = -\frac{6\eta q}{\pi h^3}\ln r + C$$

当 $r = r_2$ 时，$p = p_2$，求出 C，代入式(2-91)得

$$p = \frac{6\eta q}{\pi h^3}\ln\frac{r_2}{r} + p_2 \tag{2-92}$$

又当 $r = r_1$ 时，$p = p_1$，所以可得

$$q = \frac{\pi h^3 \Delta p}{6\eta \ln\frac{r_2}{r_1}} \tag{2-93}$$

式中，$\Delta p = p_1 - p_2$。

对锥阀来说，如阀座的长度较长而阀芯移动量很小，使在锥阀缝隙中的液流呈现层流时，就可设想将它展开变成圆环形平面缝隙液流，利用式(2-93)，将式中的 π 用 $\pi\sin\phi$ 替代，得出流经锥阀缝隙的流量。

应用案例2-4

液压筒式减振器节流阀阻尼构件分析与参数设计模型建立

液压系统阻尼构件分析是液压部件设计的重要基础，关系着能否建立正确的阀系参数设计数学模型，能否设计得到可靠的阀系设计参数。下面以汽车减振器复原节流阀阻尼构件分析及阀系参数设计数学模型建立为例，对节流阀中各类阻尼构件进行分析。

减振器复原运动时，活塞上腔内一部分油液经活塞孔，进入复原阀内腔，然后经复原阀常通节流孔和节流缝隙，流到活塞下腔。同时，活塞上腔另一部分油液，则流经活塞与活塞缸筒内径之间的环形节流缝隙，即经活塞缝隙，流到活塞下腔。因此，要建立正确的复原阀系参数设计数学模型，得到可靠的阀系设计参数，必需首先根据减振器复原阀的具体结构(图2.4)，对油液流经各处的阻尼构件进行分析。

1) 复原阀阻尼构件分析

(1) 活塞缝隙的流量和。

活塞缝隙大小是根据活塞和减振器缸筒内径的配合公差所决定的，平均活塞缝隙为 δ_H，因此，油液流经活塞缝隙的节流压力可表示为

$$p_H = \frac{12q_H\mu_t L_H}{\pi D_h \delta_H^3 (1+1.5e^2)} \tag{2-94}$$

式中，D_h 为活塞缸筒内径；μ_t 为油液动力黏度；q_H 为流经活塞缝隙的流量；e 为活塞偏心率，一般 $0<e<1$；L_H 为活塞缝隙长度。

(2) 常通节流孔。

减振器复原阀节流阀片是由单片周边带缺口阀片和其他周边不带缺口的多片阀片叠加而成的，其中，常通节流孔面积仅由单片节流阀片上的几个周边缺口截面形成，如图2.25所示。

常通节流孔总面积，由阀片厚度 h_1、节流孔宽度 l_A 和个数 n_A 所决定的，即 $A_0 = h_1 l_A n_A$。因此，常通节流孔流量与节流压力之间关系可表示为

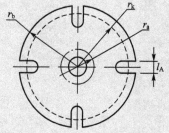

图 2.25 带缺口的节流阀片

$$q_0 = \varepsilon A_0 \sqrt{2p_0/\rho} \tag{2-95}$$

式中，p_0 为常通节流孔节流压力；ρ 为油液密度；ε 为流量系数。

(3) 节流缝隙。

当减振器相对运动速度大于开阀速度 v_k 时，节流阀片在阀口位置半径处的变形量大于阀片预变形量，节流阀片与阀口端面之间形成环形平面节流缝隙 δ_k。因此，则流经节流缝隙流量 q_f 可表示为

$$q_f = \frac{\pi \delta_k^3 p_f}{6\mu_t \ln(r_b/r_k)} \tag{2-96}$$

式中，μ_t 为油液动力黏度；δ_k 为阀口开度，$\delta_k = f_k - f_{k0}$；f_k 为阀片在阀口半径位置总变形量；f_{k0} 为阀片预变形量；p_f 为缝隙节流压力。

阀片在压力 p 作用下，在阀口位置半径 r_k 处的变形量，可表示为

$$f_k = G_k \frac{p}{h^3} \tag{2-97}$$

式中，G_k 为节流阀片在阀口半径 r_k 处变形系数；h 为节流阀片厚度；p 为阀片所受压力，大小等于缝隙节流压力，即 $p = p_f$。

（4）活塞孔。

减振器活塞孔的流量 q_h 与节流压力 p_h 之间关系，可表示为

$$p_h = \frac{128 q_h \mu_t L_{he}}{n_h \pi d_h^4} \tag{2-98}$$

式中，L_{he} 为活塞孔等效长度，$L_{he} = L_h + L_e$，L_e 为局部压力损失所折算的活塞孔当量长度；n_h 为活塞孔个数；d_h 为活塞孔直径。

① 活塞孔沿程阻力损失。当减振器速度 v 小于减振器临界速度 v_c 时，活塞孔中的油液流动为层流，沿程阻力系数为

$$\lambda_h = \frac{64 \nu_o}{vd} = \frac{64 n_h \pi d_h \nu_o}{v S_h} \tag{2-99}$$

式中，v 为油液在活塞孔中的运动速度；S_h 为减振器缸筒内径与活塞杆之间环形面积；ν_o 为油液运动黏度。

当减振器速度 v_z 大于减振器临界速度 v_c 时，油液在活塞孔的流动为紊流，沿程阻力系数为

$$\lambda_h = 0.3164 Re^{-0.25} = 0.3164 \left[\frac{4 S_h v_z}{n_h \pi d_h \nu_o}\right]^{-0.25} \tag{2-100}$$

由以上可知，活塞孔的沿程阻力系数与速度有关。某汽车减振器当运动速度在 $v_z = (0 \sim 1.0)$ m/s 范围变换时，油液流经活塞孔的沿程阻力系数的变换曲线如图 2.26 所示。

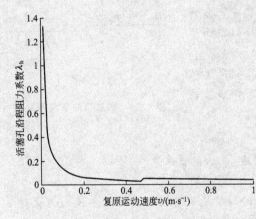

图 2.26 活塞孔沿程阻力系数变换曲线

活塞孔的沿程阻力系数与速度有关，因此，对减振器进行参数设计和特性分析时，应根据减振器不同速度，决定活塞孔的油液流动状态，采用不同的沿程阻力系数。

② 局部阻力损失叠加与折算。油液在流经活塞孔以及复原阀体内腔时，会产生突然缩小、突然扩大和改变方向等局部阻力损失，各局部阻力损失系数分别为 ζ_{h1}、ζ_{h2} 和 ζ_{h3}。

油液流入孔前的面积为 $S_h = \pi(D_h^2 - d_h^2)/4$，活塞孔面积为 $A_h = n_h d_h^2/4$。因此，活塞孔突然缩小面积比为 A_h/S_h。活塞孔面积突然缩小的局部阻力系数 ζ_{h1} 由 A_h/S_h 决定。

油液从活塞孔流入复原阀体内腔时，活塞孔面积由 A_h 突然扩大为复原阀体内腔的截面积 $S_F=\pi(r_{kf}^2-r_{af}^2)/4$。因此，活塞孔突然扩大的局部阻力系数 ζ_{h2} 可由 $\zeta_{h2}=(1-A_h/S_F)^2$ 求得。

活塞孔与轴线呈一定角度，当油液在进入常通节流孔之前会突然改变方向。因此，根据油液流经活塞孔突然改变方向角的大小，按照《机械设计手册》所提供的公式，可计算得到活塞孔因改变流向的局部阻力系数 ζ_{h3}。

利用叠加原理将局部阻力损失进行叠加，并折算成活塞孔沿程阻力系数或常通节流孔流量系数。复原阀局部阻力系数折算成活塞孔的当量长度为

$$L_e=(\zeta_{h1}+\zeta_{h2}+\zeta_{h3})d_h/\lambda_h \tag{2-101}$$

2) 减振器复原阀参数设计数学模型

(1) 减振器设计要求速度特性。

设计减振器所要求的速度特性，可以用速度特性数值和特性曲线表示。某汽车减振器设计所要求的分段线性特性曲线如图 2.27 所示。

图 2.27 中，v_{k1}、v_{k2} 分别是原阀初次开阀速度和最大开阀速度。

减振器初次开阀速度 v_{k1} 是由减振器节流阀片预变形量和常通节流孔面积所决定的，而阀片预变形量是由节流阀座结构尺寸所决定的，即当减振器节流阀片受油液压力后的变形量等于阀片预变形量时，减振器节流阀开阀，此时减振器的速度即为减振器初次开阀速度 v_{k1}；二次开阀速度 v_{k2} 是由减振器阀片厚度和节流阀片最大限位间隙决定的，当减振器节流阀片变形与限位挡圈接触时，定义此时减振器的速度为最大开阀速度 v_{k2}。

(2) 常通节流孔面积设计数学模型。

由减振器初次开阀速度定义可知，减振器初次开阀之前的速度特性，主要是由减振器常通节流孔所决定的。因此，利用减振器初次开阀之前的速度特性，可建立减振器常通节流孔面积设计数学模型。

根据复原阀初次开阀速度 v_{k1} 和阻尼力 F_{dk1}，得减振器开阀前任意速度点 v 所对应阻尼力 F_d，其可表示为

$$F_d=F_{dk1f}v/v_{k1f} \tag{2-102}$$

当减振器复原运动且速度小于初次开阀速度时，油路如图 2.28 所示。

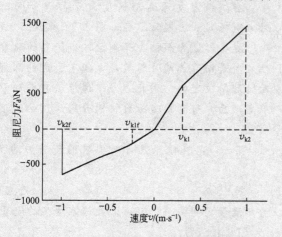

图 2.27 减振器要求的速度特性曲线

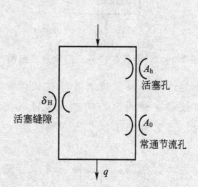

图 2.28 开阀前油路图

在减振器初次开阀前的任意速度点 $v<v_{k1}$，设计所要求阻尼力为 F_d，则活塞缝隙压力为

$$p_H = F_d/S_h \qquad (2-103)$$

因此，活塞缝隙流量 q_H 与节流压力 p_H 之间关系为

$$q_H = \frac{\pi D_h \delta_H^3 (1+1.5e^2) p_H}{12\mu_t L_H} \qquad (2-104)$$

开阀前流经常通节流孔的流量为

$$q_0 = q - q_H \qquad (2-105)$$

式中，q 为减振器速度 v 时活塞上腔流到下腔的总流量，$q = v S_H$。

由于活塞孔和常通节流孔串联，即 $q_0 = q_h$，因此，在考虑各局部阻力系数，由（2）式得活塞孔节流压力为

$$p_h = \frac{128 q_0 \mu_t L_{he}}{n_h \pi d_h^4} \qquad (2-106)$$

由式（2-95），可得常通节流孔的节流压力为

$$p_0 = \frac{q_0^2 \rho}{2 A_0^2 \varepsilon^2} \qquad (2-107)$$

复原阀开阀前，常通节流孔节流压力应满足关系式 $p_0 = p_H - p_h$，即

$$\frac{q_0^2 \rho}{2 A_0^2 \varepsilon^2} = \frac{F_d}{S_h} - p_h \qquad (2-108)$$

因此，常通节流孔面积设计数学模型为

$$A_0 = q_0 \sqrt{\frac{\rho}{2\varepsilon^2 (F_d/S_h - p_h)}} \qquad (2-109)$$

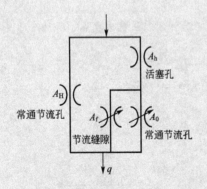

图 2.29 复原阀初次开阀后油液流路图

利用上式，可实现减振器常通节流孔面积的单速度点设计，即利用开阀前任意速度下所对应阻尼力，对常通节流孔面积进行设计。

（3）节流阀片厚度设计数学模型。

当减振器复原运动速度大于初次开阀速度时，减振器油液流动路径如图 2.29 所示。

减振器复原阀初次开阀后，减振器的速度特性主要是由节流阀片与阀座之间所形成的环型平面缝隙所决定的，因此，当常通节流孔面积设计确定之后，可利用减振器初次开阀厚度的速度特性，建立减振器节流阀片厚度设计数学模型。

设初次开阀后的任意速度点 $v (v_{k1f} < v < v_{k2f})$，减振器设计所要求的阻尼力为 F_d，此时，活塞缝隙节流压力应为

$$p_H = F_d / S_h \qquad (2-110)$$

因此，根据减振器活塞缝隙节流压力与流量之间关系，可得流经活塞缝隙的流量为

$$q_H = \frac{\pi D_h \delta_H^3 (1+1.5e^2) p_H}{12 \mu_t L_H} \qquad (2-111)$$

活塞孔和活塞缝隙并联，因此，流经活塞孔流量为 $q_h = vS_h - q_H$。可得活塞孔的节流压力为

$$p_h = \frac{128 q_h \mu_t L_{he}}{n_h \pi d_h^4} \tag{2-112}$$

节流缝隙与活塞孔串联，因此节流阀片所受的压力为

$$p_f = p_H - p_h \tag{2-113}$$

常通节流孔与节流缝隙并联，常通节流孔的节流压力等于节流缝隙的节流压力，即 $p_0 = p_f$。由此可得流经常通节流孔 A_0 的流量为

$$q_{A0} = \varepsilon A_0 \sqrt{2 p_f / \rho} \tag{2-114}$$

根据减振器初次开阀时所要求的阻尼力 F_{dk1}，可求得开阀时的活塞缝隙和活塞孔节流压力分别为 p_{Hk1} 和 p_{hk1}。因此，由式(2-113)可得节流缝隙的开阀压力为

$$p_{fk1} = p_{Hk1} - p_{hk1} \tag{2-115}$$

复原阀开度 $\delta_k = f_k - f_{k0}$，因此，可得复原节流缝隙流量为

$$q_f = \frac{\pi (f_k - f_{k0})^3 p_f}{6 \mu_t \ln(r_b / r_k)} \tag{2-116}$$

节流缝隙和常通节流孔为并联，根据油液连续性定理可得

$$q_f + q_{A0} = S_h v - q_H \tag{2-117}$$

将节流缝隙流量和常通节流孔流量代入上式，并令

$$K_9 = (\varepsilon A_0 \sqrt{2 p_f / \rho} - S_h v + q_H)$$

$$K_0 = \frac{\pi G_k^3 (p_f - p_{k1})^3 p_f}{6 \mu_t \ln(r_b / r_k)}$$

可得减振器复原节流阀片厚度设计数学模型为

$$K_9 h_i^9 + K_0 = 0 \tag{2-118}$$

利用上述节流阀片厚度设计数学模型，可实现对减振器复原阀片厚度设计，即可根据开阀后不同速度点所对应的阻尼力，对复原节流阀片厚度进行设计。

(4) 阀系其他设计参数。

当常通节流孔面积和阀片厚度设计确定之后，可以根据初次开阀速度和最大开阀速度以及所对应的阻尼力，设计确定其他阀系参数，如阀片预变形量 f_{k0} 和阀片间隙调整垫片厚度 h_g 分别为

$$f_k = G_k \frac{p_{fk1}}{h^3} \tag{2-119}$$

$$\delta_{max} = G_k \frac{p_{fk2}}{h^3} - f_{k0} \tag{2-120}$$

由上可知，根据减振器具体结构对减振器各阻尼构件进行分析，然后根据减振器初次开阀前、后和二次开阀油路，利用减振器速度、流量、节流压力及节流阀片变形之间关系，可建立减振器阀系参数(如常通节流孔面积、节流阀片厚度、阀片预变形量和最大限位间隙)的设计数学模型。

2.4 液压冲击和气穴现象

2.4.1 液压冲击

在液压系统中,由于某种原因引起液压油的压力在某瞬间突然急剧上升,形成一个很大的压力峰值,这种现象称为液压冲击。

1. 产生液压冲击的原因

(1) 当管道内的液体运动时,如某一瞬时将液流通路迅速切断(如阀门迅速关闭),则液体的流速将突然降为零。此时,首先是与阻止液体运动的壁面直接接触的液层停止运动,它的动能转化为液体的压力能,使液体内压力升高。随后这种液体的能量转换迅速传递到后方的各层液体,形成压力波。同时,各层的压力波又反过来传到最前面的液体层,形成压力振荡波,造成液压冲击波。只有压力波在封闭管道内往复振荡直到能量消耗完后,油压才趋向稳定。

(2) 液压系统中的高速运动部件突然制动时,也可引起液压冲击。因运动部件换向或制动时,常用控制阀关闭回油路,使油液不能继续排出,但由于运动部件的惯性而将继续向前运动,使封闭的油液受到挤压,其压力急剧升高而产生液压冲击。

(3) 当液压系统中的某些元件反应不灵敏时,也可能造成液压冲击。如溢流阀不能在系统压力升高时及时打开,限压式变量泵不能在油压升高时自动减少输油量等,都会出现压力超调现象,因而造成液压冲击。

2. 液压冲击的危害

液压系统中产生液压冲击时,瞬时压力峰值有时比正常压力要大好几倍,这就容易引起液压设备振动,导致密封装置、管道和元件的损坏。有时还会使压力继电器、顺序阀等液压元件产生误动作,影响系统的正常工作。因此,在液压系统设计和使用中必须设法防止或减小液压冲击。

3. 冲击压力

假设系统正常工作的压力为 p,产生压力冲击时的最大压力为

$$p_{max} = p + \Delta p \tag{2-121}$$

式中,Δp 为冲击压力的最大升高值。

由于液压冲击是一种非定常流动,动态过程非常复杂,影响因素很多,要准确计算 Δp 的值是很困难的。在实际应用时只能近似计算。

1) 阀门关闭时的液压冲击

设管道截面积为 A,产生冲击的管长为 l,压力冲击波第一波在长度 l 内传播的时间为 t_1,液体的密度为 ρ,管中液体的流速为 v,阀门关闭后的流速为零,则由动量方程得:

$$\Delta p A = \rho A l \frac{v}{t_1}$$

整理后得

$$\Delta p = \rho l \frac{v}{t_1} = \rho c v \tag{2-122}$$

式中，c 为压力冲击波在管中的传播速度，$c=\dfrac{l}{t_1}$。

应用式(2-122)时，需要先知道 c 值的大小，而 c 值不仅与液体的体积弹性模量有关，还与管道材料的弹性模量、管道的内径 d 及壁厚 δ 有关。在液压传动中，c 值一般在 $900\sim 1400\text{m/s}$。

若流速 v 不是突然降为零，而是降为 v_1，则式(2-121)可写成

$$\Delta p = \rho c (v - v_1) \qquad (2-123)$$

设压力冲击波在管中往复一次的时间为 t_c，$t_c = \dfrac{2l}{c}$。当阀门关闭的时间 $t < t_c$ 时，称为突然关闭，此时压力峰值很大，这时的冲击称为直接冲击，其 Δp 值可按式(2-122)或式(2-123)计算；当 $t > t_c$ 时，阀门不是突然关闭，此时压力峰值较小，这时的冲击称为间接冲击，其 Δp 值可按下式计算：

$$\Delta p = \rho c (v - v_1) \dfrac{t_c}{t} \qquad (2-124)$$

2) 运动部件制动时的液压冲击

设总质量为 $\sum m$ 的运动部件在制动时的减速时间为 Δt，速度减小值为 Δv，液压缸有效面积为 A，则根据动量定理得

$$\Delta p = \dfrac{\sum m \Delta v}{A \Delta t} \qquad (2-125)$$

上式忽略了阻尼和泄漏等因素，计算结果偏大，但比较安全。

4. 减小液压冲击的措施

液压冲击危害极大，分析式(2-123)、式(2-124)、式(2-125)中 Δp 的影响因素，可以归纳出以下几个减小液压冲击的主要措施：

(1) 尽可能延长阀门关闭和运动部件制动换向的时间。在液压传动系统中采用换向时间可调的换向阀就可做到这一点。

(2) 正确设计阀口，限制管道流速，使运动部件制动时速度变化比较均匀。

(3) 在精度要求不高的工作机械上，使液压缸两腔油路在换向阀回到中位时瞬时互通。

(4) 适当加大管道直径，尽量缩短管道长度。加大管道直径不仅可以降低流速，而且可以减小压力冲击波速度 c 的值；缩短管道长度的目的是减小压力冲击波的传播时间 t_c；必要时，还可在冲击区附近设置卸荷阀和安装蓄能器等缓冲装置来达到此目的。

(5) 采用软管，增加系统的弹性，以减少压力冲击。

(6) 在容易发生液压冲击的地方，设置卸荷阀或储能器。储能器不仅缩短了压力波传播的距离，减小了压力冲击波在管中往复一次的时间 t_c，还能吸收冲击压力。

2.4.2 气穴现象

流体溶解空气的浓度受压力和温度的影响。在标准大气压下，空气在水中的溶解度为 2%(体积)，在石油型液压油中的溶解度为 6%~12%。空气在液压油液中的溶解度和液压油液的绝对压力成正比，如图 2.30(a) 所示。

压力降低时，溶解的空气量会减少。随着压力的降低，流体介质必然分离出所溶解的空气。一定温度时，液体有一个饱和蒸气压，即液体分子的气化和液化过程处于平衡状态时的压力。当压力小于该液体的饱和蒸气压时，液体就沸腾气化，如图 2.30(b) 所示。

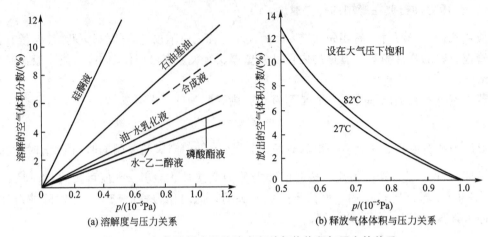

(a) 溶解度与压力关系　　(b) 释放气体体积与压力关系

图 2.30　气体溶解度及油液中释放气体体积与压力的关系

在静止状态下的溶解度与时间的关系如图 2.31 所示。这就是溶解速度。一部说来溶解过程并不很快，因此，液压中混入的气泡要靠通过系统高压区来全部溶解是不大可能的。

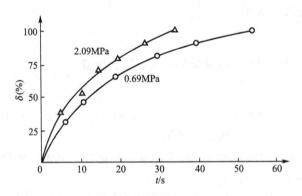

图 2.31　溶解度与时间的关系

在液流中，如果某一点的压力低于空气分离压时，原来溶解于油液中的空气就会游离出来，形成气泡。而当压力低于相应温度的液体饱和蒸气压力时，液体就会气化，形成大量蒸气泡。这两种气泡混杂在油液中而产生了气穴，使原来充满管道或元件中的油液成为不连续状态，这种现象一般称为气穴现象。

饱和蒸气压和温度的关系，如图 2.32 所示。

当液压系统中出现气穴现象时，大量的气泡破坏了液流的连续性，造成流量和压力脉动，气泡随液流进入高压区时又急剧破灭，引起局部液压冲击和高温，产生振动和噪声。例如，当泵的输出压力分别为 6.8MPa、13.6MPa、20.4MPa 时，气泡崩溃处的局部温度可分别达 766℃、993℃、1149℃，局部压力可达几百兆帕。当附在金属表面上的气泡破灭时，局部产生的高温和高压会使金属剥蚀，这种由气穴造成的腐蚀作用称为气蚀。气蚀会缩短元件的使用寿命，严重时会造成故障。

气穴多发生在阀口和液压泵的进口处。由于阀口的通道狭窄，液流的速度增大，压力大幅度下降，以致产生气穴现象。当泵的安装高度过大，吸油管直径太小，吸油阻力太大，或液压泵转速过高，吸油不充分，造成泵入口处的真空度过大时，亦会产生气穴。如图2.33所示,液体在流经节流口的咽喉位置时,根据伯努利方程可知,在该处的压力最低。

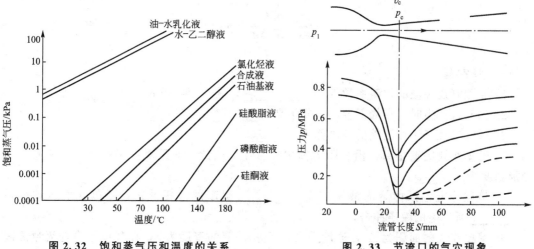

图2.32 饱和蒸气压和温度的关系　　图2.33 节流口的气穴现象

当最低压力低于油液在工作温度下的空气分离压时,溶解在油液中的空气会迅速地大量分离出来,变成气泡,产生气穴。表征气穴的相似判据为气穴系数,即

$$C = \frac{2(p - p_v)}{\rho v^2} \qquad (2-126)$$

式中,p 为油液的绝对压力；p_v 为油液的饱和蒸气压；ρ 为油液密度；v 为油液平均流速。

由上式可知,为了防止产生气穴现象和气蚀,应采取下列措施:

(1) 减小液流在小孔或间隙处的压力降,一般希望小孔或间隙前后的压力比 $p_1/p_2 < 3.5$。

(2) 正确选择液压系统各管段的管径,对流速要加以限制,降低吸油高度,对高压泵可采用辅助泵供油。

(3) 整个系统的管道应尽可能做到平直,避免急弯和局部窄缝,密封要好,且配置合理。

(4) 提高零件抗气蚀能力。如提高零件的机械强度、采用抗腐蚀能力强的金属材料、减小零件加工的表面粗糙度等。

小　结

> 本章介绍了液压流体力学的基础理论知识,包括静止液体的物理特性、力学性质、流动液体的基本方程、液体流动时各种压力损失的概念及计算方法、液体流经小孔及缝隙的流量计算公式以及液压冲击和气穴现象。
>
> 通过本章的学习,应该掌握静止液体的力学性质；掌握流动液体的连续性方程、能量方程和动量方程,并能灵活应用；能够正确分析液体流动时的各种压力损失以及流经小孔及间隙的流量,并进行正确计算；应了解液压冲击和气穴现象及其对液压系统的影响。

【关键术语】

液体　物理特性　黏度　压力　流量　连续性方程　动量方程　伯努利方程　沿程损失　局部损失　液压冲击　气穴现象

综合练习

一、填空题

1. 非圆管道油液的雷诺系数 $Re=$ _____，其水力半径 $R=$ _____。
2. 当气穴产生时，在局部会出现非常高的 _____ 和 _____。
3. 既无黏性又不可压缩的液体称为 _____。
4. 薄壁小孔的壁很薄，沿程阻力损失非常小，因此，流量对温度的变化不敏感，与油液黏度 _____。
5. 液压冲击包括由管内液流流速 _____ 引起的液压冲击，还包含由运动部件 _____ 所产生的液压冲击。
6. 薄壁小孔的面积为 A_0，流量系数为 C_d，油液的密度为 ρ，在节流压力与流量之间的关系可表示为 _____。
7. 圆形管的水力半径为 _____，方形管的水力半径为 _____。

二、问答题

1. 什么叫做液体的黏性？常用的黏度表示方法有哪几种？它们之间如何换算？
2. 液压油如何分类？什么是液压油的压缩性？
3. 液压油污染的途径和控制办法有哪些？
4. 什么是压力？压力有哪几种表示方法？液压系统的工作压力与负载有什么关系？
5. 解释如下概念：恒定流动、非恒定流动、通流截面、流量、平均流速。
6. 什么是液体的静压力？
7. 伯努利方程的物理意义是什么？该方程的理论式与实际式有什么区别？
8. 管路中的压力损失有哪几种？分别受哪些因素影响？
9. 什么是油液气穴现象？减小气穴现象的措施有哪些？

三、计算题

1. 减振器缸筒直径 28mm，活塞杆直径 20mm，活塞上有四个直径为 2mm 的活塞孔（细长孔），计算减振器的运动临界速度（设临界雷诺系数为 2300）。
2. 某液压油 $200cm^3$，密度为 $900kg/m^3$，在 50℃ 时流经恩氏黏度计所需时间 $t_1=153s$，而 20℃ 时 $200cm^3$ 的蒸馏水流经恩氏黏度计所需时间 $t_2=51s$，问该油液的恩氏黏度 $°E_{50}$、运动黏度 ν 及动力黏度 μ 各为多少？
3. 直径为 200mm 的圆盘，与固定端面的间隙为 0.02mm，其间充满润滑油。润滑油的运动黏度为 $3\times10^{-5}m^2/s$，密度为 $900kg/m^3$，圆盘以 1500r/min 的转速旋转，驱动圆盘所需要的扭矩是多少？
4. 液压千斤顶柱塞的直径 $D=40mm$，活塞的直径 $d=15mm$，杠杆长度如图 2.34 所示。问杠杆端应加多大的力 F 才能将重力 $W=5\times10^4N$ 的重物顶起？
5. 某压力控制阀如图 2.35 所示，当 $p_1=6MPa$ 时，阀开启。若 $d_1=10mm$，$d_2=15mm$，$p_2=0.5MPa$，试求：

(1) 弹簧的预紧力 F_s；

(2) 当弹簧刚度 $k=10\text{N/mm}$ 时的弹簧预压缩量 x。

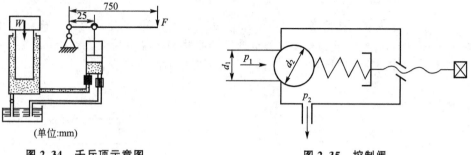

图 2.34 千斤顶示意图　　图 2.35 控制阀

6. 如图 2.36 所示，油管水平放置，截面 1-1、2-2 处的内径分别为 $d_1=5\text{mm}$，$d_2=20\text{mm}$，在管内流动的油液密度 $\rho=900\text{kg/m}^3$，运动黏度 $\nu=20\text{mm}^2/\text{s}$。若不计油液流动能量损失，试问：

(1) 截面 1-1 和 2-2 哪一处的压力较高？为什么？

(2) 若管内通过的流量 $q=30\text{L/min}$，求两截面间的压力差 Δp。

7. 液压泵安装如图 2.37 所示，已知泵的输出流量 $q=25\text{L/min}$，吸油管直径 $d=25\text{mm}$，泵的吸油口距油箱液面的高度 $H=0.4\text{m}$。设油液的运动黏度 $\nu=20\text{mm}^2/\text{s}$，密度 $\rho=900\text{kg/m}^3$。若仅考虑吸油管中的沿程压力损失，试计算液压泵吸油口处的真空度。

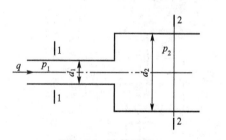 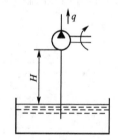

图 2.36 油管局部　　图 2.37 液压泵安装

8. 如图 2.38 所示，油在喷管中的流动速度 $v_1=6\text{m/s}$，喷管直径 $d_1=5\text{mm}$，油的密度 $\rho=900\text{kg/m}^3$，在喷管前端设置一挡板，问在下列情况下管口射流对挡板壁面的作用力 F 是多少？

(1) 当壁面与射流垂直时 [图 2.38(a)]；

(2) 当壁面与射流成 $60°$ 角时 [图 2.38(b)]。

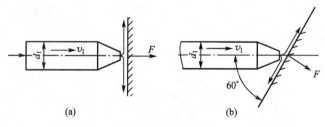

图 2.38 油管喷嘴

9. 如图 2.39 所示，管道输送密度 $\rho=900\text{kg/m}^3$ 的液体，已知 $h=15\text{m}$，1 截面处的压力为 $4.5\times 10^5\text{Pa}$，2 截面处的压力为 $4\times 10^5\text{Pa}$，试判断管中液流的方向（两端的通流面积相等）。

10. 如图 2.40 所示，柱塞直径 $d=20\text{mm}$，在力 $F=100\text{N}$ 的作用下向下移动，缸中油液经间隙 $h=0.05\text{mm}$ 泄出，已知柱塞和缸处于同心状态，缝隙长度 $l=70\text{mm}$，油液动力黏度 $\mu=50\times 10^{-3}\text{Pa}\cdot\text{s}$，试计算柱塞下落 0.1m 所需的时间是多少。

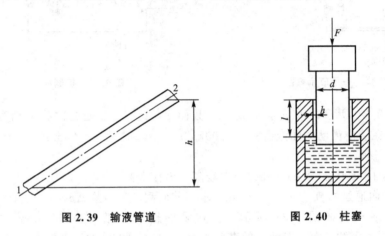

图 2.39　输液管道　　　　图 2.40　柱塞

11. 图 2.41 所示为一锥阀，锥阀的锥角为 2ϕ。液体在压力 p_1 作用下，以流量 q 流经锥阀。当锥阀分别内流和外流液体时，求作用在阀芯上的液动力。

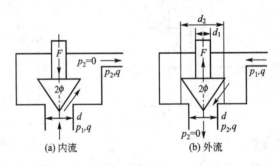

图 2.41　锥阀

第 3 章　液压泵与液压马达

本章学习目标

★ 掌握齿轮泵、叶片泵和柱塞泵的工作原理、结构、主要特性及应用；
★ 了解齿轮马达、叶片马达和柱塞马达的工作原理、结构、主要特性及应用；
★ 掌握液压泵的排量、流量、功率、效率等性能参数的计算方法；
★ 了解液压马达的各主要性能参数的计算方法。

本章教学要点

知识要点	能力要求	相关知识
液压泵的结构与原理	掌握液压泵的工作原理，了解齿轮泵、叶片泵和柱塞泵的结构和特点	结合各液压泵的机械结构，了解各液压泵的主要性能特点和应用
液压泵的主要性能参数	掌握液压泵的主要性能参数的计算方法	液压泵的排量、流量、功率和效率
液压马达的结构和原理	了解液压马达的工作原理，了解齿轮马达、叶片马达和柱塞马达的结构和特点	了解各液压马达的主要性能特点和应用，了解液压马达与液压泵的区别和相同之处
液压马达的主要性能参数	了解液压马达的主要性能参数的计算方法	液压马达的排量、流量、功率和效率

本章学习方法

学习本章时，应先掌握齿轮式、叶片式、柱塞式泵和马达的结构，然后再对其工作原理和性能特点进行分析，在理解和分析的基础上，结合结构拆装的教学实习，掌握这几种泵和马达的排量、流量、功率、效率等参数的计算方法。

导入案例

电液伺服振动疲劳综合试验机

电液伺服振动疲劳综合试验机,通过作动器施加一定幅值和频率的激振信号,可以用来对汽车零部件寿命和性能进行试验,图 3.1 所示即为电液伺服振动疲劳综合试验机,对汽车液压筒式减振器进行性能和寿命试验。

图 3.1　电液伺服振动疲劳综合试验机

电液伺服振动疲劳综合试验机通过液压泵站提高一定压力和流量的液压油液,驱动作动器按照一定频率和幅值控制信号进行动作。液压泵站如图 3.2 所示。

为了满足作动器对试验部件施加一定负荷和速度的要求,液压泵站配有一个或两个液压泵,当试件要求大速度时,两个液压泵同时工作。液压泵如图 3.3 所示。

图 3.2　液压泵站　　　　　　　　　　图 3.3　液压泵

电液伺服振动疲劳综合试验机为双立柱龙门结构电液伺服试验机,油缸下置。该机主要由主机部分、电液伺服液压部分、计算机及电控部分、侧向力加载部分、减振器温度控制系统(冷却和控温)以及高低温箱等附件组成。

主作动器下置，安装在试验平台下面，此平台与地面相平，主作动器活塞杆上端与平台基本相平，其上面有T形槽，方便固定。主作动器采用德国依诺钒（INOVA）作动器，具有低摩擦、低阻尼及良好的抗侧向力能力，内部同轴安装高响应的线性差动变压传感器，作动器上具有MOOG公司生产的伺服阀，该阀寿命长，性能好。

上横梁与双立柱构成龙门框架，固定在3000mm×2000mm×250mm铸铁平台上。上横梁与下地平台及立柱组成的刚性框架，其刚度为$7.5 \times 10^8 N/m$。立柱直径为110mm，立柱有定位销或定位轴，此框架与200kN普通电液伺服的框架相当。平台上有T形槽，方便在龙门架上移动调整及固定试验工装等。立柱龙门架宽1200mm，高1600mm，通过T形槽固定在平台上，横梁具有液压升降装置和锁紧装置，升降缸活塞杆降低到地平面以下，易于按试件的长短变换位置，可调范围0～1000mm。上装有一套动、静态双向高精度的力传感器，可测试工件最大力值为30kN。还装有用于测量摩擦力的小传感器。作动器活塞杆及连接圆盘应尽可能接近地平面，去掉下方球铰后不高于地平面100mm，上、下连接部分有球铰，移动空间部分为50～1000mm。下作动器连接盘上有铸铝反力架，可接装侧向力作动器。龙门框架可移动，移去框架时，框架可落放于预置的平台上，稳定定位制作。

德国INOVA的作动器具有液压静压轴承并带特殊涂层，静压轴承能自动调整侧向力一侧的压差，以提高抗侧向力能力，系统工作压力达28MPa，同等力值时缩小流量，采用两个MOOG阀并联，阀的频响很高。电液伺服液压系统采用国内高质量元器件和ABB电动机，以及力士乐柱塞泵，油源采用240L/min流量的液压油源，压力为21MPa，油源压力稳定、流量大。采用片式冷却器，油温恒定。油源中最主要部分采用日本不二越高压泵组；采用ABB电动机，其具有效率高、噪声小、寿命长等特点。

控制器采用MTS FTSE基本型控制器，具有全数字式电控箱，可单独使用，也可通过计算机面板操作，使用方便可靠，功能强。函数发生器频率为0.01～200Hz，可发生形成正弦波、三角波、方波、斜波、扫频波、组合波及外输入波，闭环速率为6kHz，具有力、位移控制方式，控制状态可平滑切换。

该机系统可进行如下功能试验：

（1）可做减振器示功试验，摩擦力试验，多速（可预置10个挡的速度）示功试验，温度特性试验（另加高温箱），绘制打印示功图、摩擦力曲线图，显示复原、压缩力值。

（2）可做工件耐久性试验，在试验中可根据要求施加0～500N的侧向力，完成耐久试验、高频微振幅耐久试验等。

（3）可做减振器泡沫化试验，具有试件表面温度控制装置，有温度显示表头，并能把温度参数及时传给计算机进行记录，当试件表面温度升至120℃时，自动停机。

（4）可做试件温度衰减试验，工作温度－40～＋150℃，同时绘制打印图形，此试验须配备相应高低温设备。

问题：

该系统如何满足试件对高速和低速的试验要求？

液压泵和液压马达都是液压系统中的能量转换元件。液压泵是将原动机（电动机、柴油机）的机械能转换成油液的液压能，再以压力、流量的形式输送到系统中去，按其职能属于液压能源元件，又称动力元件。液压马达是将来自液压泵输入的液压能转换为旋转形式的机械能,以扭矩和转速的形式驱动外负载工作,按其职能属于执行元件。液压泵和液压马达都是靠密闭的工作空间的容积变化进行工作的,所以又称容积式液压泵和液压马达。本章主要对液压泵和液压马达的类型、结构、工作原理及性能参数进行重点分析,并对液压泵、液压马达的选择和使用进行介绍。

3.1 概　　述

3.1.1 液压泵工作原理及分类

图 3.4 所示为单柱塞泵的工作原理图。

当偏心轮 1 被带动旋转时,柱塞 2 在偏心轮和弹簧 4 的作用下在泵体 3 的柱塞孔内做上下往复运动,柱塞向下运动时,泵体的柱塞孔和柱塞上端构成的密闭工作油腔 A 的容积增大,形成真空,此时排油阀 5 封住出油口,油箱 7 中的液压油便在大气压力的作用下通过进油阀 6 进入工作油腔,这一过程为柱塞泵进油过程;当柱塞向上运动时,密闭工作油腔的容积减小、压力增高,此时进油阀封住进油口,压力油便打开排油阀进入系统,这一过程为柱塞泵压油过程,若偏心轮连续不断地转动,柱塞泵即不断地进油和压油。

由上述可知,构成容积式液压泵必须具备的条件是:

(1) 有若干个良好密封的工作容腔。

(2) 有使工作容腔的容积不断地由小变大,再由大变小,完成进油和压油工作过程的动力源。

(3) 有合适的配油关系,即进油口和压油口不能同时开启。

从原理上讲,液压泵和液压马达是可逆的,但由于使用目的的不同,导致结构上的某些差异,一般情况下,液压泵和液压马达不能互换,本章后面将结合各类液压马达的具体结构介绍其工作原理。

液压泵和液压马达的类型较多,但可按其每转排出油液的体积能否调节而分为定量和变量两大类,按其组成密封容积的结构形式的不同又可分为齿轮式、叶片式、柱塞式三大类,液压泵的具体分类情况如图 3.5 所示。

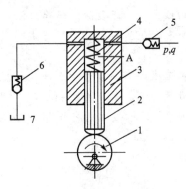

图 3.4　单柱塞泵工作原理图
1—偏心轮;2—柱塞;3—泵体;
4—弹簧;5—排油阀;
6—进油阀;7—油箱

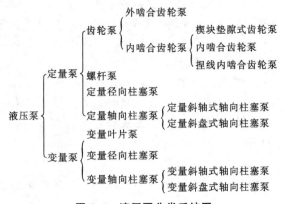

图 3.5　液压泵分类系统图

3.1.2 主要性能参数

液压泵和液压马达的性能参数主要有压力(常用单位为 Pa)、转速(常用单位为 r/min)、排量(常用单位为 m^3/r)、流量(常用单位为 m^3/s 或 L/min)、功率(常用单位为 W 或 kW)和效率(η)。

1. 液压泵的主要性能参数

1) 压力 p_P

工作压力:泵实际工作时的压力,它随负载的大小而变化。

额定压力:泵在正常工作条件下,按试验标准规定能连续运转的最高压力。

2) 转速 n_P

额定转速:泵在额定压力下,能连续长时间正常运转的最高转速。

3) 排量和流量

排量 V_P:液压泵每转一转,由其密封容积几何尺寸变化计算而得到的排出液体的体积,即在无泄漏的情况下,液压泵每转一转所能输出的液体体积。

理论流量 q_{Pt}:在不考虑泄漏的情况下,泵在单位时间内排出液体的体积,其值等于排量与转速的乘积,与工作压力无关。

实际流量 q_P:泵在工作中实际排出的流量,等于泵的理论流量与泄漏量之差。

额定流量 q_{PN}:指在正常工作条件下,按试验标准规定必须保证的流量,亦即在额定转速和额定压力下泵输出的实际流量。

4) 功率

输入功率 P_{Pi}:液压泵的输入量有泵轴的转矩和转速(角速度),输入功率是指驱动泵轴的机械功率,即转矩与转速的乘积。

输出功率 P_{Po}:液压泵的输出量有输出液体的压力和流量,输出功率是指泵输出的液压功率,即泵实际输出流量和压力的乘积。

理论功率 P_{Pt}:忽略管路及液压缸的能力损失,则输出功率等于输入功率,此即为液压泵的理论功率,即

$$P_{Pt}=p_p q_{pt}=p_p V_p n=T_{pt}\omega=2\pi n T_{pt} \tag{3-1}$$

5) 效率

容积效率 η_{PV}:泵实际输出流量与理论流量的比值,即

$$\eta_{PV}=\frac{q_P}{q_{Pt}}=\frac{q_{Pt}-\Delta q_{Pv}}{q_{Pt}}=1-\frac{\Delta q_{Pv}}{q_{Pt}} \tag{3-2}$$

式中,Δq_{Pv} 为液压泵的泄漏量,即实际流量与理论流量的差值,$\Delta q_{Pv}=q_{Pt}-q_P$。

液压泵的泄漏量 Δq_{Pv} 与液压泵的工作压力 p_P 有关。因为液压泵内机件间的间隙很小,泄漏油液可视为层流,故油液泄漏量 Δq_{Pv} 与工作压力 p_P 成正比,即

$$\Delta q_{Pv}=k_1 p_P \tag{3-3}$$

式中,k_1 为液压泵的流量损失系数。

因此,液压泵的容积效率 η_{PV} 可表示为

$$\eta_{PV}=1-\frac{k_1 p_P}{V_P n} \tag{3-4}$$

可知,液压泵的泄露量 Δq_{Pv} 随液压泵的工作压力 p_P 增大而增大,导致液压泵的实际输出功率 P_{Po} 随压力 p_P 增大而减小。

机械效率 η_{Pm}：理论上驱动泵轴所需的转矩 T_t 与实际驱动泵轴的转矩 T_P 之比。即

$$\eta_{Pm}=\frac{T_{Pt}}{T_P} \tag{3-5}$$

据式(3-1)，有 $T_{Pt}=\frac{p_P V_P}{2\pi}$，代入式(3-5)，可得液压泵的机械效率为

$$\eta_{Pm}=\frac{p_P V_P}{2\pi T_P} \tag{3-6}$$

总效率 η_P：泵的液压输出功率与输入功率之比，即

$$\eta_P=\frac{P_{Po}}{P_{Pi}}=\frac{p_P q_P}{2\pi n T_P}=\frac{q_P}{V_P n} \cdot \frac{p_P V_P}{2\pi T_P}=\eta_{PV}\eta_{Pm} \tag{3-7}$$

可知，液压泵的总效率等于容积效率与机械效率的乘积。

2．液压马达的主要性能参数

1）压力 p_M

工作压力：实际工作中，液压马达的输入压力。

额定压力：液压马达在正常工作条件下，按试验标准规定能连续运转的最高压力。

压力差：液压马达输入压力与输出压力之差。

2）转速 n_M

额定转速：液压马达在额定压力下，能连续长时间正常运转的最高转速。

最低稳定转速：液压马达在额定负载时，不出现爬行现象的最低工作转速。

3）排量和流量

排量 V_M：液压马达每转一转，由其密封容积几何尺寸变化计算而得到的输入液体的体积。

理论流量 q_{Mt}：液压马达没有泄漏时，达到指定转速所需的流量。

实际流量 q_M：液压马达入口处的实际流量。实际流量大于理论流量，实际流量与理论流量之差值，即为马达的泄漏量。

4）功率

理论功率 P_{Mt}：压力差与理论流量的乘积。

实际输入功率 P_M：压力差与实际流量的乘积。

实际输出功率 P_{Mo}：液压马达输出轴上输出的机械功率。

5）效率

容积效率 η_{MV}：液压马达的理论流量与实际流量的比值。

机械效率 η_{Mm}：液压马达的实际输出扭矩与理论扭矩之比。

总效率 η_M：液压马达输出功率和输入功率之比，等于容积效率与机械效率之积。

应用案例3-1

液压泵输出功率和所需电动机功率计算

某液压泵的输出油液 $p_{Po}=10$MPa，转速 $n=1450$r/min，排量 $V_P=46.2$mL/r，容积效率 $\eta_{PV}=0.95$，总效率 $\eta_P=0.9$。试计算该液压泵的输出功率和所需驱动电动机功率各为多少。

解：(1) ① 求液压泵的输出功率。液压泵的实际输出流量为

$$q_P=q_{Pt}\eta_{PV}=V_P n\eta_{PV}=46.2\times 10^{-3}\times 1540\times 0.95 \text{L/min}=63.6\text{L/min}$$

故得液压泵的输出功率为

$$P_{Po} = p_P q_P = \frac{10 \times 10^6 \times 63.4 \times 10^{-3}}{60} W = 10.6 \times 10^3 W = 10.6 kW$$

(2) 求电动机的功率。电动机的功率即为液压泵的输入功率，亦即

$$P_{Pi} = \frac{P_{Po}}{\eta_P} = \frac{10.6}{0.9} kW = 11.8 kW$$

液压泵容积和总效率分析计算

某叶片泵转速 $n=1500 r/min$，在输出压力为 6.3MPa 时，泵的输出流量为 53L/min，这时实测泵的消耗功率为 7kW；当空载运行时，泵的输出流量为 56L/min，试求该泵的容积效率 η_{PV} 和总效率 η_P。

解：(1) 取空载流量为液压泵的理论流量 q_{Pt}，可得液压泵的容积效率为

$$\eta_{PV} = \frac{q_P}{q_{Pt}} = \frac{53}{56} = 0.946$$

(2) 泵的输出功率为

$$P_{Po} = p_P q_P = \frac{6.3 \times 10^6 \times 53 \times 10^{-3}}{60} W = 5.565 \times 10^3 W = 5.565 kW$$

总效率为输出功率和输入功率的比值，因此

$$\eta_P = \frac{P_{Po}}{P_{Pi}} = \frac{5.565}{7} = 0.795$$

3.2 齿轮泵与齿轮马达

齿轮液压泵简称齿轮泵，是液压系统中常用的一种定量泵，具有结构简单、工作可靠、体积小、质量小、成本低、使用维修方便等特点。另外，齿轮泵还具有自吸性能好、转速范围大、对滤油精度要求不高、对油液污染不敏感等优点。齿轮泵的主要缺点是流量和压力脉动大、排量不可调、噪声也较大。

齿轮泵按其啮合形式可分为内啮合齿轮泵和外啮合齿轮泵两种。内啮合齿轮泵结构紧凑，运转平稳，噪声小，有良好的高速性能，流量脉动小，但加工复杂，高压低速时容积效率低；外啮合齿轮泵工艺简单。目前应用较多的是外啮合渐开线直齿形的齿轮泵。

3.2.1 外啮合齿轮泵

1. 工作原理

外啮合齿轮泵工作原理如图 3.6 所示。其主要由装在泵体内的一对外啮合齿轮（主动齿轮和从动齿轮）和齿轮轴及两侧端盖组成。在泵体内，一对互相啮合的齿轮与齿轮两侧的端盖及泵体相配合，把泵体内部分为左右两个互不相通的容腔。当主动齿轮按图示方向旋转时，右腔由于一对齿轮轮齿脱开，使密封工作腔容积不断增大，形成局部真空，油箱

内的油液在大气压的作用下进入右腔，填满轮齿脱开时形成的空间，这一过程为齿轮泵的进油过程。随着齿轮的旋转，油液被带往左腔，由于一对轮齿相继啮合，使密封工作容积不断减小，齿间的油液被挤压出来排往系统，这就是齿轮泵的排油过程。随着齿轮不停旋转，进油腔和压油腔就不断地进油和排油。

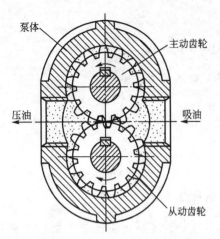

图 3.6 外啮合齿轮泵的工作原理

2. 排量和流量的计算

外啮合齿轮泵排量可以近似地看做是两个啮合齿轮齿间的工作容积之和。若假设齿轮齿间的工作容积等于齿轮轮齿的体积，则齿轮泵的排量就等于一个齿轮的齿间容积和其轮齿体积总和的环形体积，即

$$V_P = \pi DhB = 2\pi ZBm^2 \qquad (3-8)$$

式中，V_P 为齿轮泵的排量(m^3/r)；Z 为齿轮的齿数；m 为齿轮的模数(m)；B 为齿轮的齿宽(m)；D 为齿轮的节圆直径(m)，$D = mZ$；h 为齿轮有效工作高度(m)，$h = 2m$。

实际上，齿间的容积比轮齿的体积稍大一些，且齿数越少差值越大。考虑这一因素的影响，实际计算时取 6.66 代替式(3-8)中的 2π，则齿轮泵的排量为

$$V_P = 6.66ZBm^2 \qquad (3-9)$$

由此得齿轮泵的输出流量为

$$q_P = \frac{1}{60} V_P n_P \eta_{PV} \qquad (3-10)$$

式中，q_P 为齿轮泵的输出流量(m^3/s)；V_P 为齿轮泵的排量(m^3/r)；n_P 为齿轮泵的额定转速(r/min)；η_{PV} 为齿轮泵的容积效率。

3. 脉动率

由式(3-10)计算所得的流量是齿轮泵的平均流量，实际上齿轮泵在工作中，排量是转角的周期函数，存在排量脉动，因此瞬时流量也是脉动的，即当啮合点处于啮合节点时，瞬时流量最大；当啮合点开始进入啮合和开始退出啮合时，瞬时流量最小。流量的脉动，直接影响液压系统工作的平稳性。流量脉动的大小，用流量脉动率 σ 来表示，即

$$\sigma = \frac{q_{max} - q_{min}}{q_{Pt}} \qquad (3-11)$$

式中，σ 为液压泵的流量脉动率；q_{max} 为液压泵最大瞬时流量(m^3/s)；q_{min} 为液压泵最小瞬时流量(m^3/s)；q_{Pt} 为液压泵的理论流量(m^3/s)。

流量脉动率是衡量容积式液压泵性能的一个重要指标。在容积式液压泵中，齿轮泵的流量脉动最大，且流量脉动的大小与齿轮啮合长度有关，啮合长度长，流量脉动就大。当齿轮节圆直径相同时，齿数增多，则啮合长度变小，同时流量脉动减小。但这样会使泵的流量减小，此时齿数 Z 增多而模数 m 减小，因此齿轮泵齿数 Z 选择要恰当，低压齿轮泵

的齿数 Z 一般取 $13 \sim 19$，高压齿轮泵齿数 Z 一般取 $6 \sim 13$。

4. 困油现象及消除措施

为了保证传动的平稳性及进、排油腔的可靠密封（使进油腔与排油腔被齿与齿的啮合接触线隔开而不连通），要求齿轮的重叠系数 ε 大于 1。这样齿轮转动时，当前一对齿轮尚未脱开啮合前，后一对齿轮就开始进入啮合，在这一小段时间内，同时有两对齿进行啮合，在它们之间形成一个封闭的空间，称为闭死容积，如图 3.7 所示。

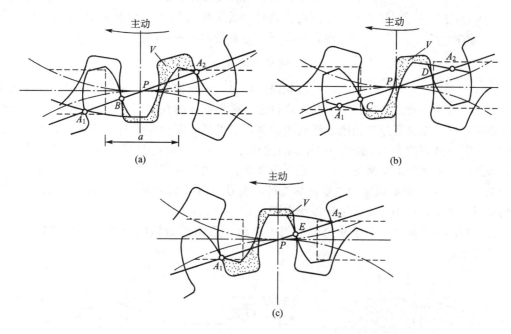

图 3.7 齿轮泵的困油现象及消除措施

随着齿轮的旋转，闭死容积 V 是变化的，图 3.7(a) 所示为前一对齿轮尚未脱开啮合（啮合点为 B），而后一对齿开始进入啮合（啮合点为 A_2）的位置，即形成闭死容积。随着齿轮的旋转，闭死容积逐渐减小，直至图 3.7(b) 所示位置，啮合点 C 和 D 处于节点两侧的对称位置，闭死容积最小。在这个过程中，被困的油受挤压，使压力急剧上升，油液从缝隙中强行挤出，使齿轮轴承受到很大的径向力，并产生噪声和振动。当齿轮继续旋转时，闭死容积又逐渐增大，直至前一对齿轮在 A_1 点即将退出啮合时增至最大，如图 3.7(c) 所示。在这个过程中，压力逐渐降低，产生真空，容易发生气蚀现象。

由于闭死容积大小的变化，造成液体压力急剧升高和降低的现象，称为困油现象。困油现象使齿轮泵工作时产生噪声，容积效率降低，并影响齿轮泵的工作平稳性和寿命。消除困油现象的方法，通常是在齿轮泵两侧的盖板上开卸荷槽，如图 3.7 中虚线所示。其原则是，当闭死容积处于最小位置时，卸荷槽不能与闭死容积相通，即闭死容积不能与进、排油腔相通；当闭死容积由最大逐渐减小时，闭死容积通过卸荷槽与排油腔相通；当闭死容积由最小逐渐增大时，闭死容积通过卸荷槽与进油腔相通。

5. 径向力

图 3.8 所示为齿轮泵工作时沿齿轮圆周上的压力分布情况。旋转的齿顶和泵的壳体内壁间的径向泄漏，从排油腔到进油腔的过渡范围内，压力是逐渐下降的。由于径向压力不

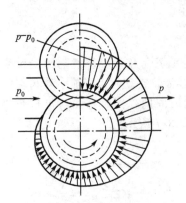

平衡而产生的径向液压力和齿轮啮合传递扭矩而产生的径向啮合力的合力,分别作用在主动齿轮轴和从动齿轮轴上,而且大小和方向均不相同,因此,齿轮和轴受到径向不平衡力的作用,工作压力越高,径向不平衡力越大,造成泵壳体内壁产生偏磨,同时也加剧轴承的磨损,降低轴承的使用寿命。为了减小径向不平衡力的影响,常采用缩小排油口的方法,使排油腔的压力仅作用在一到两个齿的范围内,同时,适当增大齿顶和泵的壳体内壁之间的间隙,使齿顶不与泵壳体内壁接触。

图 3.8 径向液压力的分布

6. 间隙泄漏及轴向间隙自动补偿

齿轮泵工作时,液压油从高压区向低压区的泄漏是不可避免的,其泄漏有三条途径:一条是通过齿顶圆和泵体内孔间的径向间隙——齿顶间隙产生泄漏;另一条是通过齿轮啮合线处的间隙——齿侧间隙产生泄漏;还有一条是通过齿轮端面与泵端盖板之间的间隙——端面间隙产生泄漏,即轴向间隙泄漏。在这三种间隙中,齿侧间隙产生的泄漏量最少,一般不予考虑;端面间隙产生的泄漏量最大,占总泄漏量的 75%~80%,是液压泵的主要泄漏途径,也是目前影响齿轮泵压力提高的主要原因,在齿轮泵的结构设计中必须采取措施予以解决。

在中高压齿轮泵中,为了减少端面间隙泄漏而采用端面轴向间隙自动补偿装置,如图 3.9 所示。

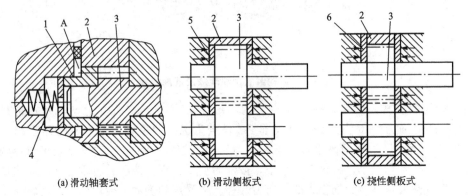

(a) 滑动轴套式　　(b) 滑动侧板式　　(c) 挠性侧板式

图 3.9　端面轴向间隙自动补偿装置示意图

1—浮动轴套;2—泵体;3—齿轮轴;4—弹簧;5—浮动侧板;6—挠性侧板

图 3.9(a)所示为浮动轴套式的间隙补偿原理图,将泵的出口压力油引到齿轮轴 3 上的浮动轴套 1 外侧的 A 腔,在液体压力的作用下,使轴套紧贴齿轮的侧面,因而可以消除间隙并可补偿齿轮侧面和轴套间的磨损量。在泵启动时由弹簧 4 来产生预紧力,以保证轴向间隙的密封;图 3.9(b)所示为浮动侧板式的间隙补偿原理图,将泵的出口压力油引到浮动侧板 5 的背面,使之紧贴于齿轮的端面来消除并补偿间隙。启动时,浮动侧板靠密封圈来产生预紧力。图 3.9(c)所示为挠性侧板式的间隙补偿原理图,同样将泵的出口压力油引到挠性侧板 6 的背面,靠挠性侧板自身的变形来补偿间隙。

3.2.2 内啮合齿轮泵

内啮合齿轮泵分渐开线齿轮泵和摆线齿轮泵两种,在此仅对渐开线齿轮泵作简要叙述。

内啮合渐开线齿轮泵主要由内齿环、外齿轮、月牙板等组成。图3.10所示为内啮合齿轮泵的工作原理图。

内齿环和外齿轮相啮合,月牙板将进油腔与排油腔隔开,当传动轴带动外齿轮旋转时,与此相啮合的内齿环也随着旋转,进油腔由于齿轮脱开使容积不断增大而连续进油,油液经月牙板后进入排油腔,排油腔由于齿轮啮合容积不断减小而将油液连续排出。

内啮合齿轮泵相对外啮合齿轮泵可做到无困油现象,流量脉动小,因此,相应的压力脉动及噪声也都较小;结构紧凑、尺寸小、质量小;由于齿轮相对速度小,可以高速旋转;又由于内外齿轮转向相同,齿轮相对滑动速度小,因此磨损小,寿命长。其主要缺点是:工艺性不如外啮合齿轮泵,造价高。

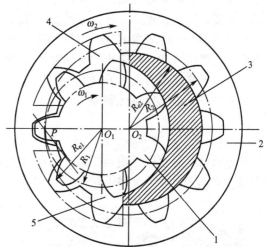

图3.10 内啮合齿轮泵工作原理图
1—小齿轮(主动齿轮);2—内齿轮(从动齿轮);
3—月牙板;4—吸油腔;5—排油腔

3.2.3 螺杆泵

螺杆泵实质上是一种外啮合摆线齿轮泵,按其螺杆根数有单螺杆泵、双螺杆泵、三螺杆泵、四螺杆泵和五螺杆泵等;按螺杆截面分为摆线齿形、摆线-渐开线齿形和圆形齿型等三种。图3.11所示为三螺杆泵的结构简图。

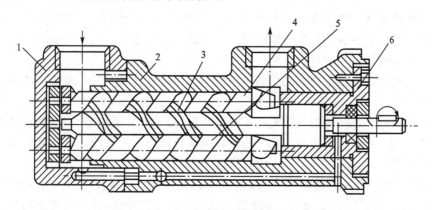

图3.11 三螺杆泵结构简图
1—后盖;2—壳体;3—主动螺杆(凸螺杆);4、5—从动螺杆(凹螺杆);6—前盖

在三螺杆泵壳体2内平行地安装着三根互为啮合的双头螺杆,主动螺杆为中间凸螺杆3,上、下两根凹螺杆4和5为从动螺杆。三根螺杆的外圆与壳体对应弧面保持着良好的配合,螺杆的啮合线将主动螺杆和从动螺杆的螺旋槽分割成多个相互隔离的、互不相通的

密封工作腔。当传动轴(与凸螺杆为一整体)按图3.11所示方向旋转时，这些密封工作腔随着螺杆的转动一个接一个地在左端形成，并不断地从左向右移动，在右端消失。主动螺杆每转一周，每个密封工作腔便移动一个导程。密封工作腔在左端形成时，逐渐增大，将油液吸入来完成进油工作，在右面的工作腔逐渐减小直至消失，因而将油液压出完成压油工作。螺杆直径越大，螺旋槽越深，螺杆泵的排量越大；螺杆越长，进、压油口之间的密封层次越多，密封就越好，螺杆泵的额定压力就越高。

螺杆泵与其他容积式液压泵相比，具有结构紧凑、体积小、质量轻、自吸能力强、运转平稳、流量无脉动、噪声小、对油液污染不敏感、工作寿命长等优点，目前常用在精密机床上以及用来输送黏度大或含有颗粒物质的液体。螺杆泵的缺点是其制造工艺复杂，加工精度要求高，因此应用受到限制。

3.2.4 齿轮马达

齿轮液压马达简称齿轮马达，具有结构简单、体积小、质量小、惯性小、耐冲击、维护方便、对油液过滤精度要求较低等特点。但其流量脉动较大，容积效率低，转矩小，低速性能不好。齿轮马达的工作原理图如图3.12所示。

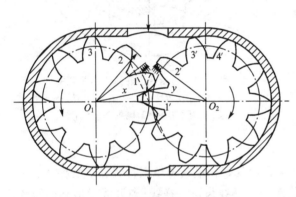

图 3.12 齿轮液压马达工作原理图

当高压油进入齿轮马达的进油腔(由齿1、2、3和齿$1'$、$2'$、$3'$、$4'$的表面及其泵体和端盖的有关内表面组成)之后，由于啮合点半径x和y永远小于齿顶圆半径，因而在齿1和$2'$的齿面上，便产生如箭头所示的不平衡的液压力。该液压力就相对于轴线O_1和O_2产生转矩。在该转矩的作用下，齿轮马达就按图示箭头方向旋转，拖动外负载做功。

随着齿轮的旋转，齿1和$1'$所扫过的容积要比齿3和$4'$所扫过的容积小，这样随着啮合齿的不断变化，进油腔的容积不断增加，高压油便不断进入，同时又被不断地带入回油腔排出。这就是齿轮马达按容积变化进行工作的原理。

在齿轮马达的排量一定时，马达的输出转速只与输入流量有关，而输出转矩随外负载变化而变化。

随着齿轮的旋转，齿轮啮合点是在不断变化的(即x和y是变量)，这就使得即使输入的瞬时流量一定，也会造成齿轮马达输出转速和输出转矩产生脉动。所以齿轮马达的低速性能不好。

齿轮马达和齿轮泵的结构基本一致，但由于齿轮马达需要带载启动，而且要求能够正、反方向旋转，所以齿轮马达在实际结构上和齿轮泵还是有差别的，主要有以下几个方面：

(1) 进、出通道对称，孔径相同，以便正、反转使用时性能一样。

(2) 采用外泄漏油孔。因为马达回油有背压，另外马达正、反转时，其进回油腔也相互变化，如果采用内部泄漏，容易将轴承内部冲坏，所以齿轮马达与齿轮泵不同，必须采用外泄漏油孔。

(3) 轴向间隙自动补偿的浮动侧板，必须适应正、反转时都能工作的结构。同时，解决困油现象的卸荷槽必须是对称布置的。

（4）应用滚动轴承较多，主要为了减少摩擦损失而改善启动性能。

3.3 叶片液压泵和叶片马达

3.3.1 叶片液压泵

叶片液压泵简称叶片泵，具有工作平稳、噪声小、流量均匀和容积效率高等优点。但其自吸能力较差，对液压油的污染比较敏感，结构较复杂，泵的转速较齿轮泵低，一般为 600~2000r/min。

叶片泵按转子每转吸排油的次数（即作用次数）可分为单作用叶片泵和双作用叶片泵两大类。单作用叶片泵可作变量泵使用，但工作压力较低；双作用叶片泵均为定量泵，工作压力可达 6.5~14MPa。

1. 单作用叶片泵

1) 工作原理

单作用叶片泵工作原理如图 3.13 所示。叶片泵主要由配流盘、传动轴、转子、定子、叶片组成。定子的内表面是圆柱面，转子和定子中心之间存在着偏心距 e，叶片装在转子槽中，并可在槽内自由滑动。当传动轴带动转子回转时，在离心力以及叶片根部油压力作用下，叶片顶部紧贴在定子内表面上，于是两相邻叶片、配流盘、定子和转子便形成一个密闭的工作腔。当转子按图示的方向旋转时，图右侧的叶片向外伸出，密闭工作腔的容积逐渐增大，产生真空，液压油通过配流盘上的进油窗口（配油盘上右边腰形窗口）进入密封工作腔；而在图的左侧，叶片往里缩进，密封腔的容积逐渐减小，密封腔中的液压油经配油盘上的排油窗口（配流盘上左边腰形窗口）被排入到系统中。由于两窗口之间的距离大于相邻两叶片之间的距离，因此形成封油区，将吸油腔和排油腔隔开，转子每转一周，每个工作容腔完成一次进油和排油，故称单作用叶片泵。改变定子和转子间偏心距 e 的大小，便可改变泵的排量，形成变量叶片泵。单作用叶片泵的主要缺点是转子受到来自排油腔的单向压力，由于径向力不平衡，使轴承上所受的载荷较大，称为非平衡式叶片泵，故不宜用作高压泵。

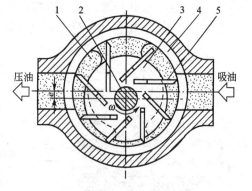

图 3.13 单作用叶片泵工作原理
1—配流盘；2—传动轴；
3—转子；4—定子；5—叶片

单作用叶片泵的理论排量为

$$V_P = 2Be(2\pi R - \delta z) \tag{3-12}$$

式中，V_P 为单作用叶片泵的理论排量（m³/r）；B 为叶片宽度（m）；e 为定子与转子的偏心矩（m）；R 为定子半径（m）；δ 为叶片厚度（m）；z 为叶片数。

单作用叶片泵的叶片底部小油室和工作油腔相通，即当叶片处于进油腔时，它和进油腔相通，也参加吸油；当叶片处于排油腔时，它和排油腔相通，也向外压油。叶片底部的

进油和排油作用,可基本补偿工作油腔中叶片所占的体积,因此可不考虑叶片对容积的影响,则单作用叶片泵的理论排量为

$$V_P = 4\pi BeR$$

单作用叶片泵的实际流量为

$$q_P = \frac{1}{60} V_P n_P \eta_{PV} \qquad (3-13)$$

式中,q_P 为单作用叶片泵的实际流量(m^3/s);V_P 为单作用叶片泵的排量(m^3/r);n_P 为单作用叶片泵的额定转速(r/min);η_{PV} 为单作用叶片泵的容积效率。

2)性能及结构特点

(1)困油现象及消除措施。单作用叶片泵配油盘的吸、排油窗口间的密封角略大于两相邻叶片间的夹角,另因单作用叶片泵的定子不存在与转子同心的圆弧段,因此在进、排油过渡区,当两叶片间的密封容腔发生变化时,会产生与齿轮泵类似的困油现象。通常是通过在配油盘排油窗口的边缘开三角卸荷槽的方法来消除困油现象。

(2)叶片安放角。由于叶片仅靠离心力紧贴在定子内表面上,实际上它还受到科氏力和摩擦力的作用,因此,为了使叶片所受的合力与叶片的滑动方向一致,保证叶片更容易从叶片槽滑出,通常都将叶片槽加工成沿旋转方向向后倾斜一个角度。

(3)叶片根部的容积不影响泵的流量。由于叶片头部和底部同时处在排油区或进油区,因此厚度对泵的流量没有影响。

(4)因定子内环为偏心圆,转子在转动时,叶片的矢径是转角的函数,瞬时理论流量是脉动的。故叶片数取奇数,以减小流量的脉动。

3)限压式变量叶片泵的变量原理

图 3.14 所示为限压式变量叶片泵的结构图。

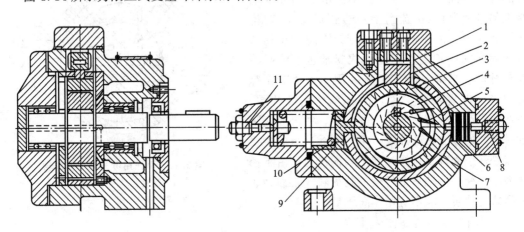

图 3.14 限压式变量叶片泵的结构

1—滚针;2—滑块;3—定子;4—转子;5—叶片;6—控制活塞;7—传动轴;
8—最大流量调节螺钉;9—弹簧座;10—弹簧;11—压力调节螺钉

图 3.15(a)所示为限压式变量叶片泵的简化原理图。在定子的左侧作用有一根弹簧(刚度为 K,预压缩量为 x_0);右侧有一个控制活塞(作用面积为 A),泵的出口压力为 p,油常通控制活塞油室。现将作用在控制活塞上的液压力 $F = pA$ 与弹簧力 $F_t = Kx_0$ 相比较进

行分析，可知有以下几种情况：当$F<F_t$时，定子处于右极限位置，偏心距最大，即$e=e_{max}$，泵输出最大流量；若泵的出口压力p因工作载荷增大而升高，导致$F>F_t$时，定子将向偏心距减小的方向移动，位移为x，定子的位移一方面使泵的排量（流量）减小，另一方面使左侧的弹簧进一步受压缩，弹簧力增大为$F_t=K(x_0+x)$；当$F=F_t$时，定子平衡在某一偏心距（$e=e_{max}-x$）下工作，泵输出一定的流量。泵的出口压力越高，定子的偏心越小，泵输出的流量就越小。其压力流量特性曲线如图3.15(b)所示。

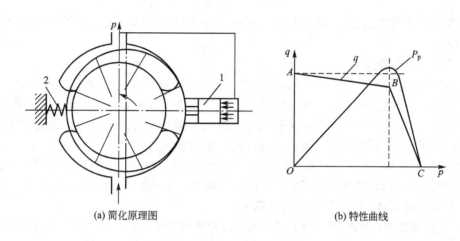

(a) 简化原理图 (b) 特性曲线

图 3.15　限压式变量叶片泵原理图

1—控制活塞；2—弹簧

在图3.15(b)所示的特性曲线中，B点为拐点，对应的压力$p_B=Kx_0/A$；C点为极限压力$p_C=K(x_0+e_{max})/A$。在AB段，作用在控制活塞上的液压力小于弹簧的预压缩力，定子的偏心距$e=e_{max}$，泵输出最大流量。随着压力增高，泵的泄漏量增加，因此泵的实际输出流量减小，导致线段AB略向下倾斜。在拐点B之后，泵输出流量随出口压力的升高而自动减小，如曲线BC所示，其斜率与弹簧的刚度有关，到C点泵的输出流量为零。

图3.15(a)中的压力调节螺钉可以改变弹簧的预压缩量x_0，即改变特性曲线中拐点B的压力p_B的大小，使曲线BC沿水平方向平移。调节定子右边的最大流量调节螺钉，可以改变定子的最大偏心距$e=e_{max}$，即改变泵的最大流量，曲线AB上下移动。由于泵的出口压力升至C点对应的压力p_C时，泵的流量等于零，压力不会再增加，故泵的最高压力限定为p_C，因此将其命名为限压式变量泵。

2. 双作用叶片泵

1）工作原理

双作用叶片泵工作原理图如图3.16所示。

该泵由配流盘、传动轴、转子、定子、叶片等组成，其于定子和转子是同心的，且定子内表面近似椭圆形，由两段长半径为R和两段短半径为r的圆弧和四段过渡曲线组成。

在图3.16中，当转子逆时针方向旋转时，密封工作腔的容积在右上角和左下角处逐渐增

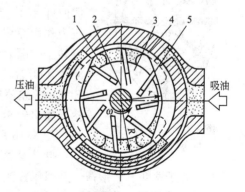

图 3.16　双作用叶片泵工作原理图

1—配流盘；2—传动轴；
3—转子；4—定子；5—叶片

大,为进油区;在右下角和左上角处逐渐减小,为排油区,进油区和排油区之间有一段封油区将进、排油区分开。由于有两个进油区和排油区,因此这种泵的转子每转一周,每个密封工作腔完成两次进油和排油,故称为双作用叶片泵。又由于两个进油区和两个排油区是径向对称的,作用在转子上的压力径向平衡,因此又称为平衡式叶片泵。

双作用叶片泵的理论排量为

$$V_P = 2\pi B\left[R^2 - r^2 - \frac{(R-r)z\delta}{\pi\cos\theta}\right] \quad (3-14)$$

式中,V_P 为双作用叶片泵的理论排量(m^3/r);θ 为叶片倾斜角(°);其余参数含义同式(3-12)。

2) 性能及结构特点

(1) 定子过渡曲线。由于定子内表面的曲线由四段圆弧和四段过渡曲线组成,因而泵的动力学特性在很大程度上受过渡曲线的影响。理想的过渡曲线不仅应使叶片在槽中滑动时的径向速度变化均匀,还应使叶片转到过渡曲线和圆弧段交接点处的加速度突变不大,以减小冲击和噪声,同时还应使泵的瞬时流量的脉动最小。

(2) 叶片安放角。为了保证叶片顺利从叶片槽滑出,减小叶片的压力角,根据过渡曲线的动力学特性,通常都将双作用叶片泵的叶片槽加工成沿旋转方向向前倾斜一个安放角 θ。当叶片有安放角时,叶片泵就不允许反转。

(3) 端面间隙的自动补偿。为了提高压力减少端面泄漏,采取的间隙自动补偿措施是将配流盘的外侧与排油腔连通,使配流盘在液压推力作用下压向转子。泵的工作压力越高,配流盘就会越加贴紧转子,对转子端面间隙进行自动补偿。

3.3.2 叶片马达

叶片液压马达简称叶片马达,其特点是体积小,质量小,惯性较小,换向频率也较高。但泄漏大,容积效率较低,低速域旋转不稳定。叶片马达是一种高速小转矩马达。

叶片马达的工作原理如图3.17所示。液压马达是将液压能转换为机械能的液压元件,因此其进油腔必须是高压油,而出油腔为低压油。当压力油进入进油腔时,位于进油腔中的叶片2、6两面均受压力油作用,所以不产生转矩。而位于封油区的叶片1、3、5、7一面受压力油作用,另一面受压油腔中低压油作用,所以能产生转矩。同时叶片3、7和1、5受力方向相反,但因叶片3、7伸出长,压力作用面积大,产生的转矩大于叶片1、5产生的转矩,所以转子作顺时针方向旋转。因此叶片马达的输出转矩即为叶片3、7和叶片1、5所产生的转矩差。定子内表面的长、短半径 R 和 r 的差值越大,转子的直径越大,输入的油压越高,则马达的输出转矩也越大。当改变输油方向时,马达反转。

图 3.17 双作用叶片马达的工作原理

图3.18所示为叶片马达结构图。

叶片马达的结构特点如下:

(1) 转子两侧有环形槽,其间放置燕式弹簧5(该弹簧套在销子4上)。叶片除靠压力油作用外还靠弹簧的作用力,使叶片压紧在定子内表面上。这样可防止马达在启动时,由于叶片未贴紧定子内表面、进油腔和排油腔相通,造成不能建立油压、无法保证有足够的启动力矩的现象。

(2) 叶片马达必须能正反转，所以叶片在转子中是径向放置。

(3) 为了使叶片的底部能始终都通压力油，不受液压马达回转方向的影响，在泵体上装有两个单向阀(单向阀由钢球1和阀座2、3组成)。

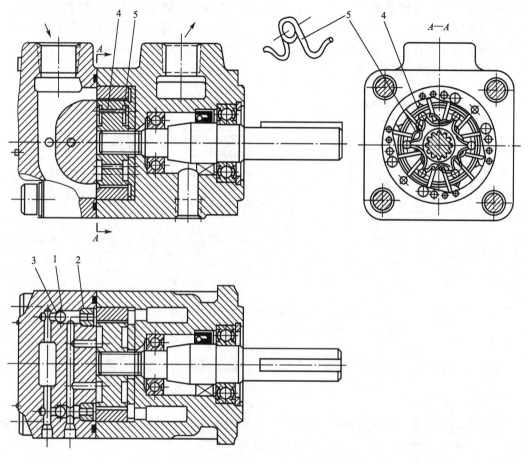

图 3.18　叶片马达结构图
1—钢球；2、3—阀座；4—销子；5—弹簧

3.4　柱塞泵和柱塞马达

3.4.1　柱塞泵

柱塞式液压泵简称柱塞泵，它是利用柱塞在缸体柱塞孔内作往复运动时，密封工作容积的变化来实现进油和排油的。由于柱塞和柱塞孔配合表面为圆柱形表面，通过加工可得到很高的配合精度，所以柱塞泵的泄漏小，容积效率高，一般都作为高压泵。根据柱塞分布方向的不同，柱塞泵可分为轴向柱塞泵和径向柱塞泵，而轴向柱塞泵按其结构形式又可分为斜盘式和斜轴式两种。

1. 斜盘式轴向柱塞泵

斜盘式轴向柱塞泵的工作原理图如图 3.19 所示。图中，柱塞装在缸体中，在弹簧的作用下压向斜盘。柱塞和缸体上的柱塞孔沿缸体轴向圆周均匀分布。当缸体在转动轴的带动下转动时,柱塞在缸体内自下而上回转的半周内(0～π)逐渐向外伸出,使缸体柱塞孔的密封工作腔容积不断增加,产生局部真空,油液经配流盘上的腰形进油窗口进入;反之,当柱塞在其自上而下回转的半周内(π～2π)逐渐缩回缸内,使密封工作腔的容积不断减小,即将油液从配油盘上的腰形排油窗口向外压出。缸体每转一周,每个柱塞往复运动一次,完成一次进油和排油。缸体在转动轴带动下连续回转,则柱塞不断地进油和排油,将压力油连续不断地提供给液压系统。

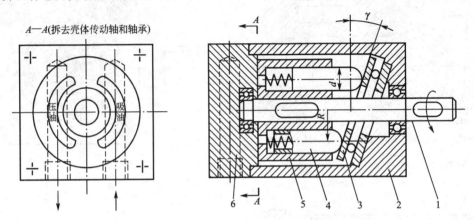

图 3.19 斜盘式柱塞泵的工作原理图
1—转动轴;2—壳体;3—斜盘;4—柱塞;5—缸体;6—配流盘

根据图 3.19 中的几何关系,可得斜盘式轴向柱塞泵的理论排量计算公式为

$$V_P = \frac{\pi d^2 z R \tan\gamma}{2} \quad (3-15)$$

式中,V_P 为斜盘式轴向柱塞泵的排量(m^3/r);d 为柱塞直径(m);z 为柱塞数;R 为缸体柱塞孔中心的分布圆半径(m);γ 为斜盘的倾斜角(°)。

实际流量计算公式为

$$q_P = \frac{1}{60} V_P n_P \eta_{PV} = \frac{1}{120} \pi d^2 z n_P R \eta_{PV} \tan\gamma \quad (3-16)$$

式中,q_P 为斜盘式轴向柱塞泵的实际流量(m^3/s);n_P 为液压泵的转速(r/min);η_{PV} 为液压泵容积效率。

从泵的排量公式(3-16)中可以看出:柱塞直径 d、分布圆半径 R、柱塞数 z 都是固定结构参数,并且泵的转数在原动机确定后也是不变的,所以要想改变泵输出流量的大小和方向,只可以通过改变斜盘倾角 γ 来实现。

实际上斜盘式轴向柱塞泵的排量具有脉动性,脉动率的大小既和柱塞数的奇偶性有关(奇数柱塞泵比偶数柱塞泵的脉动率小),又和柱塞数量有关(柱塞数越多,流量脉动率越小,但使泵本身结构及加工工艺变得复杂,使成本增加),所以综合考虑,轴向柱塞泵的柱塞数通常取 7 或 9。

斜盘式轴向柱塞泵主要由主体部分和变量机构两大部分组成,根据变量机构的结构形式和工作原理,可分为手动变量、伺服变量、液控变量、电动变量、恒功率变量等多种形式。现介绍几种典型的斜盘式轴向柱塞泵。

1) SCY-1B型斜盘式手动变量柱塞泵

图3.20所示为SCY-1B型斜盘式手动变量柱塞泵结构图。

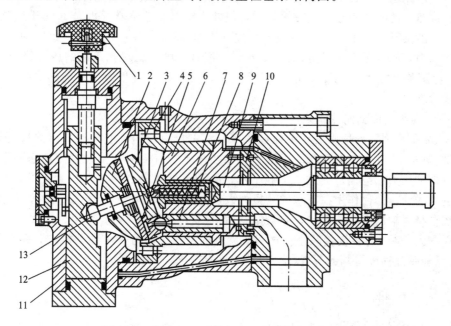

图3.20　SCY-1B型斜盘式手动变量柱塞泵结构

1—变量手轮；2—斜盘；3—回程盘；4—轴承；5—滑靴；6—缸体；7—柱塞；8—回程弹簧；
9—传动轴；10—配流盘；11—壳体；12—变量活塞；13—拨叉

斜盘式手动变量柱塞泵的主体部分由斜盘2、回程盘3、轴承4、滑靴5、缸体6、柱塞7、回程弹簧8、传动轴9、配流盘10、壳体11、变量活塞12、拨叉13等组成。传动轴通过花键与缸体连接并带动缸体旋转，由于斜盘的法线方向与传动轴的轴线方向有一夹角，所以均匀分布在缸体上的七个柱塞在绕传动轴作回转运动的同时，还沿缸体上的柱塞孔作相对往复运动，通过配油盘完成进、排油。

由图3.20可见，使缸体紧压配流盘端面保持两者之间密封的作用力，除弹簧作为预密封推力外，还有柱塞孔底部台阶上所受的液压力，此液压力比弹簧力大得多，而且随泵的工作压力增大而增大。由于缸体始终受液压力作用，从而紧贴着配流盘，使缸体和配流盘端面之间的间隙得到了自动补偿。

一般斜盘式轴向柱塞泵都在柱塞头部装一滑靴，每个柱塞的球头与滑靴铰接，回程弹簧通过内套、钢球、回程盘将滑靴紧紧压在斜盘上，起预密封作用。滑靴是按静压原理设计的，如图3.21所示。

柱塞的球形头与滑靴的内球面接触，并能向任意方向转动，而滑靴的平面与斜盘接触，这样就大大降低了接触应力。此外，压力油通过柱塞上

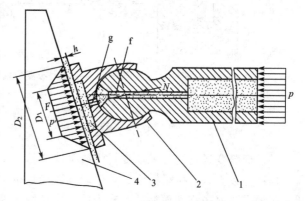

图3.21　滑靴的静压支撑原理

1—柱塞；2—滑靴；3—油室；4—斜盘

的小孔 f 和滑靴上的小孔 g 进入油室,使滑靴和斜盘间形成一定厚度的油膜,即形成静压轴承。其工作原理为:当泵开始工作时,滑靴紧贴斜盘,油室中的油没有流动,所以处于相对静止状态,此时 p' 等于 p,在设计时,使处于这种状态下其反推力 F 大于压紧力 N,使滑靴被逐渐推开,产生间隙 h,油室中的油通过间隙漏出并形成油膜,此时油腔中的油在流动状态中,所以压力油经阻尼孔 f、g 到达油室,由于阻尼孔造成的压力损失,使 p' 小于 p,直至使反推力 F 与压紧力 N 相等为止,使滑靴和斜盘保持一定的油膜厚度,并处于平衡状态。

2) 手动伺服变量轴向柱塞泵

图 3.22 所示为手动伺服变量轴向柱塞泵。其工作原理为:液压油从出油口流经孔道 a,打开单向阀 14 进入变量活塞的下腔 b 内,当压下拉杆 8 时,推动伺服活塞向下运动,则下腔 b 内的压力油经通道 c 进入上腔 f 内。由于变量活塞上端面面积大于下端面面积,作用在上端的液压力比作用在下端的液压力大,变量活塞 11 就向下运动,带动销轴 12 使斜盘 7 绕自身耳轴的中心线摆动,斜盘倾斜角 γ 的变化使柱塞行程变化。加大 γ,行程增加,流量变大;减小 γ,流量减小。这一变量机构,其实质为一个随动机构,斜盘的倾角 γ(输出)完全跟随伺服滑阀的位置(输入)的变化而变化。

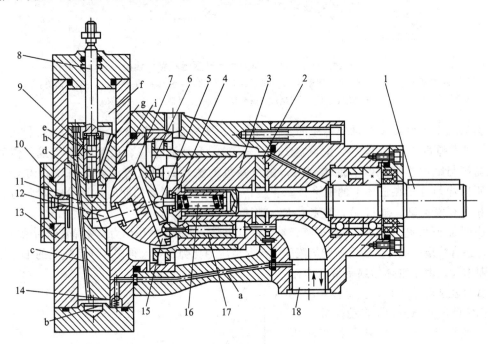

图 3.22 手动伺服变量轴向柱塞泵

1—传动轴;2—配油盘;3—缸体;4—内套;5—定心球头;6—回程盘;7—斜盘;
8—拉杆;9—伺服活塞;10—刻度盘;11—变量活塞;12—销轴;13—变量壳体;
14—单向阀;15—滑靴;16—弹簧;17—柱塞;18—进油口或出油口

手动伺服变量机构与手动变量机构不同的是,手动变量是直接提拉变量活塞,由于斜盘的作用力较大,提拉很困难;而手动伺服变量机构是提拉伺服活塞,作用力很小,变量活塞随伺服活塞的移动而移动,有力的放大作用。因此,手动伺服变量机构比较简单、方便,可以在油泵工作中变量。

3) 恒功率变量轴向柱塞泵

图 3.23 所示为恒功率变量轴向柱塞泵的变量机构，这种变量机构属于自供油式，即由泵本身排油口压力经液压伺服滑阀控制变量机构。

变量机构的活塞 2 内装有伺服滑阀 3，滑阀 3 与心轴 4 相连，心轴上装有外弹簧 5 和内弹簧 6，弹簧的预压紧力使滑阀 3 处于最低位置(图 3.23)。

工作时，泵排油腔的压力油经单向阀进入活塞 2 的下腔室 a，再经通道 b 进入腔室 d 和环槽 c，活塞 2 的上腔室 e 通过通道 f 与环槽 g 相连。因为滑阀 3 的直径 D_1 小于 D_2，所以在 d 腔室内，作用在滑阀上的液压力方向向上。当排油口的压力在某一定值压力以下时，作用在滑阀上向上的液压力小于外弹簧 5 的预压紧力时，滑阀 3 处于图示最低位置，此时环槽 c 打开，压力油经通道 b 与活塞 2 上腔室 e 接通，此时环槽 g 被堵死，活塞 2 上腔使 e 与回油不通，所以活塞下腔 a 与上腔 e 中的油压相等，由于活塞 2 为差动活塞，在压力油作用下，活塞处于最下位置，斜盘倾角最大，泵的流量最大。随着系统压力的升高，泵的排油腔的压力也逐渐升高，当压力超过外弹簧 5 的预压紧力时，滑阀 3 将克服外弹簧 5 的预压紧力而上升，环槽 c 被

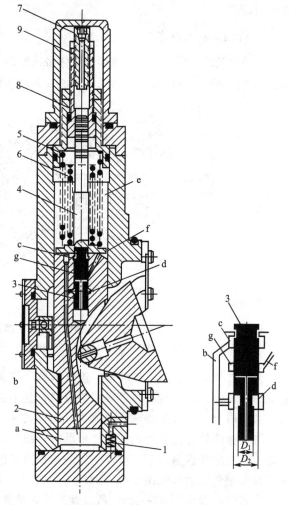

图 3.23 恒功率变量机构
1—单向阀；2—活塞；3—滑阀；4—心轴；5—外弹簧；
6—内弹簧；7—调节螺钉；8—外弹簧套；9—内弹簧套

堵死，环槽 g 被打开，活塞上腔 e 中的油经 f、g 从滑阀中心孔流回油箱，则下腔室的压力油将活塞 2 向上推，使其跟随滑阀 3 向上运动，斜盘倾角减小，则流量减小。随着滑阀的上升，外弹簧 5 的预压紧力也逐渐增加，当使滑阀 3 处于新的平衡位置时，滑阀 3 停止运动，活塞 2 也随着停止运动，滑阀 3 和活塞 2 的相对位置又回到图示位置，斜盘停止转动，泵的流量保持不变。当系统压力降低时，泵的排油腔的压力也逐渐降低，则流量增大，工作过程相同。该泵的最小流量由调节螺钉 7 限定，弹簧套 8 用于调节外弹簧 5 的预压紧力。内弹簧 6 参与工作时，弹簧刚度将增大，弹簧套 9 用于调节内弹簧 6 参加工作的迟早。

恒功率变量轴向柱塞泵的变量机构的特性，是根据泵的出口压力调节输出流量，使泵的输出流量与压力的乘积近似保持不变，即泵的输出功率大致保持恒定。这种特性最适合工程机械的要求，因为工程机械(例如挖掘机)的外负荷变化比较大，而且变化频繁，所以使用恒功率变量系统，可以实现自动调速。当外负荷大时，压力升高，速度降低；当外负荷小时，压力降低，速度升高，这样就可以使机械经常处于高效率工况下运转，从而提高

机械的效率。

2. 斜轴式轴向柱塞泵

传动轴轴线与圆盘轴线一致而与缸体轴线倾斜一个角度 γ 的轴向柱塞泵，称为斜轴式轴向柱塞泵。斜轴式轴向柱塞泵的工作原理与斜盘式轴向柱塞泵基本相同，如图 3.24 所示。

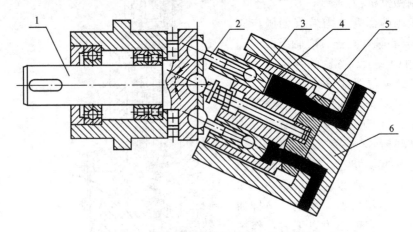

图 3.24 斜轴式轴向柱塞泵的工作原理图
1—传动轴；2—连杆机构；3—柱塞；4—缸体；5—配流盘；6—泵体

斜轴式轴向柱塞泵由传动轴、连杆机构、柱塞、缸体、配流盘和泵体等零件组成。传动轴为驱动轴，轴的右端部做成法兰盘状，盘上有 z 个球窝（z 为柱塞数），均布在半径为 r 的同一圆周上，用以支撑连杆的球头，连杆的另一端球头铰接于柱塞上。当传动轴带动右端的法兰盘旋转时，通过连杆机构带动缸体绕其倾斜的轴线旋转，使柱塞在缸体内作往复运动，通过配流盘上的配流窗口完成进油和排油的过程。改变缸体的倾角 γ 便可改变其流量，如果 γ 角做成可以调节的，即成为一种变量泵。由图 3.24 可以看出，法兰盘每转一周，柱塞的行程为 $L=2r\sin\gamma$，所以泵的排量公式计算为

$$V_P = \frac{1}{4}\pi d^2 z L$$

即

$$V_P = \frac{1}{2}\pi d^2 z r \sin\gamma \tag{3-17}$$

式中，V_P 为斜轴式轴向柱塞泵的排量（m^3/r）；d 为柱塞直径（m）；z 为柱塞数；r 为法兰盘球窝中心分布圆半径（m）；γ 为缸体轴线的倾斜角（°）。

实际流量计算公式为

$$q_P = \frac{1}{60}V_P n_P \eta_{PV}$$

即

$$q_P = \frac{1}{120}\pi d^2 z r n_P \eta_{PV} \sin\gamma \tag{3-18}$$

式中，q_P 为斜轴式轴向柱塞泵的实际流量（m^3/s）；n_P 为液压泵的转速（r/min）；η_{PV} 为液压泵容积效率；

其他符号意义同前。

与斜盘式轴向柱塞泵相比,由于柱塞所受侧向力很小,泵能承受较高的压力与冲击,且总效率也略高于斜盘式轴向柱塞泵,另外斜轴式轴向柱塞泵的缸体轴线与驱动轴的夹角 γ 较大,变量范围较大,目前斜轴式轴向柱塞泵使用相当广泛。但斜轴式轴向柱塞泵是靠缸体摆动实现变量,运动部分的惯量大,动态响应慢,缸体摆动将占有较大的空间,所以外形尺寸较大,结构也较复杂。

3. 径向柱塞泵

柱塞相对于传动轴轴线径向布置的柱塞泵称为径向柱塞泵。径向柱塞泵的工作原理是通过柱塞的径向位移改变柱塞封闭容积的大小进行进油和排油的。按其配流方式(进油和排油)的不同,径向柱塞泵又可分为配流轴式和配流阀式两种结构形式。

1) 配流轴式径向柱塞泵

配流轴式径向柱塞泵的结构及工作原理图如图 3.25 所示。

在转子上径向均匀分布着数个柱塞孔,孔中装有柱塞,靠离心力的作用(有些结构是靠弹簧或低压补油的作用)使柱塞的头部顶在定子的内壁上;转子的中心与定子的中心之间有一个偏心距 e。在固定不动的配流轴上,相对于柱塞孔的部位有上下两个相互隔开的配油腔,该配油腔又分别通过所在部位的两个轴向孔与泵的进、排油口连通。当传动轴带动转子转动时,由于定子和转子间有偏心距 e,所以柱塞在随转子转动时,又在柱塞孔内作往复运动。当转

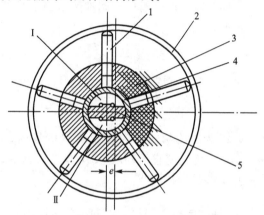

图 3.25 配流轴式径向柱塞泵结构及工作原理图
1—柱塞;2—定子;3—缸体(转子);
4—配流衬套;5—配流轴

子顺时针转动时,柱塞绕经上半周时向外伸出,柱塞腔的容积逐渐增大,通过配流衬套上的油口从轴向孔进油;当柱塞转到下半周时,定子内壁将柱塞向里推,柱塞底部的工作容积逐渐减小,通过配流轴向外排油。

移动定子,改变偏心距 e 就可改变泵的排量,当移动定子使偏心距从正值变为负值时,泵的进、排油口就互相调换,因此径向柱塞泵可以是单向或双向变量泵。为了使流量脉动尽可能小,柱塞数通常采用奇数个。为了增加流量,径向柱塞泵有时将缸体沿轴线方向加宽,将柱塞做成多排形式的,对于排数为 i 的多排形式的径向柱塞泵,其排量和流量分别为单排径向柱塞泵排量和流量的 i 倍。

2) 配流阀式径向柱塞泵

配流阀式径向柱塞泵的工作原理图如图 3.26 所示。

柱塞在弹簧的作用下始终紧贴偏心轮(和主轴做成一体),偏心轮每转一周,柱塞就完成一个往复行程。当柱塞向下运动时,柱塞缸的容积增大,形成真空,将进油阀打开,从油

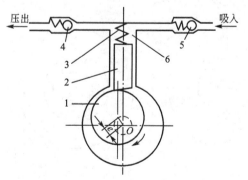

图 3.26 配流阀式径向柱塞泵工作原理图
1—偏心轮;2—柱塞;3—弹簧;
4—压油阀;5—进油阀;6—柱塞缸

箱吸油，此时压油阀因压力作用而关闭；当柱塞向上运动时，柱塞缸的容积减小，油压升高，油液冲开压油阀进入工作系统，此时进油阀因油压作用而关闭。这样偏心轮不停地旋转，泵也就不停地吸油和排油。

这种泵采用阀式配流，没有相对滑动的配合面，柱塞受侧向力也较小，因此对油的过滤要求低，工作压力比较高，一般可达 20～40MPa。而且耐冲击，使用可靠，不易出故障，维修方便。采用阀式配流密封可靠，因而容积效率可达 95% 以上。但泵的吸、排油对于柱塞的运动有一定的滞后，泵转速越高时滞后现象越严重，导致泵的容积效率急剧降低。特别是进油阀，为减小吸油阻力，弹簧往往比较软，滞后更为严重。因此这种泵的额定转速不高，另外这种泵变量困难，外形尺寸和质量都较大。

径向柱塞泵的排量可参照轴向柱塞泵和单作用叶片泵的计算方法计算。

泵的排量为

$$V_P = \frac{1}{2}\pi d^2 ezk \tag{3-19}$$

泵的实际流量公式为

$$q_P = \frac{1}{120}\pi d^2 ezkn_P \eta_{PV} \tag{3-20}$$

式中，V_P 为配流阀式径向柱塞泵的排量（m^3/r）；q_P 为配流阀式径向柱塞泵的实际流量（m^3/s）；d 为柱塞直径（m）；z 为单排柱塞数；e 为偏心距（m）；k 为缸体内柱塞排数；其余参数含义同前。

3.4.2 柱塞马达

柱塞式液压马达简称柱塞马达，根据柱塞分布方向的不同，柱塞马达可分为轴向柱塞马达和径向柱塞马达。

1. 轴向柱塞马达

轴向柱塞马达的工作原理如图 3.27 所示。轴向柱塞马达在结构上与轴向柱塞泵相似，但考虑到正、反转要求，其结构（包括配油盘油槽布置及进、出口油道）均为对称布置。由于轴向柱塞马达能容易地实现变量，因此应用也比较广泛。

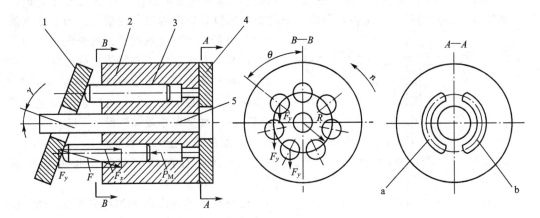

图 3.27 轴向柱塞马达工作原理
1—斜盘；2—缸体；3—柱塞；4—配流盘；5—驱动轴

图中斜盘和配流盘固定不动,柱塞在缸体中,驱动轴和缸体相连,并能一起转动,斜盘中心线和缸体中心线相交一个夹角 γ。当压力油通过配流盘上的配流窗口 a 进入到与窗口 a 相通的缸体上的柱塞孔时,压力油把柱塞顶出,使之压在斜盘上。由于斜盘对柱塞的反作用力 F 垂直于斜盘表面(作用在柱塞球头表面的法线方向上),因而这个力的水平分力 F_x 与柱塞右端的液压力平衡,而垂直分力 F_y 则使每个与窗口 a 相通的柱塞都对缸体的回转中心产生一个转矩,使缸体和驱动轴作逆时针方向旋转,输出转矩和转速,同时与配流窗口 b 相通的柱塞孔中的柱塞被斜盘压回,将柱塞孔中的油液从配流窗口 b 排出。必须指出,因为液压马达是用来拖动外负载做功的,只有当外负载转矩存在时,进入液压马达的压力油才能建立起相应的压力值,液压马达才能产生相应的转矩去克服它,所以液压马达的转矩是随外负载扭矩的变化而变化的。

2. 径向柱塞马达

前面所叙述的液压马达,其转速高、转矩小,通常称为高速马达。径向柱塞马达为低速大转矩液压马达,其特点是转矩大,低速稳定性好(一般可在 10r/min 以下平稳运转),因此可以直接与工作装置连接,不需要减速装置,使机械的传动系统大为简化,结构更为紧凑。在一些工程机械的工作装置和传动装置如起重机的卷筒、履带挖掘机的履带驱动轮、混凝土泵(车)的搅拌装置等上面得到了广泛应用。

径向柱塞马达通常分为两种类型,即曲轴连杆式(单作用曲轴式)和多作用内曲线式。

1) 曲轴连杆式低速大转矩马达

曲轴连杆式低速大转矩马达是以通过增大柱塞直径,从而增大排量来增大马达输出转矩的。该马达的工作原理如图 3.28 所示。

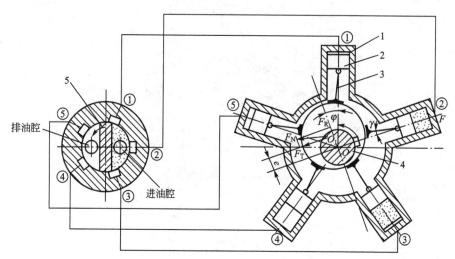

图 3.28 曲轴连杆式低速大转矩马达工作原理
1—壳体;2—柱塞;3—连杆;4—曲轴;5—配流轴

在壳体的圆周上呈放射状地均匀布置了五个缸体,缸中的柱塞通过球铰与连杆的小端相连接,连杆大端做成鞍形圆柱面,紧贴在曲轴的偏心轮上(偏心轮的圆心为 O_1,它与曲轴旋转中心 O 的偏心距 $\overline{OO_1}=e$)。曲轴的一端通过十字接头与配流轴相连,配油轴上隔墙两侧分别为进油腔和排油腔。

工作时,高压油进入马达进油腔后,经过壳体的槽,进到相应的柱塞缸①、②、③中去。高压油产生的液压力作用于柱塞顶部,并通过连杆传递到曲轴的偏心轮上。例如柱塞②作用在偏心轮上的力为 F_N,这个力的方向通过连杆中心线,指向偏心轮的中心 O_1,该力可分解成两个分力:法向分力 F_R(力的作用线与连心线 OO_1 重合)和切向力 F_T。

切向力 F_T 对曲轴的旋转中心 O 产生转矩,使曲轴绕逆时针方向旋转。缸①、③也与此相似,只是它们相对曲轴的位置不同,产生转矩的大小与缸②不同,所以使曲轴旋转的总转矩应等于与高压腔相通的柱塞缸(在图 3.28 中为①、②、③)所产生的转矩之和。

随着曲轴、配流轴的转动,进、排油腔分别依次和各柱塞接通,配油状态交替变化,位于高压侧(进油腔)的油缸容积逐渐增大,而位于低压侧(排油腔)的油缸容积逐渐减小,因此,在工作时高压油不断进入液压马达,推动曲轴旋转,然后由排油腔排出。将连接马达进、出油口的油路对换,即可改变马达的转向。

以上是壳体固定、曲轴旋转的情况,如果将曲轴固定,进、排油管直接接到配流轴中,就能达到外壳旋转的目的,外壳旋转的马达用来驱动车轮、卷筒十分方便。

图 3.29 所示为 1JMD 型径向液压马达结构图。压力油从阀壳 1 的进油口流入,经过转阀(即配流轴)11 进入壳体 3 的柱塞缸,作用在柱塞 4 上并通过连杆 5 传递给曲轴 6 的偏心轮使曲轴旋转。与此同时,曲轴由十字接头 2 带动转阀同步转动,使各柱塞缸依次接通高、低压油。高压区的柱塞不断作用在曲轴一个方向上,产生平稳而连续的扭矩,在低压区一侧的柱塞则不断地被曲轴上推而进行排油。由于是按曲柄连杆机构的动作原理进行工作,且曲轴每转一周各个柱塞只作用一次,故通常称其为单作用曲柄连杆式液压马达。

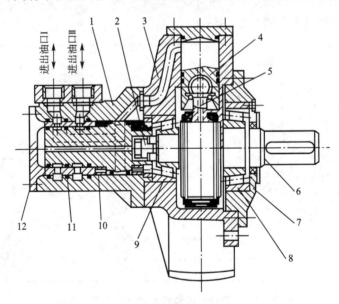

图 3.29 1JMD 型径向液压马达结构
1—阀壳;2—十字接头;3—壳体;4—柱塞;5—连杆;6—曲轴;7、12—盖;
8、9—圆锥滚子轴承;10—滚针轴承;11—转阀

2)内曲线径向柱塞式低速大扭矩液压马达

内曲线径向柱塞式低速大扭矩液压马达简称内曲线马达,是低速大扭矩马达主要形式之一,其主要特点是作用数 $x \geqslant 3$,所以其排量 V_M 较大。由于它具有结构紧凑、质量轻、

传动扭矩大、低速稳定性好、变速范围大、启动效率高等优点,因此其用途越来越广泛。

内曲线马达的结构形式很多,就使用方式而言有外壳固定轴转动、轴固定外壳转动等形式,而从内部结构来看,根据不同的传力方式和柱塞部件的结构可有多种形式,但主要工作原理是相同的。

图 3.30 所示为一种在汽车起重机起升机构上使用的内曲线低速大扭矩马达的结构原理图。其额定工作压力 25MPa,排量为 0.32L/r。

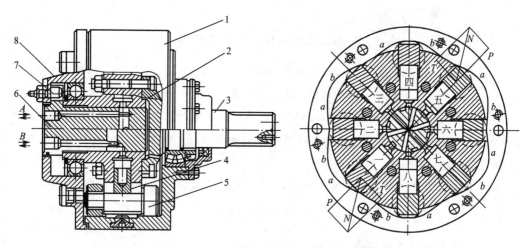

图 3.30 内曲线低速大扭矩马达的结构原理
1—壳体;2—缸体;3—输出轴;4—柱塞;5—滚轮组;6—配流轴;7—微调凸轮;8—端盖

该内曲线低速大转矩马达壳体是整体式的,其内壁由两条 6 个形状相同的导轨曲面组成,每个导轨曲面可分成对称的 a、b 两段,其中允许柱塞副向外伸的一段称为进油工作段,与它对称的另一段称为排油工作段。每个柱塞在每转中往复的次数就等于曲面数 x,x 被称为该马达的作用次数。所以图 3.30 中马达的作用次数 $x=6$。缸体和输出轴通过螺栓连成一体,柱塞、滚轮组组成柱塞组件。缸体有 8 个径向布置的柱塞孔,柱塞安放其中。柱塞顶部做成大半径球面(或锥面),顶在滚轮组的横梁上。横梁呈矩形断面,可在缸体内的径向槽内沿直径方向滑动。滚轮在柱塞腔室内油压作用下顶在壳体内的导轨曲面上,并在其上作纯滚动,推动缸体旋转。配油轴由微调凸轮限制其相对壳体周向固定不动。配油轴圆周上均匀分布着 12 个配流窗口,这些窗口交替分成两组,通过配流轴的两个轴向孔分别和进回油口 A、B 相通。每一组的 6 个配油窗口应分别对准 6 个同向半段曲面 a 或 b。微调凸轮就是为了校正因加工误差引起配流不准而设的。

现通过图 3.30 来说明马达是如何转动的。假定内曲线的 a 段对应高压区,b 段对应低压区,在图示瞬时,柱塞一、五处于高压油的作用下;柱塞三、七处于回油状态;柱塞二、六、四、八处于过渡状态(即高低压均不通)。柱塞一、五在压力油的作用下产生轴向推力 P(径向力),作用在滚轮组的横梁上,使滚子紧紧压在曲线的轨道面上,于是产生一反作用力 N,N 的径向分力与柱塞轴向推力平衡,切向分力 T 则经横梁传到缸体上,推动缸体沿顺时针旋转。随着缸体旋转,柱塞外伸,越过顶点进入 b 段,使其和回油路相通,使柱塞内缩。柱塞滚轮组在 a 段向 b 段过渡的一瞬时,柱塞油孔被配油轴密封间隔封闭,此时柱塞应没有径向位移,以免发生困油(或气蚀)现象。凡处于相应于 a 段的柱塞都进油,处于 b 段的柱塞都回油,而设计时使曲线数(作用数 x)和柱塞数不相等,因此总有一部分柱塞处于导轨曲面的 a 段,相应的总有一部分柱塞处于曲面的 b 段,使缸体和输出轴能均匀地连续旋转。

若将马达的进、出油方向对调,马达将反转。内曲线液压马达带动履带用于行走机构时,多做成双排的。两排柱塞处于一个缸体中,外形上如同一个液压马达。因此改变各排柱塞之间的组合,就相当于几个马达的不同组合,便能实现变速。

应用案例3-3

液压泵的特性分析与计算

某齿轮泵其额定流量 $q_P=100$L/min,额定压力 $p_P=25\times10^5$Pa,泵的转速 $n_P=1450$r/min,泵的机械效率 $\eta_{Pm}=0.9$。由实验测得,当泵的出口压力 $p_P=0$ 时,其流量 $q_{Pt}=107$L/min,试求:(1)该泵的容积效率 η_{PV};(2)当泵的转速 $n'_P=500$r/min,估算泵在额定压力下工作时的流量 q'_P 及该转速下泵的容积效率 η'_{PV};(3)两种不同转速下,泵所需的驱动功率。

解:(1)通常将零压下液压泵的输出流量视为理论流量。故该泵的容积效率为

$$\eta_{PV}=\frac{q_P}{q_{Pt}}=\frac{100}{107}=0.93$$

(2)泵的排量是不随转速变化的,因此可得

$$V_P=\frac{q_{Pt}}{n_P}=\frac{107}{1450}\text{L/r}=0.074\text{L/r}$$

故 $n'_P=500$r/min 时,其理论流量为

$$q'_{Pt}=V_P n'_P=0.074\times500\text{L/min}=37\text{L/min}$$

齿轮泵的泄漏渠道主要是端面泄漏,这种泄漏属于两平行圆盘间隙的压差流动(忽略齿轮端面与端盖间圆周运动所引起的端面间隙中的液体剪切流动),由于转速变化时,其压差 Δp、轴间间隙 δ 等参数均未变,故其泄漏量与 $n_P=1500$r/min 时相同,其值为 $\Delta q=q_{Pt}-q_P=(107-100)L/min=7$L/min。所以,当 $n'_P=500$r/min 时,泵在额定压力下工作时的流量 q'_P 为

$$q'_P=q'_{Pt}-\Delta q=30\text{L/min}$$

其容积效率为

$$\eta'_{PV}=\frac{q'_P}{q'_{Pt}}=0.81$$

(3)当 $n_P=1500$r/min 时,泵所需的驱动功率为

$$P=\frac{p_P q_P}{\eta_{Pm}\eta_{PV}}=\frac{25\times10^5\times100\times10^{-3}}{60\times0.9\times0.93}\text{W}=4978\text{W}=4.98\text{kW}$$

当 $n'_P=500$r/min 时,假设机械效率不变,$\eta_{Pm}=0.9$,则泵所需的驱动功率为

$$P=\frac{p_P q'_P}{\eta_{Pm}\eta'_{PV}}=\frac{25\times10^5\times30\times10^{-3}}{60\times0.9\times0.81}\text{W}=1715\text{W}=1.72\text{kW}$$

3.5 液压泵与液压马达的选择与使用

前面分别介绍了齿轮式、叶片式、轴向柱塞式与径向柱塞式液压泵和液压马达，在选择与使用时，首先应充分了解各种液压泵和液压马达的工作性能和主要特点，然后根据不同机械主机的工况、功率、元件效率、寿命和可靠性等进行全面分析后，再合理选择和使用。表 3-1 列出了几种液压泵和液压马达的主要特点。

表 3-1 液压泵、液压马达的主要特点

名称	特点及应用
齿轮泵（齿轮马达）	结构简单，工艺性好，体积小，质量小，维护方便，使用寿命长，但工作压力较低，流量脉动和压力脉动较大，如高压下不采用端面补偿时，其容积效率将明显下降。内啮合齿轮泵和外啮合齿轮泵相比，其优点是结构更紧凑，体积小、吸油性能好、流量均匀性好，但结构复杂，加工性较差。齿轮马达和其他形式的液压马达相比，结构简单，制造容易，但输出的转矩和转速脉动性较大，尤其是在低转速时，由于泄漏量大，容积效率低，加上浮动轴承压紧力不稳定，转矩脉动更为显著。但当转速高于 1000r/min 时，其转矩脉动受到抑制。因此，齿轮马达适用于高速低扭矩情况下，为了增加齿轮马达的转矩，常采用多齿轮式液压马达
叶片泵	结构紧凑，外形尺寸小，运转平稳，流量均匀，噪声小，寿命长，但与齿轮泵相比对油液污染较敏感，结构较复杂。单作用式叶片泵有一个排油口和一个进油口，转子旋转一周，叶片间的容积各进、排油一次，若在结构上把转子和定子的偏心距做成可变的，就是变量叶片泵。单作用式叶片泵适用于低压大流量的场合。双作用式叶片泵转子每转一周，叶片在槽内往复运动两次，完成两次进油和排油。由于它有两个进油区和两个排油区，相对转子对称分布，所以作用在转子上的作用力互相平衡，流量比较均匀，应用较广泛
柱塞泵	精度高，密封性能好，工作压力高，因此得到广泛应用。但它结构比较复杂，制造精度高，价格贵，对油液污染敏感。轴向柱塞泵的柱塞平行于缸体轴线，沿轴向运动；径向柱塞泵的柱塞沿径向布置，这两类泵均可作为液压马达用在相同功率情况下。径向柱塞泵的径向力大，常作为大转矩、低转速的液压马达。轴向柱塞泵结构紧凑，径向尺寸小，转动惯量小，转速高，易于变量，能用多种方式自动调节流量，适用范围广

下面根据液压泵和液压马达的工作特点与性能对它们的选择和使用作一简要介绍。

3.5.1 液压泵的选择

在为主机的液压系统选择液压泵时，首先应满足主机对其液压系统所提出的要求，如流量、工作压力等，然后根据主机的特点对泵的性能、使用维护等方面进行综合考虑。

选择泵的形式时，要使泵具有一定的压力储备，一般泵的额定压力应比系统压力略高。

若液压系统采用单泵系统（一个泵同时或间隔地向几个工作回路供油），泵的压力应根据最高工作回路所需的工作压力来选择。

在液压系统中，液压泵通常是由发动机或电动机驱动的，选择泵的使用转速时，要求在其额定转速下工作，这样才能充分发挥其工作效率。同时泵的使用转速不能超过泵规定的最高转速。泵的转速过高会使泵的进油不足、寿命降低，甚至会使泵先期损坏。另外由于泵的供油量取决于泵的排量和转速，所以在单泵系统中，选择泵时，若各工作回路不同时工作，则以所需流量最大的工作回路选择液压泵，若有某几个工作回路同时工作（包括或不包括所需流量最大的回路），在流量超过所需流量最大的回路时，应根据该流量选择液压泵。

为了实际应用中合理选择液压泵,现在对各类液压泵的性能及应用场合进行比较,见表3-2。

表3-2 液压泵性能及应用场合比较

性能参数	齿轮泵	双作用叶片泵	限压变量泵	轴向柱塞泵	径向柱塞泵	螺杆泵
压力/MPa	<25	6.3～32	<7	20～35	10～20	<10
容积效率	0.7～0.9	0.8～0.94	0.8～0.92	0.9～0.98	0.85～0.95	0.75～0.95
总效率	0.6～0.87	0.65～0.82	0.7～0.85	0.81～0.88	0.75～0.92	0.7～0.85
流量调节	不能	不能	能	能	能	不能
脉动性	大	小	中	中	中	很小
自吸特性	好	较差	较差	较差	差	好
污染敏感性	小	中	中	大	大	小
噪声	中	中	中	大	大	小
价格	低	中	较高	高	高	较高
应用场合	一般机械	工程、运输、飞机		工程、机床、飞机		精密机械

3.5.2 液压马达的选择

这里介绍低速马达的选择,高速马达的性能与同类泵的性质相类同,不再讲述。

使用压力是马达的主要参数之一,多作用马达(内曲线马达)与单作用马达(曲轴连杆式马达)相比,由于柱塞较多,缸体受力平衡,所以使用压力较高,额定压力可达25～30MPa,而曲轴连杆式马达则在16～21MPa之间。压力进一步提高除受效率限制外,对内曲线马达来说则表现为滚子轴承寿命的缩短,横梁传递切向力机构的比压和导轨接触应力较大;对曲轴连杆式马达则缩短轴承和摩擦副寿命。

马达转速取决于进口流量、排量及容积效率。但对某一种马达来说,由于惯性力的影响和内部通道流速限制,有一个最高工作转速。内曲线马达的最高转速比曲轴连杆式马达低,一般不大于150r/min,而曲轴连杆式马达的转速可达300r/min。

最低稳定转速也是低速马达的主要参数,曲轴连杆式马达在10r/min左右,质量好的可达2r/min。而内曲线马达可达0.2～0.5r/min。这主要是因为后者的流量脉动性在理论上等于零的缘故。

液压马达的效率随设计、制造质量和使用条件不同而有较大的变化。由于内曲线马达的泄漏线长,密封长度短,最易泄漏。试验数据表明,内泄量约为外泄量的8～10倍,甚至更大。因此容积效率比曲轴连杆式低。质量好的内曲线马达的容积效率可达90%～93%,而曲轴连杆式马达则可达95%。

液压泵多在空、轻负荷状态下启动,而工程机械中液压马达的启动多是在带载情况下进行的(如起重机的起升机构,全液压挖掘机的回转机构等)。如果启动转矩过低,将无法启动。所以启动性能对液压马达是很重要的,因为在同样工作压力情况下,液压马达在由静止状态到开始转动的启动状态的输出转矩要比运行中的小,这给液压马达带载启动带来了困难。液压马达启动性能的指标是启动机械效率η_{Mmo},其关系式为

$$\eta_{\text{Mmo}} = \frac{T_{\text{Mo}}}{T_{\text{Mt}}} \tag{3-21}$$

式中，T_{Mo} 为马达的启动转矩（N·m）；T_{Mt} 为马达的理论转矩（N·m）。

由式(3-21)可以看出，液压马达启动转矩的提高，就意味着启动机械效率的提高，即意味着启动性能的提高。曲轴连杆式马达摩擦副较多，有转矩脉动，启动机械转矩效率为 80%～90%，而内曲线马达可达 90%～98%，选择时应考虑马达的启动机械效率。

3.5.3 液压泵和液压马达的使用

要想使液压泵和液压马达获得满意的使用效果，除选择高质量的产品外，还应根据主机各工况对液压系统的要求，选择最佳的设计方案，并按照液压泵和液压马达使用说明书的要求进行安装、使用和维护。这里仅对液压泵和液压马达直接有关的问题简述如下：

(1) 使用条件不应超过液压泵和液压马达所能允许的范围，即：

① 转速压力不能超过规定值；

② 若液压泵旋转方向有规定，则不能反向旋转，特别是叶片泵和齿轮泵，反向旋转可能会引起低压密封甚至泵本身损坏；

③ 泵的自吸真空度应在规定范围内，否则会造成进油不足而引起气蚀、噪声和振动；

④ 使用时必须保证马达的主回油口有一定的背压，对于内曲线马达应随着转速的提高而提高其背压；

⑤ 液压系统中的油液应严格保持清洁，过滤精度应不低于 $25\mu m$。

(2) 安装时应充分考虑液压泵和液压马达的正常工作要求，即：

① 液压泵和液压马达与其他机械连接时要保证同心，或采用柔性连接；

② 应尽可能使泵和马达输出轴不受或少受径向负荷，不能承受径向力的泵和马达不得将带轮、齿轮等传动件直接装在输出轴上；

③ 泵和马达的泄漏油管要畅通，一般不接背压。马达的泄油管应单独引回油箱，若与回油管相连时，需保证其压力不超过一个大气压；

④ 马达在首次启动前应向壳体内灌清洁的工作液，以保证摩擦副的润滑；

⑤ 具有相位微调机构的马达，调整后不得任意拨动，采用浮动配流机构的马达，其进、回油口应用软管连接，以保证配流机构的浮动性；

⑥ 停机时间较长的泵和马达，不应满载启动，待空运转一段时间后，再正常使用。

小　结

本章主要对液压泵和液压马达的类型、结构及工作原理作了重点分析，并对液压泵、液压马达的选择和使用作了简要介绍。

液压泵和液压马达是液压系统的能量转换元件。液压泵是将机械能转换成液体的压力能，并以压力和流量的形式输入到系统中去，属于液压系统的动力元件；液压马达是将液压能转换成旋转形式的机械能，并以转矩和转速的形式驱动外负载，属于液压系统的执行元件。

液压泵和液压马达主要有齿轮式、叶片式和柱塞式三大类。构成液压泵所需的基本条件是：密闭且可变的工作空间（容积），协调的配油机构，进油腔和排油腔不能连通。

液压泵和液压马达的主要性能参数为：工作压力，排量，理论流量，实际流量，容积效率，输入转矩（泵），输出转矩（马达），机械效率，输入、输出功率，总效率等。

从结构复杂程度、自吸特性、价格及抗污染能力等方面来看，齿轮泵较好。但从性能完善程度、压力和效率等方面来看，柱塞泵较好。而双作用叶片泵具有输出流量脉动小，噪声低的特点。

通过本章的学习，要求掌握上述液压泵和液压马达的工作原理、结构及主要性能特点；掌握这几种泵和马达的流量、排量、功率、效率等参数的计算方法；了解不同类型的泵和马达的性能特点及适用范围。

【关键术语】
液压泵　液压马达　齿轮泵　叶片泵　柱塞泵　齿轮马达　叶片马达　柱塞马达　结构　工作原理　性能参数　排量　流量　压力　功率　输入转矩　输出转矩　效率　容积效率　机械效率　总效率

综 合 练 习

一、填空题

1. 液压泵是一能量转换的装置，其作用是把机械能转化为_____。
2. 液压泵正常工作必须具有一个或多个_____且可以_____的工作容积。
3. 液压泵的排量是指在不泄漏情况下，液压泵每转____理论上所排出的_____。大小取决于泵的密封工作腔的_____，与速度_____。
4. 液压泵的总效率等于_____效率和_____效率的乘积。
5. 齿轮泵在啮合过程中，压油腔的容积变化率是变化的，所以每一刻的流量（瞬时流量）也是_____。因此，齿轮泵具有_____性。
6. 齿轮泵很短的时间内会有两对齿同时啮合，因此，在两对啮合齿之间就形成了一个_____，当齿轮继续旋转时，封闭腔容积的大小会从____到__，又从____到____。齿轮泵具有_____现象。
7. 由于齿轮泵的齿顶和壳体内壁之间的泄漏，致使从压油口到吸油口的过渡范围内，压力逐渐____。因此，齿轮泵具有_____的问题。
8. 液压泵的输出压力越高，则容积效率越____，泵的排量越小，转速越低，则泵的容积效率越_____。
9. 齿轮泵受到一个径向作用力（即不平衡力），使齿轮和轴承受载。工作压力越大，径向不平衡力就越_____。
10. 内啮合齿轮泵由于齿轮转向相同，相对滑动速度小，压力脉动和噪声都_____。

二、问答题

1. 液压泵要完成进油和压油，必须具备的条件是什么？
2. 容积式液压泵共同的工作原理是什么？其工作压力取决于什么？工作压力与铭牌上的额定压力和最大工作压力有什么关系？

3. 叶片泵能否实现正、反转？请说出理由并进行分析。
4. 齿轮泵为什么会产生困油现象？其危害是什么？应当怎样消除？
5. 减少齿轮泵径向力的措施有哪些？
6. 什么叫液压泵的流量脉动？对工作部件有何影响？哪种液压泵流量脉动最小？
7. 请说明限压式变量叶片泵的工作原理。
8. 限压式变量叶片泵当结构参数变化时，其"压力-流量"特性曲线如何变化？
9. 分析叶片式液压泵和柱塞式液压泵的结构特点。
10. 说明高速小转矩液压马达与低速大转矩液压马达的主要区别及各自的应用场合。

三、计算题

1. 某液压泵的额定压力为 $200 \times 10^5 \mathrm{Pa}$，液压泵转速为 $1450 \mathrm{r/min}$，排量为 $100 \mathrm{cm}^3/\mathrm{r}$，已知该泵容积效率为 0.95，总效率为 0.9，试求：
   (1) 该泵输出的液压功率；
   (2) 驱动该泵的电动机功率。

2. 已知齿轮泵的齿轮模数 $m=3$，齿数 $z=15$，齿宽 $B=25\mathrm{mm}$，转速 $n_\mathrm{P}=1450\mathrm{r/min}$，在额定压力下输出流量 $q_\mathrm{P}=251\mathrm{L/min}$，求该泵的容积效率。

3. 已知液压泵输出压力 $p_\mathrm{P}=10\mathrm{MPa}$，机械效率 $\eta_\mathrm{Pm}=0.94$，容积效率 $\eta_\mathrm{PV}=0.92$，排量 $V_\mathrm{P}=10\mathrm{mL/r}$；液压马达的机械效率 $\eta_\mathrm{Mm}=0.92$，容积效率 $\eta_\mathrm{MV}=0.85$，排量 $V_\mathrm{M}=10\mathrm{mL/r}$。当液压泵转速 $n_\mathrm{P}=1450\mathrm{r/min}$ 时，试求：
   (1) 液压泵的输出功率；
   (2) 驱动液压泵所需的功率；
   (3) 液压马达的输出转矩；
   (4) 液压马达的转速；
   (5) 液压马达的输出功率。

4. 某液压泵排量 $q_\mathrm{P}=50\mathrm{cm}^3/\mathrm{r}$，其总泄漏量 Δq 与输油压力 p 的关系为 $\Delta q=Cp_\mathrm{P}$，其中 $C=29\times10^{-5}\mathrm{cm}^3/(\mathrm{Pa\cdot min})$，泵的转速 $n_\mathrm{p}=1450\mathrm{r/min}$，试分别计算在压力 $p_\mathrm{P}=0.25\times10^5\mathrm{Pa}$、$50\times10^5\mathrm{Pa}$、$75\times10^5\mathrm{Pa}$ 和 $100\times10^5\mathrm{Pa}$ 时，泵的实际流量和容积效率，并绘制出该液压泵的容积效率曲线。

5. 对于上述液压泵，如果泵的摩擦损失扭矩为 $2\mathrm{N\cdot m}$，与压力无关，试计算在上述各压力下的总效率，并绘制出总效率曲线。当用电动机驱动时，试计算该液压泵的驱动电动机功率。

第4章 液压缸

本章学习目标

★ 了解液压缸的工作原理、分类和应用；
★ 了解常见液压缸的典型结构、连接方式及特点，掌握差动连接的特性；
★ 掌握液压缸的设计和计算。

本章教学要点

知识要点	能力要求	相关知识
液压缸的结构与原理	掌握液压缸的结构、工作原理	结合各液压缸的机械结构，了解液压缸的分类和应用
液压缸的典型结构	掌握液压缸的连接方式，差动连接的特性	液压缸差动连接的速度和力
液压缸的设计和计算	了解液压缸的主要参数的计算方法和强度校核	液压缸内径、活塞杆直径和缸筒壁厚的设计

本章学习方法

液压缸原理简单，结构也不复杂，结合物理学和力学中的相关内容，以及实际工程中液压缸的应用实例进行学习，易于理解和掌握。通过本章的学习，要求掌握液压缸的工作原理、基本结构、类型选择与参数计算等，为液压缸的应用和设计计算奠定理论基础。

第 4 章 液压缸

导入案例

起 重 机

起重机械是工程中常见的用来吊装设备、装卸货物的机械。图 4.1 所示即为起重机。

液压缸是起重机中的重要部件,通过控制液压缸的伸、缩,实现重物的起落。图 4.2 所示即为工程中常见的液压缸。

图 4.1 起重机

图 4.2 液压缸

问题:
1. 起重机液压缸的速度如何计算?
2. 起重机液压缸所能承载的最大负荷如何确定?

液压缸属于液压系统的主要执行元件,它是将液体的液压能转换成机械能以实现工作机构直线往复运动或往复摆动的能量转换装置。液压缸结构简单、工作可靠,广泛地应用于各种机械设备中。液压缸除了单独使用外,还可以与其他机构组合起来,实现一些特殊的功能。本章主要介绍液压缸的工作原理、类型、典型结构、设计、计算与校核等内容。

4.1 概　　述

4.1.1 液压缸的工作原理

下面以双作用单活塞杆液压缸为例说明液压缸的工作原理。如图 4.3 所示,当压力为 p、流量为 q 的油液由油口 A 进入液压缸左腔(无杆腔)时,活塞及活塞杆在油液压力作用下以速度 v_1 向右伸出,产生的推力为 F_1,活塞杆承受压应力,液压缸右腔(有杆腔)的油液从油口 B 排出;反之当压力为 p、流量为 q 的油液由油口 B 进入液压缸右腔(有杆腔)时,活塞及活塞杆在油液压力作用下以速度 v_2 向左缩入,产生的拉力为 F_2,活塞杆承受拉应力,液压缸左腔(无杆腔)的油液从油口 A 排出。

液压缸输入的是压力 p 和流量 q,压力用来克服负

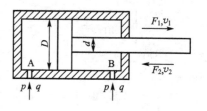

图 4.3 液压缸的工作原理图

载，流量用来形成一定的运动速度。输入液压缸的是油液压力和流量形成的液压能。液压缸输出的是力 F 和速度 v，活塞作用于负载的力 F 和运动速度 v 就是液压缸输出的机械功率。压力 p、流量 q 和力 F、速度 v 是通过液压缸的活塞直径 D 和活塞杆直径 d 联系起来的。

4.1.2 液压缸的分类与图形符号

由于各种机械用途不同，执行的运动形式也各不相同，因此液压缸的种类比较多，一般根据供油方式、结构作用特点和用途来分类。

按供油方式不同，液压缸可分为单作用液压缸和双作用液压缸。单作用液压缸只在液压缸一腔由系统供油，实现一个方向上的运动，另一个方向上的运动靠外力实现；双作用液压缸可实现两个方向上的运动，液压缸两腔均可由系统供油。

按结构形式不同，液压缸可分为活塞缸、柱塞缸和伸缩缸。

按活塞杆形式不同，液压缸可分为单活塞杆缸和双活塞杆缸。

按特殊用途不同，液压缸可分为串联缸、增压缸、增速缸和步进缸等。此类液压缸不是由单个缸筒组成，一般由两个以上缸筒或构件组合而成。

按所使用的压力不同，液压缸又可分为低压液压缸、中压液压缸、中高压液压缸、高压液压缸和超高压液压缸。机床类机械一般采用中、低压液压缸，其额定压力为 2.5～6.3MPa；建筑机械、工程机械和飞机等机械设备多数采用中高压液压缸，其额定压力为 10～16MPa；油压机一类机械大多数采用高压液压缸，其额定压力为 25～31.5MPa。

常见液压缸的类型、图形符号和说明见表 4-1。

表 4-1 常见液压缸的类型、图形符号和说明

名　称		符　号	说　明
单作用液压缸	活塞缸		活（柱）塞仅单向受液压力运动，反向运动靠外力或活（柱）塞自重
	柱塞缸		
	伸缩式套筒缸		多个互相联动的活塞，可依次伸缩，行程较大，单向受液压力运动，反向运动靠外力
双作用液压缸	单活塞杆 普通缸		活塞双向受液压力运动，在行程终点不减速，双向受力及运动速度不同
	不可调缓冲缸		活塞双向受液压力运动，在行程终点减速制动，减速值不可调。双向受力及运动速度不同

(续)

名称			符号	说明
双作用液压缸	单活塞杆	可调缓冲缸		活塞双向受液压力运动，在行程终点减速制动，减速值可调。双向受力及运动速度不同
		差动缸		活塞两端的面积差较大，通过差动连接实现缸的差动运动
	双活塞杆	普通缸		活塞双向受液压力运动，在行程终点不减速，双向受力及运动速度相同
		双速缸		两个活塞同时向相反方向运动
		不可调缓冲缸		活塞双向受液压力运动，在行程终点减速制动，减速值不可调。双向受力及运动速度相同
		可调缓冲缸		活塞双向受液压力运动，在行程终点减速制动，减速值可调。双向受力及运动速度相同
	伸缩式套筒缸			多个互相联动的活塞，可依次伸缩，行程较大，双向受液压力运动
组合缸	增压缸			由 A 腔进油驱动，在 B 腔输出高压油液
	串联缸			用于缸的直径受限制、长度不受限制的场合，能获得较大推力
	多位缸			根据需要打开不同的进油口，可使活塞 A 有三个位置
	步进缸			若干活塞行程按二进制排列，根据需要打开不同的进油口，可使活塞有不同距离的移动
	齿条传动缸			将活塞的往复直线运动，转换成齿轮的往复回转运动

4.2 液压缸的典型结构

4.2.1 活塞式液压缸

1. 双作用单活塞杆式液压缸

图 4.4 所示为双作用单活塞杆式液压缸的结构图,它主要由缸筒、活塞、活塞杆、端盖、密封件等组成,缸筒、活塞、端盖及密封件共同形成密闭工作容腔。液压缸有杆腔和无杆腔的油液由活塞和密封件隔开、密封。

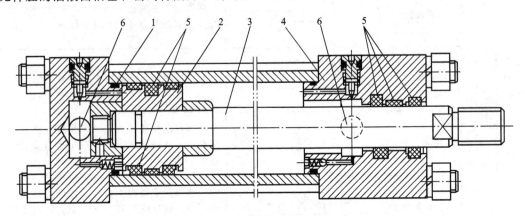

图 4.4 双作用单活塞杆式液压缸结构
1—缸筒;2—活塞;3—活塞杆;4—端盖;5—密封件;6—进出油口

活塞受力如图 4.5 所示,图 4.5(a)为无杆腔进油,有杆腔出油;图 4.5(b)为有杆腔进油,无杆腔出油。

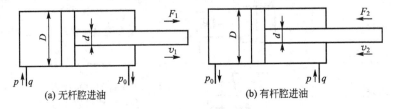

图 4.5 液压缸活塞受力图

因单活塞杆式液压缸一端有活塞杆,另一端无活塞杆,所以单活塞杆式液压缸左右两腔的有效面积 A_1、A_2 不相等。当左右两腔分别输入相同的压力 p 和流量 q 时,液压缸在左、右两个方向上输出的推力 F_1、拉力 F_2 和速度 v_1、v_2 均不相等。即

$$F_1 = (pA_1 - p_0 A_2)\eta_m \times 10^6 = \frac{\pi}{4}[D^2(p-p_0) + p_0 d^2]\eta_m \times 10^6 \quad (\text{N}) \quad (4-1)$$

$$v_1 = \frac{q\eta_V}{60A_1} \times 10^{-3} = \frac{q\eta_V}{15\pi D^2} \times 10^{-3} \quad (\text{m/s}) \quad (4-2)$$

$$F_2 = (pA_2 - p_0 A_1)\eta_m \times 10^6 = \frac{\pi}{4}[D^2(p-p_0) - pd^2]\eta_m \times 10^6 \quad (\text{N}) \quad (4-3)$$

$$v_2 = \frac{q\eta_V}{60A_2} \times 10^{-3} = \frac{q\eta_V}{15\pi(D^2-d^2)} \times 10^{-3} \quad (\text{m/s}) \tag{4-4}$$

式中，A_1 为液压缸左腔的有效面积(m^2)；A_2 为液压缸右腔的有效面积(m^2)；D 为液压缸活塞直径(m)；d 为液压缸活塞杆直径(m)；p 为液压缸进油腔的压力(MPa)；p_0 为液压缸回油腔的压力，回油腔直接接油箱时可计为 0(MPa)；q 为液压缸输入的流量(L/min)；η_m 为液压缸的机械效率；η_V 为液压缸的容积效率。

由式(4-1)～式(4-4)可看出，单活塞杆式液压缸两腔在分别输入相等压力和流量的情况下，输出的力和速度不相等。当有杆腔和无杆腔同时输入压力油时，活塞杆能够快速伸出，这种连接方式称为差动连接，常用于空行程时的快进，如图 4.6 所示，此时缸的推力 F_3 和速度 v_3 分别为

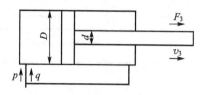

图 4.6 液压缸的差动连接

$$F_3 = p(A_1-A_2)\eta_m \times 10^6 = \frac{\pi}{4}pd^2\eta_m \times 10^6 \quad (\text{N}) \tag{4-5}$$

$$v_3 = \frac{q\eta_V}{60(A_1-A_2)} \times 10^{-3} = \frac{q\eta_V}{15\pi d^2} \times 10^{-3} \quad (\text{m/s}) \tag{4-6}$$

其他符号意义同式(4-1)～式(4-4)。

单活塞杆式液压缸常用于机床、工程机械、起重机械、运输机械、矿山机械、冶金设备和车辆液压系统中作往复运动的执行元件。单活塞杆式液压缸的安装有两种形式，一种是缸筒固定式，另一种是活塞杆固定式，如图 4.7 所示，其外形结构与其应用和安装形式有关。

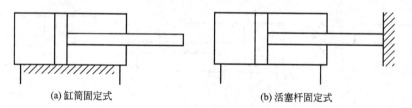

(a) 缸筒固定式　　　　　　　　(b) 活塞杆固定式

图 4.7 液压缸安装固定形式

2. 双作用双活塞杆式液压缸

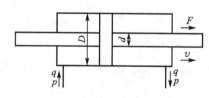

图 4.8 双活塞杆式液压缸结构图

双作用双活塞杆式液压缸的典型结构与双作用单活塞杆式液压缸的区别在于它的活塞上装有两个活塞杆，如图 4.8 所示。缸盖与缸筒的连接、活塞与活塞杆的连接、密封、缓冲和排气装置等以及安装形式均与单活塞杆式液压缸相同。当工作压力和输入流量不变时，两个方向输出的推力和速度是相等的，其值为

$$F = A(p_1-p_2)\eta_m = \frac{\pi}{4}(D^2-d^2)(p_1-p_2)\eta_m \times 10^6 \quad (\text{N}) \tag{4-7}$$

$$v = \frac{q}{A}\eta_V = \frac{4q}{\pi(D^2-d^2)}\eta_V \times 10^{-3} \quad (\text{m/s}) \tag{4-8}$$

式中，A 为液压缸两腔有效工作面积；

其他符号意义同式(4-1)～式(4-4)。

双活塞杆式液压缸常用于要求往返运动速度相同的场合，如外圆磨床工作台往复运动液压缸等。双活塞杆式液压缸的安装方式如图 4.9 所示。缸筒固定式的工作台移动范围为缸筒长度 l 的 3 倍，但固定长度仅为缸筒的长度 l，占地面积小，适用于小型机床；活塞杆固定式的工作台移动范围为缸筒长度 l 的 2 倍，适用于大型机床等机械设备。

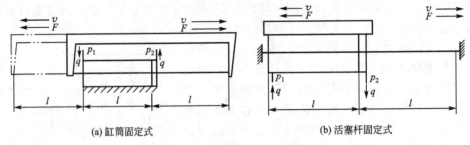

(a) 缸筒固定式　　　　　　　　　　(b) 活塞杆固定式

图 4.9　双活塞杆式液压缸的安装

液压缸运动速度和牵引力分析与计算

如图 4.10 所示，已知单杆活塞缸的缸筒内径 $D=90\text{mm}$，活塞杆直径 $d=60\text{mm}$，液压缸的流量 $q=25\text{L/min}$，进口压力 $p_1=6\text{MPa}$，回油压力 $p_2=0.5\text{MPa}$，试分析计算在不同液压缸工作方式 [图 4.10(a)、(b) 和 (c)] 情况下，油缸运动速度的方向和大小，及最大牵引力的方向和大小。

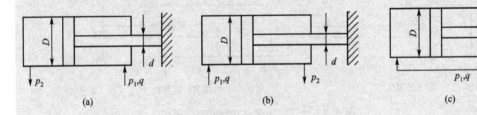

(a)　　　　　　　　　(b)　　　　　　　　　(c)

图 4.10　液压缸工作方式示意图

解：(1) 图 4.10(a) 所示油缸工作方式。

运动方向：向右；

运动速度：

$$v=\frac{q}{\dfrac{\pi(D^2-d^2)}{4}}=\frac{4\times 25\times 10^{-3}}{\pi(90^2-60^2)\times 10^{-6}}\text{m/min}=7.08\text{m/min}$$

牵引力方向：向右；

最大牵引力：

$$F=\frac{\pi}{4}(D^2-d^2)p_1-\frac{\pi}{4}D^2 p_2$$

$$=\left[\frac{\pi}{4}(0.09^2-0.06^2)\times 6\times 10^6-\frac{\pi}{4}\times 0.09^2\times 0.5\times 10^6\right]\text{N}=18016\text{N}$$

(2) 图 4.10(b)所示油缸工作方式。

运动方向：向左；

运动速度：
$$v=\frac{q}{\frac{\pi D^2}{4}}=\frac{4\times 25\times 10^{-3}}{\pi\times 0.09^2}\text{m/min}=3.93\text{m/min}$$

牵引力方向：向左；

最大牵引力：
$$F=\frac{\pi}{4}D^2 p_1-\frac{\pi}{4}(D^2-d^2)p_2$$
$$=\left[\frac{\pi}{4}\times 0.09^2\times 6\times 10^6-\frac{\pi}{4}(0.09^2-0.06^2)\times 0.5\times 10^6\right]=36385\text{N}$$

(3) 图 4.10(c)所示油缸工作方式。

运动方向：向左；

运动速度：
$$v=\frac{q}{\frac{\pi d^2}{4}}=\frac{4\times 25\times 10^{-3}}{\pi\times 0.06^2}\text{m/min}=8.85\text{m/min}$$

牵引力方向：向左；

最大牵引力：
$$F=\frac{\pi}{4}d^2 p_1=\frac{\pi}{4}\times 0.06^2\times 6\times 10^6\text{N}=16956\text{N}$$

 应用案例4-2

串联液压缸系统的特性分析与计算

如图 4.11 所示，一个油泵驱动两个串联液压缸。已知两个液压缸的尺寸相同，缸筒内径 $D=90$mm，活塞杆直径 $d=60$mm，负载 $F_1=F_2=10000$N，油泵输油量 $q=25$L/min。若不计容积损失和机械损失，试求油泵的输油压力及活塞运动速度。

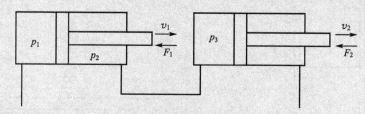

图 4.11 串联液压缸系统图

解：(1) 油泵输油压力。由活塞受力平衡关系，可得
$$p_3=\frac{F_2}{\frac{\pi}{4}D^2}=\frac{10000}{\frac{\pi}{4}\times 0.09^2}\text{Pa}=1.57\times 10^6\text{Pa}=1.57\text{MPa}$$

因为 $p_2 = p_3$，因此，油泵输油压力为

$$p_1 = \frac{F_1 + p_2 \frac{\pi(D^2 - d^2)}{4}}{\frac{\pi}{4}D^2} = \frac{10000 + 1.57 \times 10^6 \frac{\pi(0.09^2 - 0.06^2)}{4}}{\frac{\pi}{4} \times 0.09^2} \text{Pa} = 2.45\text{MPa}$$

（2）活塞运动速度。第一个液压缸的运动速度为

$$v_1 = \frac{q}{\frac{\pi D^2}{4}} = \frac{25 \times 10^{-3}}{\frac{\pi}{4} \times 0.09^2} \text{m/min} = 3.93\text{m/min}$$

第二个液压缸的运动速度为

$$v_2 = \frac{\frac{\pi(D^2 - d^2)v_1}{4}}{\frac{\pi D^2}{4}} = \frac{(D^2 - d^2)v_1}{D^2} = \frac{(0.09^2 - 0.06^2) \times 3.39}{0.09^2} \text{m/min} = 2.18\text{m/min}$$

4.2.2 柱塞式液压缸

活塞式液压缸的内表面因有活塞及密封件的频繁往复运动，要求其内孔形状和尺寸精度很高，并且表面光滑。这种要求对于大型的或超长行程的液压缸有时不易实现，在这种情况下可以采用柱塞式液压缸。柱塞式液压缸是一种单作用液压缸，必须借助外力或自重（垂直安装时）作用返回。

柱塞式液压缸的结构如图 4.12 所示，柱塞只与导向套配合，故缸筒内壁只要粗加工即可，甚至在缸筒采用无缝钢管时可不加工，所以结构简单，制造容易，成本低廉，常用于长行程机床，如龙门刨床、导轨磨床、大型机床等，水压机的缸筒以及液压电梯的长行程油缸常采用这种结构。

在大行程设备中，为了得到双向伸缩运动，柱塞液压缸常成对使用，如图 4.13 所示。

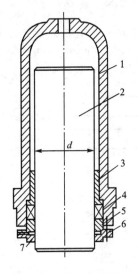

图 4.12　柱塞式液压缸
1—缸体；2—柱塞；3—导向套；4—密封装置；
5—压套；6—压环；7—防尘圈

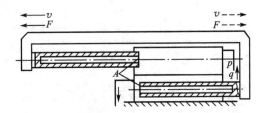

图 4.13　成对反向布置使用的柱塞式液压缸

柱塞式液压缸输出的力 F 和运动速度 v 的计算公式如下：

$$F = \frac{\pi}{4} d^2 p \eta_m \times 10^6 \quad (\text{N}) \tag{4-9}$$

$$v = \frac{4q}{\pi d^2} \tag{4-10}$$

式中，d 为液压缸柱塞直径(m)；

其他符号意义同式(4-1)~式(4-4)。

4.2.3 伸缩套筒式液压缸

伸缩套筒式液压缸简称伸缩套筒缸，又称多级液压缸，它由两级或多级活塞缸套装而成，前一级缸的活塞是后一级缸的缸筒，其特点是活塞杆的伸出行程长度比缸体的长度大，占用空间较小，结构紧凑。

图 4.14 所示为一种伸缩套筒缸的结构简图。活塞伸出的顺序是由大到小，相应的推力也是由大到小，而伸出的速度则是由慢变快，空载缩回的顺序与伸出的顺序相反。其输出的力 F 和速度 v 的计算公式如下：

$$F_i = p_1 \frac{\pi}{4} D_i^2 \eta_{mi} \times 10^6 \quad (\text{N}) \tag{4-11}$$

$$v_i = \frac{4q \eta_{vi}}{\pi D_i^2} \times 10^3 \quad (\text{m/s}) \tag{4-12}$$

式中，i 指的是代表第 i 级活塞缸；其他符号意义同式(4-1)~式(4-4)。

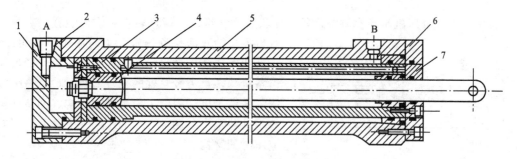

图 4.14　多级液压缸
1—压板；2、6—端盖；3—套筒活塞；4—活塞；5—缸体；7—套筒活塞端盖

多级缸的级数大于两级，它适用于工程机械和其他行走机械，常用于起重机伸缩臂的伸缩运动、翻斗汽车的车厢倾翻、拖拉机翻斗挂车和清洁车自卸系统的举升以及液压电梯等装置。

4.2.4 增压液压缸

增压液压缸又称增压器。它能将输入的低压油液转变为高压油液供给传动系统中的高压支路使用，常与低压大流量液压泵配合使用。其工作原理如图 4.15 所示。

增压液压缸由两个直径分别为 D_1 和 D_2 的压力缸筒和固定在同一根活塞杆上的两个直径不等的活塞或柱塞构成。设液压缸的进油腔压力为 p_1，出油腔压力为 p_2，若不计摩擦力，根据力平衡关系，有如下等式：

$$A_1 p_1 = A_2 p_2 \tag{4-13}$$

整理得

$$p_2 = \frac{A_1}{A_2} p_1 = \frac{D_1^2}{D_2^2} p_1 = k p_1 \tag{4-14}$$

式中,k 为增压比。

由式(4-14)可知,当 $D_1 = 2 D_2$ 时,$p_2 = 4 p_1$,即增压至原来的 4 倍。

增压缸常用以获得高压或超高压油液,以代替昂贵的高压或超高压泵。图 4.16 所示为一种增压缸的内部结构图。

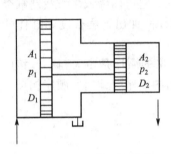

图 4.15 增压缸工作原理

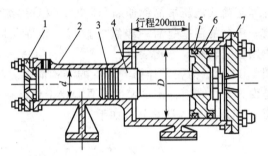

图 4.16 增压缸内部结构图
1—前盖;2—缸体;3—活塞环;4—小活塞;
5—O形密封圈;6—大活塞;7—后盖

4.2.5 齿条活塞式液压缸

齿条活塞式液压缸是活塞缸与齿轮齿条机构联合组成的能量转换和输出装置,它由带有齿条杆的双活塞液压缸和齿轮齿条机构组成。齿条活塞式液压缸将活塞的往复直线运动经齿轮齿条机构转换为齿轮轴的往复回转运动,这种液压缸多用于机械手、工作台转位机构、回转夹具等驱动装置中。图 4.17 所示为一种齿条活塞式液压缸的结构。

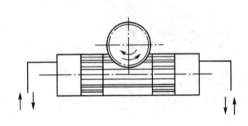

图 4.17 齿条活塞缸

齿条活塞缸工作时,齿轮轴输出的扭矩 T 与回转角速度 ω 按以下公式计算:

$$T = \Delta p \frac{\pi}{8} D^2 D_\mathrm{f} \tag{4-15}$$

$$\omega = \frac{8q}{\pi D^2 D_\mathrm{f}} \tag{4-16}$$

式中,Δp 为液压缸左右两腔压差;D 为液压缸活塞的直径;D_f 为齿轮分度圆直径。

4.2.6 摆动式液压缸

摆动式液压缸又称摆动式液压马达。摆动式液压缸做往复回转运动,输出转矩和角速度。

摆动式液压缸有单叶片和双叶片两种形式。摆动式液压缸结构形式如图 4.18 所示。图 4.18(a)所示为单叶片摆动式液压缸,它由定子块、缸体、摆动轴、叶片、左右支承盘和左右盖板等主要零件组成，定子块固定在缸体上，叶片和摆动轴连接在一起。图 4.18(b) 所示为双叶片摆动式液压缸。

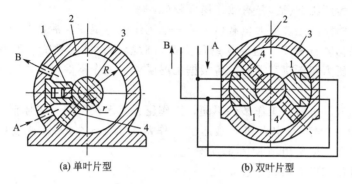

(a) 单叶片型　　(b) 双叶片型

图 4.18　摆动式液压缸
1—定子块；2—缸体；3—摆动轴；4—叶片

其工作原理为：当高压油液从 A 口进入缸内，叶片被推动并带动轴作逆时针方向回转，叶片另一侧的油液从 B 口排出；反之，高压油液从 B 口进入，叶片及轴作顺时针方向回转，A 口排出油液。

叶片式摆动液压缸的输出转矩 T 和角速度 ω 分别为

$$T = (p_1 - p_2)\eta_\mathrm{m}\int_r^R bR\,\mathrm{d}R = \frac{b}{2}\Delta p(R^2 - r^2)\eta_\mathrm{m} \qquad (4-17)$$

$$\omega = \frac{2q}{b(R^2 - r^2)}\eta_\mathrm{V} \qquad (4-18)$$

式中，b 为叶片宽度；R 为回转叶片的半径；r 为回转轴的半径；p_1 为液压缸的进油腔压力；p_2 为液压缸的回油腔压力；Δp 为液压缸的两腔压差，$\Delta p = p_1 - p_2$；

其余参数含义同前。

从图 4.18 中可看出，当输入液压油的压力和流量不变时，双叶片摆动缸摆动轴输出转矩是单叶片摆动缸的 2 倍，而摆动角速度则是单叶片摆动缸的一半。单叶片摆动缸的最大回转角小于 360°，一般不超过 280°；双叶片摆动缸则小于 180°，一般不超过 150°。

4.3　液压缸的设计

4.3.1　液压缸主要参数的设计计算

设计液压缸时，必须对整个系统工况进行分析，确定最大负载力，根据负载力和速度决定液压缸的主要结构尺寸，然后根据使用要求确定结构类型、安装空间尺寸、安装形式等，之后再进行结构设计。由于单活塞杆式液压缸在液压传动系统中应用比较广泛，因而它的有关参数计算和结构设计具有一定的典型性。目前液压缸的供货品种、规格比较齐全，用户可以在市场上购到。厂家也可以根据用户的要求设计、制造，用户一般只要提出液压缸的结构参数及安装形式即可。

1. 液压缸工作压力的确定

液压缸所能克服的最大负载和有效作用面积可用下式表示：

$$F = pA \times 10^6$$

式中，F 为液压缸最大负载力，包括工作负载、摩擦力、惯性力等（N）；p 为液压缸工作压力（MPa）；A 为液压缸（活塞）有效作用面积（m^2）。

上式说明，给定液压缸最大负载后，液压缸工作压力越高，活塞的有效工作面积就越小，液压缸的结构就越紧凑。但若系统压力高，对液压元件的性能及密封要求也相应提高。在确定工作压力和活塞直径时，应根据工况要求、工作条件以及液压元件供货等因素综合考虑。

不同用途的液压机械，工作条件不同，工作压力范围也不同。机床液压传动系统使用的压力一般为 2～8MPa，组合机床液压缸工作范围为 3～4.5MPa，液压机常用压力为 21～32MPa，工程机械选用 16MPa 较为合适。

液压缸标准使用压力系列见表 4-2。

表 4-2 液压缸标准使用压力系列　　　　　　　　　　单位：MPa

0.63	1	1.6	2.5	4.0	6.3	10	16	20.0	25	31.5	40

2. 液压缸内径的确定

液压缸的内径一般根据最大工作负载来确定。

液压缸的有效工作面积为

$$A = \frac{F}{p} = \frac{\pi}{4} D^2 \tag{4-19}$$

对于无活塞杆腔，液压缸内径为

$$D = \sqrt{\frac{4F}{\pi p}} \tag{4-20}$$

对于有活塞杆腔，液压缸内径为

$$D = \sqrt{\frac{4F}{\pi p} + d^2} \tag{4-21}$$

活塞杆的直径按受力情况决定，受拉力时取 (0.3～0.5)D，受压力时取 (0.5～0.7)D。

计算出活塞直径 D、活塞杆直径 d 后，再调整到标准值。液压缸内径系列和活塞杆直径系列见表 4-3 和表 4-4。

表 4-3 液压缸内径系列　　　　　　　　　　单位：mm

8	10	12	16	20	25	32	40	50	63
80	100	125	160	200	250	320	400	500	

表 4-4 活塞杆直径系列　　　　　　　　　　单位：mm

4	5	6	8	10	12	14	16	18	20
22	25	28	32	36	40	45	50	56	63
70	80	90	100	110	125	140	160	180	200
220	250	280	320	360	400				

动力较小的液压设备，除上述计算方法外，也可按往返速度比值确定液压缸内径 D 和活塞杆直径 d。液压缸的速度比值系列见表 4-5。

表 4-5 液压缸速度比值系列

| 1.06 | 1.12 | 1.25 | 1.4 | 1.6 | 2 | 2.5 | 5 |

活塞运动速度的最高值受活塞杆密封圈以及行程末端缓冲装置所承受的动能限制，一般不大于 1m/s，最低值则以无爬行现象为前提，通常应大于 0.1m/s。

3. 液压缸行程

液压缸的活塞行程见表 4-6。

表 4-6 活塞行程系列　　　　　　　　　　　　　单位：mm

| 25 | 50 | 80 | 100 | 125 | 160 | 200 | 250 | 320 | 400 | 500 |

4. 液压缸长度的确定

液压缸长度 L 根据工作部件的行程长度确定。从制造上考虑，一般液压缸的长度 L 不大于液压缸直径的 20~30 倍。

5. 液压缸缸体壁厚的确定

液压缸缸体壁厚可根据结构设计确定。当液压缸工作压力较高和缸内径较大时，还必须根据材料力学中的有关公式进行强度校核。

6. 活塞杆长度的确定

活塞杆直径确定后，还要根据液压缸的长度确定活塞杆长度。对于工作行程受压的活塞杆，当活塞杆长度与活塞杆直径之比大于 10 时，必须根据材料力学的有关公式对活塞杆进行稳定性校核。

4.3.2　液压缸的强度计算与校核

1. 液压缸缸体壁厚的强度计算与校核

缸筒是液压缸中最重要的零件，当液压缸工作压力较高和缸筒内径较大时，必须进行强度校核。

中、高压液压缸一般用无缝钢管制作缸筒，大多属于薄壁筒，当 $\dfrac{D}{\delta} \geqslant 10$ 时，按薄壁筒计算公式校核，即

$$\delta \geqslant \frac{p_y D}{2[\sigma]} \qquad (4-22)$$

式中，δ 为薄壁筒壁厚；p_y 为试验压力，当液压缸额定压力 $p_n \leqslant 16\text{MPa}$ 时 $p_y=1.5 p_n$，当 $p_n \geqslant 16\text{MPa}$ 时 $p_y=1.25 p_n$；$[\sigma]$ 为缸筒材料许用应力，$[\sigma]=\dfrac{\sigma_b}{n}$，$\sigma_b$ 为材料的抗拉强度，n 为安全系数，当 $\dfrac{D}{\delta} \geqslant 10$ 时，一般取 $n=5$。

当缸筒的 $\dfrac{D}{\delta}<10$ 时，称为厚壁筒，高压缸的缸筒大都属于此类，应按厚壁筒的公式进行校核，即

$$\delta \geqslant \frac{D}{2}\left(\sqrt{\frac{[\sigma]}{[\sigma]-\sqrt{3}\,p_y}}-1\right) \tag{4-23}$$

式中,各符号意义同前。

2. 活塞杆的稳定性计算与校核

活塞杆受轴向压力作用时,有可能产生弯曲,当此轴向力达到临界值 F_{cr} 时,会出现压杆不稳定现象,临界值 F_{cr} 的大小与活塞杆长度、直径以及液压缸的安装方式等因素有关。只有当活塞杆的计算长度 $l \geqslant 10d$ 时,才进行活塞杆的纵向稳定性计算。其计算按材料力学有关公式进行。

使液压缸保持稳定的条件为

$$F \leqslant \frac{F_{cr}}{n_{cr}} \tag{4-24}$$

式中,F 为液压缸承受的轴向压力;F_{cr} 为活塞杆不产生弯曲变形的临界力;n_{cr} 为稳定性安全系数,一般取 $n_{cr}=(2\sim6)$。

F_{cr} 可根据 l/k 的范围,按下述有关公式计算:

(1) 当 $l/k > m\sqrt{i}$ 时,为

$$F_{cr} \leqslant \frac{i\pi^2 EJ}{l^2} \tag{4-25}$$

(2) 当 $l/k \leqslant m\sqrt{i}$,且 $m\sqrt{i}=(20\sim120)$ 时,为

$$F_{cr} = \frac{fA}{1+\dfrac{a}{i}\cdot\dfrac{l}{k}} \tag{4-26}$$

式中,l 为安装长度,其值与安装形式有关;k 为活塞杆最小截面的惯性半径,$k=\sqrt{l/A}$;m 为柔性系数,对钢取 $m=85$;i 为由液压缸支承方式决定的末端系数,其值可参考有关文献;E 为活塞杆材料的弹性模量,对钢取 $E=2.06\times10^{11}$ Pa;J 为活塞杆最小截面的惯性矩;f 为由材料强度决定的实验值,对钢取 $f\approx4.9\times10^8$ Pa;A 为活塞杆最小截面的截面积;a 为实验常数,对钢取 $a=1/5000$。

(3) 当 $l/k < 20$ 时,缸具有足够的稳定性,不必校核。

小 结

本章重点讲解了液压缸的工作原理、分类、常用液压缸的结构和基本技术参数、液压缸的设计步骤和稳定性校核方法。通过本章学习应掌握有关液压缸的基本知识,并在液压系统设计中根据负载的情况合理地选择或设计液压缸。

【关键术语】

液压缸　单杆缸　双杆缸　柱塞缸　摆动液压缸　差动连接　移动速度　推力

综 合 练 习

一、填空题

1. 对于单杆双作用活塞式液压缸而言,活塞两侧油腔的_____相同。

2. 当行程与活塞杆直径比 $l/d>10$ 时，要对活塞杆进行_____。

3. 当采用差动连接并要求往返速度相等时，活塞杆直径 d 和缸筒内径 D 之间的关系为____。

4. 差动液压缸克服了_____对往复运动力与速度的影响。

5. 增大摆动式液压缸的输出转矩，可用增加叶片的数目来实现，叶片的数目应____增加。

二、问答题

1. 液压缸是如何分类的？
2. 什么是差动连接？差动连接的油缸有何特点？
3. 柱塞式液压缸有何特点？
4. 在液压缸设计时应注意哪些问题？
5. 双杆活塞式液压缸缸体固定、活塞杆固定的区别有哪些？
6. 正确写出单杆活塞式液压缸三种不同连接状态下的速度计算公式，并写出实现往复运动速度相等的条件。
7. 画出双杆双作用活塞式液压缸、单杆双作用活塞式液压缸、柱塞式液压缸、摆动缸的各自元件符号。

三、计算题

1. 推导液压缸差动连接的速度计算公式和压力计算公式。
2. 液压缸差动连接时，欲使活塞杆伸出速度与回程速度相等，计算活塞杆的直径 d 与活塞直径 D 之间的关系。
3. 已知某一差动液压缸的内径 $D=100$mm，活塞杆直径 $d=70$mm，$q=25$L/min，$p=2$MPa。求在如图 4.19 所示情况下可推动的负载 F 及其运动速度 v。
4. 图 4.20 所示为两个结构相同且串联的液压缸系统。设无杆腔面积 $A_1=100$cm^2，有杆腔面积 $A_2=80$cm^2，缸 1 输入压力 $p_1=9$MPa，输入流量 $q_1=12$L/min，若不计损失和泄漏，当两缸承受相同负载($F_1=F_2$)时，求该负载的数值及两缸的运动速度。

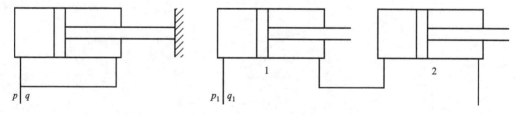

图 4.19　差动液压缸　　　　图 4.20　串联的液压缸系统

5. 柱塞式液压缸的柱塞固定，缸筒运动，压力油从空心柱塞中通入，压力为 p，流量为 q，缸筒直径为 D，柱塞外径为 d，内孔直径为 d_0，试求柱塞式液压缸所产生的推力和运动速度。

6. 设计一单杆活塞式液压缸，要求快进时为差动连接，快进和快退(有杆腔进油)时的速度均为 6m/min。工进时(无杆腔进油，非差动连接)可驱动的负载为 25000N，回油背压力为 0.25MPa，采用额定压力为 6.3MPa、额定流量为 25L/min 的液压泵。试确定：

(1) 缸筒内径和活塞杆直径；
(2) 缸筒壁厚(缸筒材料选用无缝钢管)。

7. 某液压系统执行元件采用单杆活塞缸，进油腔面积 $A_1=20\text{cm}^2$，回油腔面积 $A_2=12\text{cm}^2$，活塞缸进油管路的压力损失 $\Delta p_1=0.5\text{MPa}$、回油管路的压力损失 $\Delta p_2=0.5\text{MPa}$，油缸的负载 $F=3000\text{N}$，试求：

(1) 缸的负载压力 p_L 为多少？

(2) 泵的工作压力 p_p 为多少？

8. 流量为 5L/min 的油泵驱动两个并联液压油缸的系统，如图 4.21 所示。已知活塞 A 的载荷为 10000N，而活塞 B 的载荷为 5000N，两个油缸活塞工作面积均为 100cm^2，溢流阀的调整压力为 2.0MPa，设初始两个活塞都处于缸体的下端。试求两个活塞的运动速度和油泵的工作压力。

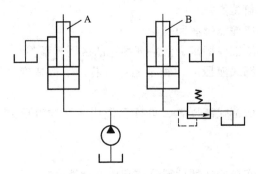

图 4.21 并联液压油缸系统

第 5 章　液压控制阀

本章学习目标

★ 了解单向阀、换向阀等方向控制阀的结构、工作原理，换向阀滑阀机能及应用场合；

★ 掌握溢流阀、减压阀、顺序阀、压力继电器等压力控制阀的结构、工作原理、特性及应用场合；

★ 掌握节流阀、调速阀等流量控制阀的结构、工作原理、特性及应用场合；

★ 了解插装阀、多路换向阀的结构、工作原理及应用场合。

本章教学要点

知识要点	能力要求	相关知识
方向控制阀	了解方向控制阀的结构、工作原理	单向阀，换向阀滑阀机能及其应用场合
压力控制阀	掌握压力控制阀的结构、工作原理	溢流阀、减压阀、顺序阀的特性及其应用场合
流量控制阀	掌握流量控制阀的结构、工作原理	节流阀、调速阀的特性及应用场合

本章学习方法

液压控制阀是液压系统的基本控制元件，实现对各类执行元件的运动和速度控制。学习本章知识时，首先应读懂各类控制阀结构简图，利用流体力学理论解释控制阀的工作原理，掌握油液的流动规律和压力油对阀芯的作用机理；其次应结合各类控制阀的拆装实验，掌握各类阀的结构和工作原理，并通过一定量的课后思考题和习题，进一步深化掌握各类控制阀的特性和应用。

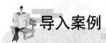 **导入案例**

数控机床及液压控制系统

数控机床是当代机械制造业的主流装备,包括超重型机床、高精度机床、特种加工机床、锻压设备、前沿高技术机床等。我国在五轴联动数控机床、数控超重型机床、立式卧式加工中心、数控车床、数控齿轮加工机床等领域,部分技术已经达到世界先进水平。这些技术集计算机控制、高性能伺服驱动和精密加工技术于一体,应用于复杂曲面的高效、精密、自动化加工,是发电、船舶、航空航天、模具、高精密仪器等民用工业和军工部门迫切需要的关键加工技术。图5.1所示即为某数控机床。

数控机床系统是由控制介质、数控系统、伺服系统、辅助装置、反馈系统和机床组成的,而伺服系统即液压伺服系统是由液压控制阀组成的,以保证满足数控机床对位置和速度的要求,如图5.2所示。

液压控制阀主要包括:方向控制阀、溢流阀、调速阀等,图5.3所示为电-液比例先导型溢流阀。

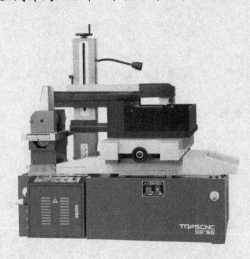

图 5.1 数控机床

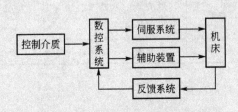

图 5.2 数控机床系统组成框图

图 5.3 电-液比例先导型溢流阀

问题:
1. 数控机床的工件是如何夹紧的?
2. 数控机床的加工精度如何保证?

液压控制阀是用来控制系统中油液流动方向、流量的大小和系统压力高低的元件,分为方向控制阀、压力控制阀和流量控制阀三大类。一个外部形状相同的阀,因为作用机制的不同,而具有不同的功能。液压控制阀能对执行元件的启动、停止、运动方向、速度大小及克服负载的能力和动作顺序进行调节与控制,使各类液压机械按要求协调地进行工作。液压控制阀决定了液压系统的工作过程和特性。

5.1 概 述

5.1.1 液压控制阀的类型

液压控制阀可按不同的特征进行分类，见表 5-1。

表 5-1 液压控制阀的分类

分类方法	种类	详细分类
按机能分类	压力控制阀	溢流阀、顺序阀、卸荷阀、平衡阀、减压阀、比例压力控制阀、缓冲阀、仪表截止阀、限压切断阀、压力继电器
	流量控制阀	节流阀、单向节流阀、调速阀、分流阀、集流阀、比例流量控制阀
	方向控制阀	单向、液控单向阀、换向阀、行程减速阀、充液阀、梭阀、比例方向阀
按结构分类	滑阀	圆柱滑阀、旋转阀、平板滑阀
	座阀	椎阀、球阀、喷嘴挡板阀
	射流管阀	—
按操作方法分类	手动阀	手把及手轮、踏板、杠杆
	机动阀	挡块及碰块、弹簧、液压、气动
	电动阀	电磁铁控制、伺服电动机和步进电动机控制
按连接方式分类	管式连接	螺纹式连接、法兰式连接
	板式及叠加式连接	单层连接板式、双层连接板式、整体连接板式、叠加阀
	插装式连接	螺纹式插装(二、三、四通插装阀)、法兰式插装(二通插装阀)
按其他方式分类	开关或定值控制阀	压力控制阀、流量控制阀、方向控制阀
按控制方式分类	电液比例阀	电液比例压力阀、电源比例流量阀、电液比例换向阀、电流比例复合阀、电流比例多路阀、三级电液流量伺服阀
	伺服阀	单、两级(喷嘴挡板式、动圈式)电液流量伺服阀、三级电液流量伺服阀
	数字控制阀	数字控制压力控制流量阀与方向阀

5.1.2 液压控制阀的共同点和使用要求

虽然液压控制阀的种类繁多，且各种阀的功能和结构形式也有较大的差异，但它们之间均具有下述共同点：

(1) 在结构上，液压控制阀都是由阀体、阀芯和驱动阀芯动作的零部件组成；

(2) 在工作原理上，液压控制阀的开口大小、进出口间的压差以及通过阀的流量之间的关系都符合孔口流量特性公式，只是各种阀控制的参数各不相同。

液压系统中所使用的液压控制阀均应满足以下基本要求：

(1) 动作灵敏，使用可靠，工作时冲击和振动小；

(2) 油液流过时压力损失小；

(3) 密封性能好；

(4) 结构紧凑，安装、调整、使用、维护方便，通用性大。

5.2 方向控制阀

液压控制系统中油液流动方向或油路通与断的控制阀称为方向控制阀。方向控制阀的类型如图 5.4 所示。

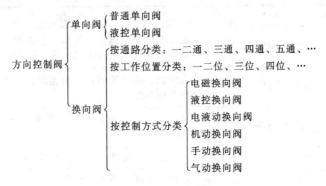

图 5.4 方向控制阀的类型

5.2.1 单向阀

液压系统中常用的单向阀有普通单向阀和液控单向阀两种。

1. 普通单向阀

普通单向阀简称单向阀，它的作用是只允许油液正向流动，反向关闭，故又称逆止阀或止回阀。图 5.5 所示为单向阀的结构原理图，由阀体、弹簧、阀芯（锥形、球形）组成。图 5.5(a)是一种直通式结构，一般做成螺纹连接形式，故又称管式；图 5.5(b)是一种直角式结构，其进、出油口均设置在一个面上，故又称板式，用于集成块式连接的液压系统。

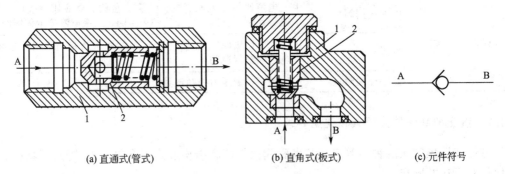

(a) 直通式(管式)   (b) 直角式(板式)   (c) 元件符号

图 5.5 普通单向阀

1—阀体；2—阀芯

工作原理：对普通单向阀，当油液从进油口 A 流入时，油液压力克服弹簧阻力和阀体与阀芯间的摩擦力，顶开带有锥端的阀芯，从出油口 B 流出；反之，当液流从 B 口流入时，油液压力和弹簧力一起使阀芯紧密地压在阀座上，使阀口关闭，油液无法通过，故不能倒流。

元件符号：图 5.5(c)所示为普通单向阀的元件符号。

单向阀的阀芯也可以用钢球式的结构，其制造方便，但密封性较差，用于小流量的管路。

单向阀主要应用于以下场合：

(1) 实现油液的单向流动。对于普通单向阀，通油方向的阻力应尽可能小，而不通油方向应有良好的密封。另外，单向阀的动作应灵敏，工作时没有撞击和噪声。单向阀的弹簧仅用于克服阀芯运动时的摩擦阻力使阀芯在阀座上就位。因此，弹簧刚度一般都选得较小，使阀正向开启的压力仅需 $0.03\sim0.05$ MPa。

(2) 单向阀常装在液压泵的出口处，防止系统中的液压冲击影响泵的工作及系统停止工作时，系统油液经泵倒流回油箱。

(3) 改换刚度较大的弹簧，使阀的开启压力达到 $0.2\sim0.6$ MPa，可作背压阀使用。

(4) 单向阀还可以用来分隔油路，防止油路间的相互干扰。单向阀和其他阀组合，可组成复合阀。

使用单向阀时应注意以下事项：

(1) 在选用单向阀时，除了根据需要合理选择开启压力外，可还应特别注意工作流量与阀的额定流量相匹配，因为当通过单向阀的流量远小于额定流量时，单向阀有时会产生振动。流量越小，开启压力越高，油中含气越多，越容易产生振动。

(2) 安装时，需认清单向阀的进、出口方向，以免影响液压系统的正常工作。特别对于液压泵出口处安装的单向阀，若反向安装可能损坏液压泵及原动机。

单向阀的主要性能参数有：阀的额定流量、正向最小开启压力、正向流动时的压力损失以及反向泄漏量等。

2. 液控单向阀

液控单向阀的结构如图 5.6(a)所示，液控单向阀由阀体、弹簧、阀芯、液控部分组成。

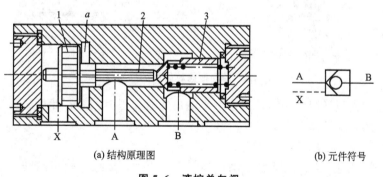

(a) 结构原理图　　　　　　　　(b) 元件符号

图 5.6　液控单向阀

1—活塞；2—顶杆；3—阀芯

工作原理：液控单向阀是一种通入控制压力油后即允许油液双向流动的单向阀，如图 5.6(a)所示。当控制口 X 处无压力油通入时，它的工作机制和普通单向阀一样；压力油只能从通口 A 流向通口 B，不能反向倒流；当控制口 X 有控制压力油时，活塞右移，推动顶杆顶开阀芯，使油口 A 和 B 接通，油液就可在两个方向自由通流。此时液控单向阀相当于一条通路。

元件符号：图 5.6(b)所示为液控单向阀的元件符号。

液控单向阀因控制活塞泄油液方式的不同而有内泄式和外泄式两种，如图 5.7 所示。内泄式液控单向阀其控制油口 X 的开启压力受 A 口压力的影响，当 A 口压力较大时宜采用外泄式的液控单向阀。

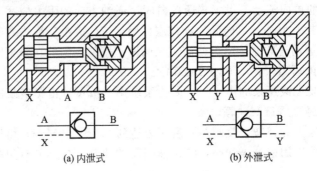

图 5.7　两种液控单向阀

在高压系统中，液控单向阀反向开启前，B 口的压力很高，所以单向阀反向开启的控制压力也很高。为了减小控制压力，可以采用带卸荷阀芯的液控单向阀，如图 5.8 所示。

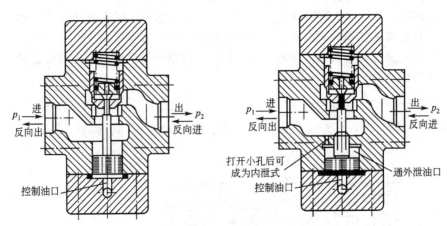

图 5.8　带卸荷阀芯的液控单向阀

控制活塞首先顶开卸荷阀芯，使进、出油口连通，压力相等，然后再开启主阀芯，这样开启主阀芯的力就不需要太大。

液控单向阀主要应用于以下场合：

(1) 液控单向阀使立式缸活塞浮动。如图 5.9 所示，通过液控单向阀往立式缸的下腔供油，活塞上行。停止供油时，因有液控单向阀，活塞靠自重不能下行，于是可在任一位置浮动。将液控单向阀的控制口加压后，活塞即可靠自重下行。若此立式下行为工作行程，可同时往缸的上腔和液控单向阀的控制口加压，则活塞下行，完成工作行程。

(2) 两个液控单向阀使液压缸双向闭锁。如图 5.10 所示，若 A 为高压进油管，B 为低压排油管，对液控单向阀 1 而言，油是正向通过的，A 中的压力同时控制液控单向阀 2，液控单向阀 2 也构成通路，活塞右行。同理，若 B 管为高压，A 管为低压，则活塞左行。

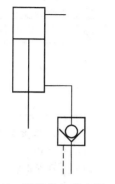
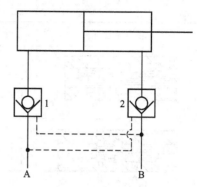

图 5.9 液控单向阀应用一　　　　图 5.10 液控单向阀应用二

当 A、B 管连通油箱时,阀 1 和阀 2 均闭锁。此时活塞不管是受正向负载力还是反向负载力,因缸两腔的油均被封死,活塞不能运动,形成了缸的双向闭锁。

液控单向阀的主要性能参数有:阀的额定流量、正向最小开启压力、正向流动时的压力损失和反向开启最小控制压力。阀的反向流动的压力损失比正向流动的压力损失小些。

5.2.2 换向阀

1. 换向阀的工作原理和基本结构

换向阀是利用阀芯与阀体相对位置的改变,使油路通、断或变换液流的方向,从而控制液压执行机构的启动、停止或换向,如图 5.11 所示。

在图示位置,液压缸两腔不通压力油,处于停止状态;若使换向阀的阀芯左移,阀体上的油口 P 和 A 连通,B 和 T 连通。压力油经 P—A 进入液压缸左腔,右腔油液经 B—T 回油箱,活塞右移。反之,活塞便左移。阀芯的左右移动是通过控制部分实现的。这种换向阀的阀芯和阀体之间的运动是相对直线运动,所以又称滑阀;如阀芯和阀体的相对运动是回转运动,则称为转阀。

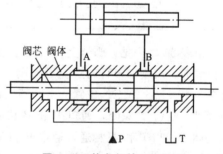

图 5.11 换向阀的工作原理

换向阀的分类主要是依据控制方式和滑阀的位置数、通路数进行。换向阀按控制方式分类见表 5-1,本书主要分析滑阀部分的结构类型。换向阀由阀芯(柱形阀芯、叶片式阀芯)、阀体、回位弹簧和控制部分组成。阀体和阀芯是滑阀式换向阀的结构主体,表 5-2 所列为其最常见的结构形式。

表 5-2 滑阀式换向阀的主体结构形式

名称	结构原理图	元件符号	使用场合
二位二通阀			控制油路的连通与切断(相当于一个开关)

(续)

名称	结构原理图	元件符号	使用场合	
二位三通阀	(A P B)	A B / P	控制液流方向（从一个方向变换成另一个方向）	
二位四通阀	(A P B T)	A B / P T	不能使执行元件在任一位置停止运动	执行元件正反向运动时回油方式相同
三位四通阀	(A P B T)	A B / P T	能使执行元件在任一位置停止运动	
二位五通阀	(T_2 A P B T_1)	A B / T_1 P T_2	不能使执行元件在任一位置停止运动	执行元件正反向运动时回油方式不同
三位五通阀	(T_2 A P B T_1)	A B / T_1 P T_2	能使执行元件在任一位置停止运动	

由表 5-2 可见，阀体上开有多个通口，阀芯相对于阀体移动后可以停留在不同的工作位置上。以表中末行的三位五通阀为例，阀体上有 P、A、B、T_1、T_2 五个通口，阀芯有左、中、右三个工作位置。当阀芯处在图示中间位置时，五个通口都关闭；当阀芯移向左端时，通口 T_2 关闭，通口 P 和 B 相通，通口 A 和 T_1 相通；当阀芯移向右端时，通口 T_1 关闭，通口 P 和 A 相通，通口 B 和 T_2 相通。这种结构形式由于具有使五个通口都关闭的工作状态，故可使受它控制的执行元件在任意位置上停止运动，且有两个回油口，可得到不同的回油方式。

2. 换向阀的"通"和"位"及元件符号代表的意义

"通"和"位"是换向阀的重要概念，不同的"通"和"位"构成了不同类型的换向阀。通常所说的"二位阀"、"三位阀"是指换向阀的阀芯有两个或三个不同的工作位置。所谓"二通阀"、"三通阀"、"四通阀"，是指换向阀的阀体上有两个、三个、四个各不相通且可与系统中不同油管相连的油道接口，不同油道之间只能通过阀芯移位时阀口的开关来沟通。

常用的"通"和"位"滑阀式换向阀主体结构形式和元件符号见表 5-2。

元件符号的含义如下：

(1) 用方框数目表示阀的工作位置，有几个方框就表示有几"位"。

(2) 方框内的箭头"↗"表示油路处于接通状态，但箭头方向不一定表示液流的实际方向。

(3) 方框内符号"⊥"或"⊤"表示该油路不通。

(4) 同一个方框内的接通或封闭符号与方框的交点数表示阀的"通"路数。

(5) 一般阀与系统供油路连接的进油口用字母 P 表示；阀与系统回油路连接的回油口用 T 表示；而阀与执行元件连接的油口用 A、B 等表示。有时用 L 表示泄油口。

(6) 换向阀都有两个或两个以上的工作位置，其中一个为常态位，即阀芯未受到操纵力时所处的位置。元件符号中的中位是三位阀的常态位。利用弹簧复位的二位阀则以靠近弹簧的方框内的通路状态为其常态位。绘制系统图时，油路一般应连接在换向阀的常态位置上。

3. 滑阀机能

滑阀式换向阀处于中间位置或原始位置时，阀中各油口的连通方式称为换向阀的滑阀机能。滑阀机能直接影响执行元件的工作状态，不同的滑阀机能可满足系统的不同要求。正确选择滑阀机能是十分重要的。这里介绍二位二通和三位四通换向阀的滑阀机能。

1) 二位二通换向阀的滑阀机能

二位二通换向阀(图 5.12)两个油口之间的状态只有两种：通或断。

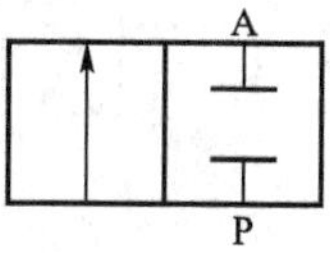

2) 三位四通换向阀的滑阀机能

三位四通换向阀的滑阀机能(又称中位机能)有很多种，各通口间不同的连通方式，可满足不同的使用要求。三位四通换向阀常见的滑阀机能型号、元件符号及其特点见表 5-3。

图 5.12 二位二通换向阀的机能

表 5-3 三位四通换向阀的滑阀机能

滑阀机能	元件符号	中位油口状况、特点及应用
O 型	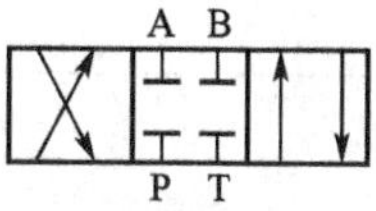 (A B / P T)	P、A、B、T 四口全封闭，液压泵不卸荷。液压缸封闭
H 型	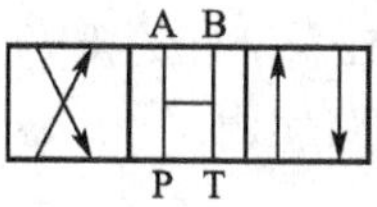 (A B / P T)	四口互通，活塞处于浮动状态，在外力作用下可移动，用于泵卸荷
Y 型	 (A B / P T)	P 口封闭，A、B、T 三口相通，活塞浮动，在外力作用下可移动，液压泵不卸荷
K 型	 (A B / P T)	P、A、T 相通，B 口封闭，活塞处于闭锁状态，用于泵卸荷
M 型	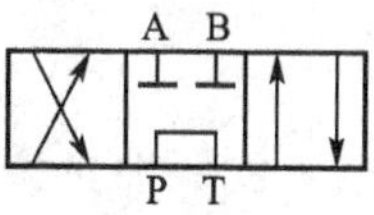 (A B / P T)	P、T 相通，A 与 B 均封闭，活塞闭锁不动，用于泵卸荷，也可用多个 M 型换向阀并联工作

(续)

滑阀机能	元件符号	中位油口状况、特点及应用
X 型		四油口处于半开启状态，泵基本上卸荷，但仍保持一定压力
P 型		P、A、B 相通，T 封闭，泵与缸两腔相通，可组成差动回路
J 型		P 与 A 封闭，B 与 T 相通，活塞处于停止位置，泵仍保压
C 型		P 与 A 相通，B 与 T 皆封闭，活塞处于停止位置
N 型		P 和 B 皆封闭，A 与 T 相通；与 J 型机能相似，只是 A 与 B 互换了，功能也类似
U 型		P 和 T 都封闭，A 与 B 相通；活塞浮动，在外力作用下可移动，用于泵保压

3) 滑阀机能的选择

在分析和选择阀的滑阀机能时，通常考虑以下几点：

(1) 系统保压：当 P 口封闭，系统保压，液压泵能用于多缸系统。当 P 口与 T 口在半开启状态下接通时(如 X 型)，系统能保持一定的压力供控制油路使用。

(2) 系统卸荷：P 口通畅地与 T 口接通时，系统卸荷。

(3) 换向平稳性和精度：当通液压缸的 A、B 两口都封闭时，换向时易产生液压冲击，换向不平稳，但换向精度高；当 A、B 两口都通 T 口时，换向时工作部件不易制动，换向精度低，但液压冲击小。

(4) 液压缸"浮动"和在任意位置上的停止：阀在中位，当 A、B 两口互通时，卧式液压缸呈"浮动"状态；当 A、B 两口封闭或与 P 口连接(在非差动情况下)，则可使液压缸在任意位置处停下来。

(5) 启动平稳性：阀在中位时，液压缸某腔如通油箱，则启动时，该腔内因油液无压力，启动不平稳，易冲击。

4) 换向阀的过渡机能

除滑阀机能外，有的系统还对阀芯换向过程中各油口的连通方式，即过渡机能提出了要求。根据过渡位置各油口连通状态及阀口节流形式可派生出其他滑阀机能。过渡过程虽只有一瞬间,且不能形成稳定的油口连通状态,但其作用不能忽视。如换位过程中,二位四通阀的四个油口若能半开启,则可减小换向冲击,同时使 P 口保持一定压力,此即 X 型过渡机能,元件符号如图 5.13(a)所示;图 5.13(b)为具有 HMH 型过渡机能的二位四通阀元件符号。换向阀的过渡机能加长了阀芯的行程,过长的阀芯行程不仅影响到电磁换向阀的动作可靠性,还延长了动作时间,所以电磁换向阀一般都是标准的换向机能而不设计为过渡机能;只有液动(或电液动)换向阀才设计成不同的过渡机能。

图 5.13 换向阀的过渡机能

4. 换向阀的操纵控制方式

1) 手动换向阀

手动换向阀主要有弹簧复位和钢球定位两种形式。图 5.14(a)所示为钢球定位式三位四通手动换向阀,操纵手柄推动阀芯相对阀体移动,通过钢球使阀芯停留在不同的位置上。

图 5.14(b)所示为弹簧自动复位式三位四通手动换向阀,通过手柄推动阀芯,要想使阀芯维持左位或右位,手必须扳住手柄不放,一旦松开了手柄,阀芯会在弹簧力的作用下,自动弹回中位。

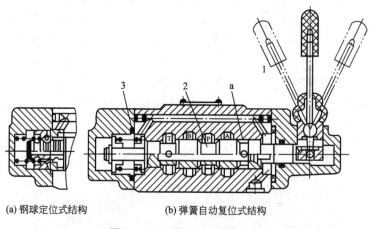

(a) 钢球定位式结构　　　(b) 弹簧自动复位式结构

图 5.14 三位四通手动换向阀
1—手柄;2—阀芯;3—复位弹簧

图 5.15 所示为旋转式手动换向阀,旋转手柄可通过螺杆推动阀芯改变工作位置,这种结构具有体积小、调节方便等优点。

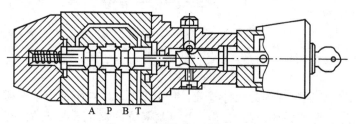

图 5.15 旋转式手动换向阀

三位四通O形定位和弹簧复位式手动换向阀的元件符号，如图5.16所示。

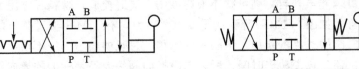

(a) 三位四通O形带定位式手动换向阀　　　　(b) 三位四通O形弹簧复位式手动换向阀

图5.16　手动换向阀元件符号

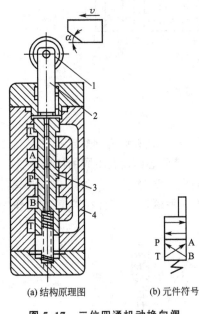

(a) 结构原理图　　(b) 元件符号

图5.17　二位四通机动换向阀

1—滚轮；2—顶杆；3—阀芯；4—阀体

2) 机动换向阀

机动换向阀又称行程阀，它是用挡铁或凸轮推动阀芯移动来实现换向。图5.17所示为二位四通机动换向阀的结构原理及符号。这种阀必须安装在运动部件附近，装在运动部件一侧的挡块或凸轮移动到预定位置时就压下阀芯，从而控制油路的工作状态。

机动换向阀通常是弹簧复位式的二位阀，结构简单，动作可靠，精度高，改变挡块的迎角 α 或凸轮外形，可获得合适的换位速度。

3) 电磁换向阀

电磁换向阀是利用电磁铁吸力操纵阀芯换位的方向控制阀。图5.18所示为三位四通电磁换向阀的结构原理图。阀的两端各有一个电磁铁和一个对中弹簧。当右端电磁铁得电吸合时，衔铁通过推杆将阀芯推至左端，换向阀就在右位工作；左端电磁铁得电吸合时，换向阀就在左位工作。

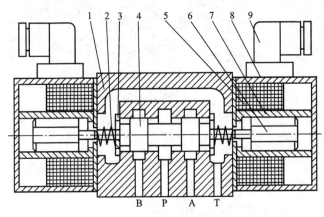

图5.18　三位四通电磁换向阀

1—阀体；2—弹簧；3—弹簧座；4—阀芯；5—线圈；
6—衔铁；7—隔套；8—壳体；9—插头组件

图5.19是二位四通电磁阀的元件符号，其中图5.19(a)所示为单电磁铁弹簧复位式，图5.19(b)所示为双电磁铁钢球定位式。无弹簧复位的双电磁铁两位阀，在电磁铁失电

后,电磁阀仍保持得电时的状态,减少了电磁铁的通电时间。此外当电源有故障时,电磁阀仍保持原工作状态,这种"记忆"功能,适用于连续作业的自动化机械和自动生产线,在机床液压系统中,液压夹紧夹具也常采用此阀。

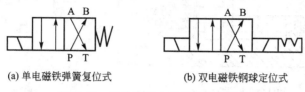

(a) 单电磁铁弹簧复位式　　　　(b) 双电磁铁钢球定位式

图 5.19　二位四通电磁阀的元件符号

阀用电磁铁根据所用电源的不同,有交流电磁铁、直流电磁铁和本整流电磁铁三种。

交流电磁铁一般使用 220 V 交流电。交流电磁铁的优点是启动力较大,换向时间短(0.01~0.07s)。但换向冲击大,工作时温升高(故其外壳设有散热筋),噪声大,换向频率低(约 30 次/分),当阀芯被卡住或由于电压低等原因吸合不上时,线圈易烧坏。故交流电磁铁的可靠性较差,寿命较短。

直流电磁铁一般使用 24V 直流电压。优点是不会因阀芯卡住而烧坏线圈,体积小,工作可靠,允许切换频率为 120 次/分,换向冲击小,使用寿命较长。但启动力比交流电磁铁小,换向时间长(0.1~0.15s)。

本整流型指交流本机整流型,这种电磁铁上附有二极管整流线路和冲击电压吸收装置,具有半波整流功能,可以直接使用交流电源供电,具有直流电磁铁的结构和特性。

不管是直流电磁铁还是交流电磁铁,都可做成干式的、油浸式的或湿式的。

干式电磁铁的线圈、铁心与轭铁处于空气中不和油接触,电磁铁与阀连接时,在推杆的外周有密封圈。由于回油有可能渗入对中弹簧腔中,因此阀的回油压力不能太高。此类电磁铁附有手动推杆,一旦电磁铁发生故障时可手动使阀芯换位。此类电磁铁是简单液压系统常用的一种形式。

油浸式电磁铁的线圈和铁心都浸在无压油液中,推杆和衔铁端部都装有密封圈,油可帮助线圈散热,且可改善推杆的润滑条件,所以寿命远比干式电磁铁长。因有多处密封,此种电磁铁的灵敏性较差,造价较高。

湿式电磁铁又称耐压式电磁铁,它和油浸式电磁铁的不同之处是推杆处无密封圈。线圈和衔铁都浸在有压油液中,故散热好,摩擦小。因油液的阻尼作用而减小了切换时的冲击和噪声,所以湿式电磁铁具有噪声小、寿命长、温升低等优点,是目前应用最广的一种电磁铁。

由于电磁铁的吸力有限(120N),因此电磁换向阀只适用于流量不太大的场合。当流量较大时,需采用液动或电液动控制。

4) 液动换向阀

液动换向阀是利用控制压力油来改变阀芯位置的换向阀。对三位阀而言,按阀芯的对中形式,分为弹簧对中型和液压对中型两种。图 5.20(a)所示为弹簧对中型三位四通液动换向阀结构原理图,阀芯两端分别接通控制油口 K_1 和 K_2。当 K_1 通压力油时,阀芯右移,P 与 A 通,B 与 T 通;当 K_2 通压力油时,阀芯左移,P 与 B 通,A 与 T 通;当 K_1 和 K_2 都不通压力油时,阀芯在两端对中弹簧的作用下处于中位。图 5.20(b)所示为其元件符号图。当对液动滑阀换向平稳性要求较高时,还应在滑阀两端 K_1、K_2 控制油路中加装阻尼调节器。

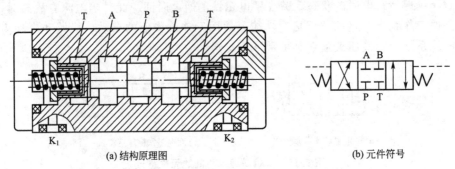

(a) 结构原理图 (b) 元件符号

图 5.20 弹簧对中型三位四通液动换向阀

5）电液换向阀

电液换向阀是由电磁阀和液动阀结合在一起构成的一种组合式换向阀。在电液换向阀中，电磁阀起先导控制作用（称先导阀），用于控制液动换向阀的动作和工作位置；液动换向阀作为主阀，用于控制液压系统中的执行元件。图 5.21 所示为两端带主阀芯行程调节机构的三位四通电液换向阀的结构示意图。电液换向阀主要用在流量超过电磁换向阀额定流量的液压系统中。

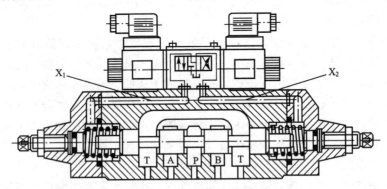

图 5.21 三位四通电液换向阀

电液换向阀的工作原理：可通过图 5.21 和图 5.22 所示的详细元件符号加以说明，常态时先导阀和主阀皆处于中位，控制油路和主油路皆不进油。当左电磁铁得电时，先导阀处于左位工作，控制油自 X 口经先导阀到主阀芯右端油腔，推动主阀芯换向，使主阀切换到右位工作，主阀芯右端油腔回油经先导阀及泄油口 Y 流回油箱，此时主油路油口 P 和 A、B 和 T 相通。当先导阀左电磁铁失电、右电磁铁得电时，则主油路油口换接，P 和 B、A 和 T 相通，实现液流的换向。

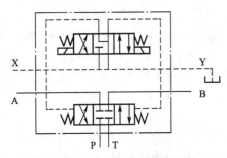

图 5.22 电液换向阀的元件符号

下面对电液换向阀的一些控制部分作一介绍。

（1）换向阀中的先导阀（电磁阀）一般是三位四通 Y 型。

（2）阻尼调节器又称换向时间调节器，它是一叠加式单向节流阀，可叠放在先导阀与主阀之间，消除执行元件的换向冲击。

（3）阀芯行程调节机构调节主阀芯换位移动的行程和阀口的开度，以调节主阀的流量。

(4) 预压阀：以内控方式供油的电液换向阀，常在主阀的进油孔中插装一个预压阀（即一具有硬弹簧的单向阀），使在卸荷状态下仍有一定的控制油压，以操纵主阀芯换向。

(5) 控制、回油方式：按控制压力油及其回油方式的不同，电液换向阀有外供外回、外供内回、内供外回、内供内回四种类型。

6) 电磁球阀

电磁球阀的工作原理如图 5.23(a) 所示，当电磁铁失电时，弹簧通过右推杆将钢球压在左阀座上。此时 P 口与 A 口互通，A 口与 T 口不通。当电磁铁得电后，通过杠杆和左推杆，将钢球压在右阀座上，P 口和 A 口断开，P 口和 T 口接通。该阀是常开式二位三通电磁换向阀。其元件符号如图 5.23(b) 所示。

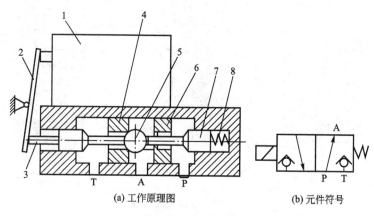

(a) 工作原理图　　(b) 元件符号

图 5.23　电磁球阀

1—电磁铁；2—杠杆；3—左推杆；4—左阀座；5—钢球；6—右阀座；7—右推杆；8—弹簧

球阀的优点是密封性好，不存在液压卡紧力，对油液污染的承受能力强，只要钢球移动，马上就形成流油开口，反应速度快。球阀的开口量比圆柱阀的小，为 0.4～0.6mm，从而缩短了换向和复位时间，提高了反应速度和换向频率。一般电磁球阀的换向时间为 0.03～0.04s，复位时间为 0.02～0.03s。换向频率可达 250 次/分或更高。

5.3　压力控制阀

在液压传动系统中，调整系统压力的大小或利用压力作为信号来控制其他动作的液压阀统称为压力控制阀，简称压力阀。这类阀的共同点是利用作用在阀芯上的液压力和弹簧力相平衡的原理工作，这两种力的大小关系不同使阀处于不同的工作状态。常见的压力控制阀的类型如图 5.24 所示。

5.3.1　溢流阀

溢流阀是通过阀口的溢流使被控制系统或回路的压力维持恒定，实现稳压、调压或限压的作用。溢流阀按其工

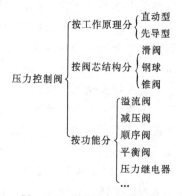

图 5.24　压力控制阀的类型

作原理分为直动型和先导型两种。

1. 结构原理

1) 直动型溢流阀

图 5.25(a)所示为直动型溢流阀的工作原理图。系统的压力油从进油口 P 接入，则作用在阀芯上的力有上端的弹簧力和进油口的压力。

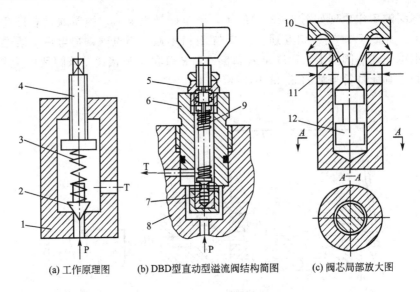

(a) 工作原理图　　(b) DBD型直动型溢流阀结构简图　　(c) 阀芯局部放大图

图 5.25　直动型溢流阀

1—阀体；2—锥阀芯；3、9—弹簧；4—调节螺钉；5—上盖；6—阀套；7—阀芯；
8—插块阀体；10—偏流盘；11—阀锥；12—阻尼活塞

上端的弹簧力为

$$F_S = k_S x_C$$

式中，x_C 为弹簧的预压缩量；k_S 为弹簧刚度。

进油口油液的压力 $F_Y = pA$。当进油口油液压力不高时，$F_S > F_Y$，锥阀芯 2 被弹簧 3 紧压在阀体 1 的孔口上，阀口关闭；当进油口油压升高到能克服弹簧力时，$F_S < F_Y$，锥阀芯被推开使阀口打开，油液就由进油口 P 流入，经节流再从回油口 T 流回油箱（溢流），进油压力就不会继续升高。当通过溢流阀的流量变化时，阀口开度即弹簧压缩量也随之改变。但在弹簧压缩量变化甚小的情况下，可以认为阀芯上 $F_S = F_Y$，即得 $p = k_S x_C / A$，溢流阀进口处的压力基本保持定值。调节螺钉 4 改变弹簧预压缩量，可调整溢流阀的溢流压力。

这种溢流阀因压力油直接作用于阀芯，故称直动型溢流阀，直动型溢流阀一般只用于低压小流量处，因控制较高压力或较大流量时，需要装刚度较大的硬弹簧或阀芯开启的距离较大，不但手动调节困难，而且阀口开度（弹簧压缩量）轻微变化便引起较大的压力波动和不稳定，所以系统压力较高时宜采用先导型溢流阀。

图 5.25(b)所示为德国力士乐公司的 DBD 型直动型溢流阀的结构简图。图中锥阀下部为减振阻尼活塞，见图 5.25(c)所示的局部放大图。这种阀是一种性能优异的直动型溢流阀，其静态特性曲线较为理想，接近直线，其最大调节压力为 40MPa。这种阀的溢流特性

好,通流能力也较强,既可作为安全阀又可作为溢流稳压阀使用。该阀阀芯 7 由阻尼活塞 12、阀锥 11 和偏流盘 10 三部分组成 [图 5.25(c)]。在阻尼活塞的一侧铣有小平面,以便压力油进入并作用于底端。阻尼活塞作用有两个:导向和阻尼,保证阀芯开启和关闭时既不歪斜也不偏摆振动。阻尼活塞与阀锥之间有一与阀锥对称的锥面,故阀芯开启时,流入和流出油液对两锥面的稳态液动力相互平衡。此外,在偏流盘的上侧支承着弹簧,下侧表面开有环形槽,用以改变阀口开启后回油射流的方向。对这股射流运用动量方程可知,射流对偏流盘轴向液流力的方向正与弹簧力相反,当溢流量及阀口开度增大时,弹簧力虽然增大,但与之反向的液流力亦增大,相互抵消,反之亦然。因此该阀能自行消除阀口开度变化对压力的影响,该阀所控制的压力基本不受溢流量变化的影响。锥阀和球阀式阀芯结构简单,密封性好,但阀芯和阀座的接触应力大。

2) 先导型溢流阀

图 5.26(a)所示为一种板式连接的先导型溢流阀的结构原理图。由图可见,先导型溢流阀由先导阀和主阀两部分组成。先导阀是一个小规格的直动型溢流阀,主阀阀芯是一个具有锥形端部、中心开有阻尼小孔的锥形阀芯。

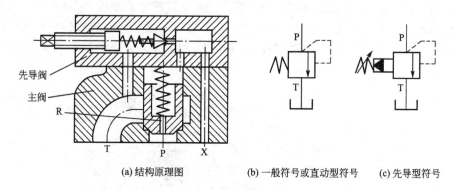

(a) 结构原理图　　(b) 一般符号或直动型符号　　(c) 先导型符号

图 5.26　先导型溢流阀

在图 5.26(a)中,油液从进油口 P 进入,经阻尼孔 R 到达主阀弹簧腔,并作用在先导阀锥阀芯上。当进油压力不高时,液压力不能克服先导阀的弹簧阻力,先导阀口关闭,阀内无油液流动,这时主阀芯因前后腔油压相同,故被主阀弹簧压在阀座上,主阀口关闭;当进油压力升高到先导阀弹簧的预调压力时,先导阀口打开,主阀阀弹簧腔的油液流过先导阀口并经阀体上的通道和回油口 T 流回油箱。这时油液流过阻尼小孔 R,产生压力损失,使主阀芯两端形成了压力差。主阀阀芯在此压差作用下克服弹簧阻力向上移动,使进、回油口连通,达到溢流稳压的目的。调节先导阀的调压螺钉,便能调整溢流压力。更换不同刚度的调压弹簧,便能得到不同的调压范围。

溢流阀的元件符号如图 5.26(b)、(c)所示。其中,图 5.26(b)所示为溢流阀的一般符号或直动型溢流阀的符号;图 5.26(c)所示为先导型溢流阀的符号。

先导型溢流阀的阀体上有一个远程控制口 X,即为图 5.26(a)中的外控口 X,当将此口通过二位二通阀接通油箱时 [图 5.27(a)],主阀阀芯上端的弹簧腔压力接近于零,主阀阀芯在很小的压力下便可移到上端,阀口开至最大,这时系统卸荷。如果将 X 口接到另一个远程调压阀上(其结构和主阀的先导阀一样),并使远程调压阀的开启压力小于先导阀的调定压力,则主阀阀芯上端的压力就由远程调压阀来决定。使用远程调压阀后便可对系统的溢流压力实行远程调节 [图 5.27(b)]。

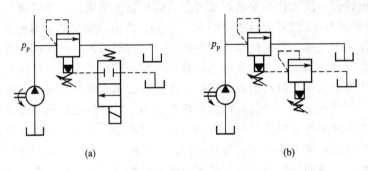

图 5.27　先导型溢流阀远程控制口的应用

根据连续性方程可知，流经阻尼孔的流量即为流出先导阀的流量。先导阀的作用是控制和调节溢流压力，主阀的作用则在于溢流。因为通过先导阀油液的流量只是经过阻尼孔的油液泄油量，其阀口直径较小，即使在较高压力的情况下，作用在锥阀芯上的液压力也不大，因此调压弹簧的刚度不必很大，压力调整也就比较轻便。主阀阀芯因两端均受油压作用，主阀弹簧只需很小的刚度(产生的弹簧力能够克服阀芯的摩擦阻力)即可。当溢流量变化引起弹簧压缩量变化时，进油口的压力变化不大，故先导型溢流阀的稳压性能优于直动型溢流阀，但其灵敏度低于直动型溢流阀。图 5.28 所示为先导型溢流阀的一种典型结构。

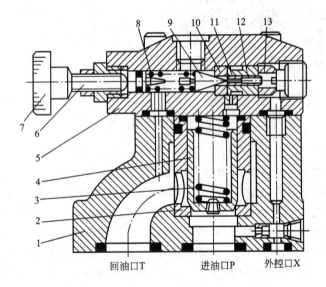

图 5.28　先导型溢流阀的一种典型结构

1—阀体；2—主阀套；3—弹簧；4—主阀阀芯；5—先导阀阀体；6—调节螺钉；7—调节手轮；
8—弹簧；9—先导阀阀芯；10—先导阀阀座；11—柱塞；12—导套；13—消振垫

2. 溢流阀的静态特性

所谓静态特性，是指元件或系统在稳定工作状态下的性能。溢流阀的静态特性主要是指压力-流量特性和启闭特性。

1) 压力-流量特性

溢流阀的压力-流量特性(p-q 特性)又称溢流特性，表征溢流量随进口压力的变化情况，即稳压性能。理想的溢流特性曲线应是一条平行于流量坐标轴的直线，即进油压力 p 达到调压弹簧所确定的压力后立即溢流，且不管溢流量多少，压力始终保持恒定。但溢流量的变化会引起阀口开度变化，即弹簧压缩量的变化，故进口压力不可能恒定。为便于分析问题，下面以图 5.25(a)为例先推导直动型溢流阀的 p-q 特性方程式。当溢流阀稳定工作时，作用在阀芯上的力是平衡的。

如令 p 为进口处的压力（在稳定状态下它就是阀芯底端进油口的压力），A 为阀芯承压面积，F_S 为弹簧作用力，F_g 为阀芯重力，F_{bs} 为作用在阀芯上的轴向稳态液动力，F_f 为摩擦力，则当阀垂直安放时，阀芯上的受力平衡方程为

$$pA = F_S + F_g + F_{bs} + F_f \tag{5-1}$$

在一般情况下，可以略去阀芯自重 F_g、摩擦力 F_f 和稳态液动力 F_{bs}。则上式可简化为

$$p = \frac{F_S}{A} \tag{5-2}$$

可见溢流阀进口处压力主要由弹簧力决定。假设弹簧力变化相当小，则由上式可知溢流阀进口处的压力基本保持定值。然而，在弹簧力调整好之后，溢流阀工作时进口处压力还是会发生微小变化的，这是因为溢流阀流量变化时，阀口开度 x_R 的变化影响弹簧压紧力和稳态液动力的缘故。x_C 为弹簧调整时的预压缩量，k_S 为弹簧刚度，则由式(5-2)有：

$$p = \frac{F_S}{A} = \frac{k_S(x_C + x_R)}{A} \tag{5-3}$$

当溢流阀刚开始溢流时（即阀口将开未开时），$x_R = 0$，这时进口处的压力 p_C 称为溢流阀的开启压力，其值为

$$p_C = \frac{k_S}{A} x_C \tag{5-4}$$

当溢流量增加时，阀口开度加大，p 值亦加大。当溢流阀通过额定流量 q_N 时，这时进口压力 p_N 称为溢流阀的调定压力或全流压力。全流压力与开启压力之差称为静态调压偏差，而开启压力与全流压力之比称为开启比。溢流阀的开启比越大，它的静态调压偏差就越小，所控制的系统压力便越稳定。

溢流阀溢流时通过阀口的流量 q 可由下式求出：

$$q = C_q A_0 \sqrt{\frac{2\Delta p}{\rho}}$$

式中，$A_0 = W x_R$，W 为阀的面积梯度，x_R 为阀的开口长度（简称阀的开度）；二者乘积为阀的开口面积。C_q 为流量系数；Δp 为溢流阀压差；ρ 为油液密度。

$\Delta p = p$，则由式(5-3)和式(5-4)可得

$$q = \frac{C_d A W}{k_S}(p - p_C)\sqrt{\frac{2p}{\rho}} \tag{5-5}$$

这就是直动型溢流阀的"压力-流量"特性方程。任设一适当的 x_C 值代入式(5-4)，便得一对应的开启压力 p_C 值，进而可画出它的曲线，称为溢流特性曲线，如图 5.29 所示。溢流阀的理想溢流特性曲线最好是一条在 p_T 处平行于流量坐标的直线，即仅在 p 达到 p_T，且不管溢流量多少，压力始终保持在 p_T 值上。实际溢流阀的特性不可能是这样的，而只能要求它的特性曲线尽可能接近这条理想曲线。直动型溢流阀中流量变化对系统压力的影响一般是 0.2～0.4MPa。

对先导型溢流阀来说，对应于式(5-4)的公式为

$$p = \frac{F_S + p'}{A} = \frac{k_S(x_C + x_R) + p'}{A} \tag{5-6}$$

式中，p' 为主阀阀芯上端的压力（即先导阀的调定压力），其值由先导阀弹簧的压紧力决定；其余符号意义同前。

当先导阀弹簧调整好之后，在溢流时主阀阀芯上端的压力 p' 基本上是个定值，此值与 p 值很接近（两者间之差值为油液通过阻尼孔的压降），所以主阀弹簧力只要能克服阀芯的摩擦力就行，主阀弹簧可以做得较软。当溢流量变化引起主阀阀芯位置变化时，F_S 值变化较小，因而 p 的变化也较小。先导型溢流阀的特性曲线由两段组成，如图 5.29(a) 所示。AB 段由先导阀的 p-q 特性决定，此时先导阀刚开启而主阀阀芯仍封闭；BC 段由主阀的 p-q 特性决定。即 A 点对应的压力是先导阀的开启压力，拐点 B 对应的压力为主阀的开启压力。先导型比直动型特性曲线要平缓得多，即先导型溢流阀的开启比都比直动型大，静态调压偏差比直动型小。

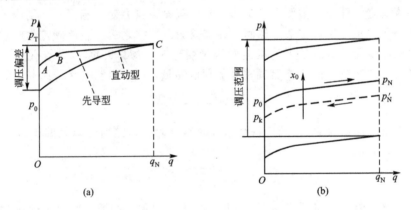

图 5.29　溢流阀的静态特性

2）启闭特性

溢流阀开启和闭合全过程中的 p-q 特性称为启闭特性。由于溢流阀的阀芯在工作中受到摩擦力的作用，阀口开大和关小时的摩擦力方向刚好相反，因此阀在工作时不可避免地会出现黏滞现象，使阀开启和闭合时的特性产生差异。在相同的溢流量下，开启压力大于闭合压力，如图 5.29(b) 的中间一对曲线所示，实线为开启曲线，虚线为闭合曲线。阀口完全关闭时的压力称为闭合压力，以 p_k 表示，p_k 与 p_N 之比称为闭合比。在某溢流量下，两曲线压力坐标的差值（如 $p_N - p_N'$，$p_C - p_k$）称为不灵敏区，因压力在此范围内升降时，阀口开度无变化。它的存在加剧了压力波动。不灵敏区使受溢流阀控制的系统的压力波动范围增大。另外先导型溢流阀的不灵敏区比直动型溢流阀小。

为保证溢流阀具有良好的启闭特性，一般规定开启比应不小于 90%，闭合比不小于 85%。应当说明的是，图 5.29 所示的静态特性一般通过实验获得，并规定：先把溢流阀调到全流量时的额定压力，在开启过程中，当溢流量增大到额定流量的 1% 时，系统的压力称为阀的开启压力 p_C。在闭合过程中，当溢流量减小到额定流量的 1% 时，系统的压力称为阀的闭合压力 p_k。

3. 溢流阀的要求及应用

对溢流阀的主要要求是：调压范围大，调压偏差小，压力波动小，动作灵敏，过流能力大，噪声小。

在液压系统中，溢流阀的主要用途有(参看回路中的内容)：
(1) 作溢流阀，使系统压力恒定；
(2) 作安全阀，对系统起过载保护作用；
(3) 作背压阀，接在系统回油路上形成一定的回油阻力，改善执行元件的运动平稳性；
(4) 实现远程调压或使系统卸荷。

5.3.2 减压阀

减压阀主要用于降低系统某一支路的油液压力，使其获得一个较主系统低的稳定的工作压力。例如当系统中的夹紧支路、控制支路或润滑支路需要一个稳定的低压时，只需在该支路上串联一个减压阀即可。

减压阀的特点是出口压力恒定，不受入口压力、出口负载及通过流量大小等的影响。

按结构，减压阀亦有直动型和先导型之分。直动型减压阀在系统中较少单独使用，先导型减压阀则应用较多。普通减压阀能使出口压力降低并保持恒定，故称定值输出减压阀，通常简称减压阀。此外还有定差减压阀和定比减压阀等，这里不作讨论。

1. 减压阀工作原理和结构

图 5.30(a)所示为直动型减压阀的工作原理图，图 5.30(b)所示为直动型或一般减压阀的元件符号。

当阀芯处在原始位置上时，阀口是打开的，阀的进出口沟通，阀芯由出口处的压力控制，出口压力未达到调定压力时阀口全开；当出口压力达到调定压力时，阀芯上移，阀口关小。如忽略其他阻力，仅考虑阀芯上的液压力和弹簧力相平衡的条件，则可以认为出口压力基本上维持在某一固定的调定值上。这时如出口压力减小，则阀芯下移，阀口开大，阀口处阻力减小，压降减小，使出口压力回升到调定值上；反之如出口压力增大，则阀芯上移，阀口关小，阀口处阻力加大，压降增大，使出口压力下降到调定值上。

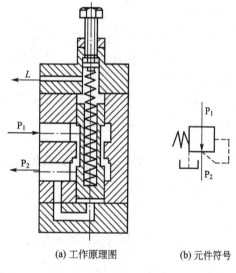

(a) 工作原理图　　(b) 元件符号

图 5.30　直动型减压阀

图 5.31(a)所示为先导型减压阀的结构图，图 5.31(b)所示为先导型减压阀元件符号。阀的端盖上装有缓冲活塞，防止出口压力突然减小时主阀阀芯产生撞击，减缓出口压力的波动。

先导型减压阀和先导型溢流阀的区别主要表现在以下几个方面：
(1) 减压阀保持出口处压力基本不变，而溢流阀则保持进口处压力基本不变。
(2) 正常时，减压阀进出口互通，为常通；而溢流阀进出口不通，为常闭。
(3) 为保证减压阀出口压力的调定值恒定，导阀弹簧腔需通过泄油口单独外接油箱外泄；而溢流阀的出油口是通油箱的，所以导阀弹簧腔和泄漏油可通过阀体上的通道和出油口连通，不必单独外接油箱。

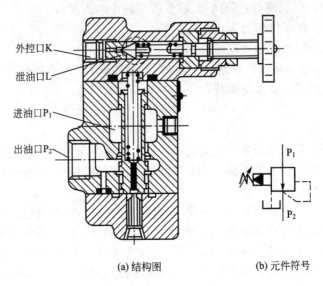

(a) 结构图　　　　　　(b) 元件符号

图 5.31　先导型减压阀

2. 静态特性

理想的减压阀在进口压力、流量发生变化或出口负载增加时，其出口压力 p_2 总是稳定不变的，但实际上 p_2 是随 p_1、q 的变化或负载变化而有所改变的。故减压阀的静态特性主要有 p_2-p_1 特性和 p_2-q 特性。

以直动型减压阀为例，若忽略减压阀阀芯的自重、摩擦力和稳态液动力，则阀芯上的力的平衡方程为

$$p_2 A = k_S(x_C - x_R) \tag{5-7}$$

式中，x_C 为当阀芯开口 $x_R = 0$ 时的弹簧的预压缩量。

由此得：

$$p_2 = \frac{k_S(x_C - x_R)}{A} \tag{5-8}$$

当 $x_R \ll x_C$ 时，则式(5-8)可写为

$$p_2 \approx \frac{k_S}{A} x_C = \text{const} \tag{5-9}$$

对先导型减压阀来说，对应于式(5-8)的公式为

$$p_2 = p' + \frac{k_S(x_C - x_R)}{A} \tag{5-10}$$

当 $x_R \ll x_C$ 且 k_S 很小时，则式(5-10)可写为

$$p_2 \approx p' + \frac{k_S}{A} x_C = \text{const} \tag{5-11}$$

式中，p' 为主阀阀芯上端的压力(即先导阀的调定压力)，其值由先导阀弹簧的压紧力决定；其余符号意义同前。

式(5-9)和式(5-11)证明了减压阀出口压力可基本上保持定值的原理。

图 5.32 所示为减压阀静态特性曲线。图 5.32(a)为 p_2-p_1 特性曲线，各曲线的拐点(转折点)是阀芯开始动作的点，拐点所对应的压力 p_2 即该曲线的调定压力。当出口压力 p_2 小于

其调定压力时，$p_2 = p_1$；当出口压力 p_2 大于其调定压力时，p_2 维持不变。图 5.32(b) 为 p_2-q 特性曲线，当 p_1 处于图中影线区间时，随着 q 的增加，p_2 略有下降。

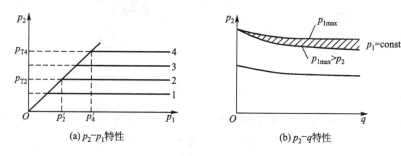

图 5.32 减压阀的静态特性

当减压阀不输出油液时，压力基本上仍能保持恒定。此时有少量的油液通过减压阀开口经先导阀和泄油管流回油箱，以保持该阀处于工作状态。

5.3.3 顺序阀

顺序阀是利用液压系统的压力变化来控制油路的通断，从而实现多个执行元件按一定的顺序动作的。顺序阀是个信号转换元件，它对液压系统的压力不起控制作用。顺序阀按结构不同分为直动型和先导型；按控制油来源不同有内控式和外控式；按泄油方式不同分为内泄式和外泄式。

1. 工作原理

图 5.33 所示为一种直动型内控顺序阀的工作原理图。压力油由进油口经阀体和下盖的小孔流到控制活塞的下方。不考虑阀芯的自重及阀芯移动的摩擦阻力，当进口油压较低时，阀芯在弹簧的作用下处于下部位置，这时进出油口不通；当进口压力增大到预调数值以后，阀芯底部受到的液压力大于弹簧力，阀芯上移，进出油口连通，压力油就从顺序阀流过。顺序阀的开启压力可用调压螺钉调节。控制活塞的直径很小，阀芯受到的向上推力不大，所用的平衡弹簧不需太硬，这样可使阀在较高的压力下工作。

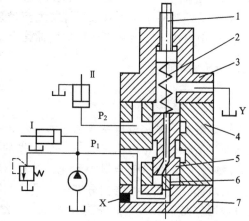

图 5.33 直动型内控顺序阀的工作原理
1—调压螺钉；2—弹簧；3—阀盖；4—阀体；
5—阀芯；6—控制活塞；7—下盖

在顺序阀结构中，当控制油直接引自进油口时（如图 5.33 所示的通路情况），这种控制方式称为内控；若控制油不是来自进油口，而是从外部油路引入，这种控制方式称为外控；当阀的泄油口接油箱时，这种泄油方式称为外泄；泄油可经内部通道并入阀的出油口，这种泄油方式称为内泄。

顺序阀元件符号如图 5.34 所示。实际应用中，不同控泄方式可通过变换阀的下盖或上盖的安装方位来获得。

例如对图 5.33 所示的顺序阀，将下盖旋转 90°安装，并打开外控口 X 的堵头，就可

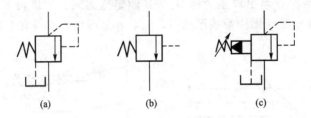

图 5.34 顺序阀的元件符号

使内控式变成外控式。同样,若将上盖旋转安装,并堵塞外泄口 Y,就可使外泄式变为内泄式。在图 5.34 所示的元件符号中,要注意一般或直动型符号与先导型符号的差异。

图 5.34(a)为内控外泄式顺序阀的符号或一般符号;图 5.34(b)为外控内泄式顺序阀的符号或一般符号;图 5.34(c)为内控外泄式先导型顺序阀的符号。

先导型顺序阀的结构与先导型溢流阀类似,差别在于溢流阀出口通油箱,其出口压力为零,先导阀口可内部泄油,顺序阀出口通向有压力的油路,故必须专设泄油口,使先导阀的泄油流回油箱,否则将无法正常工作。另外顺序阀的弹簧一般较软。

2. 性能

顺序阀为使执行元件准确地实现顺序动作,要求阀的调压偏差小,故调压弹簧的刚度宜小。阀在关闭状态下的内泄漏量也要小。

3. 应用

顺序阀在液压系统中的应用主要有以下几个方面:
(1) 控制两个和两个以上执行元件的顺序动作;
(2) 与单向阀组成平衡阀,保持垂直放置的液压缸不因自重而下落;
(3) 用外控顺序阀使双泵系统的大流量泵卸荷;
(4) 用内控顺序阀接在液压缸回油路上,增大背压,以使活塞的运动速度稳定。

5.3.4 压力继电器

1. 工作原理及结构

压力继电器是将液压系统的压力信号转换成电信号的信号转换元件。它在系统压力达到其设定值时,发出电信号给下一个动作的控制元件(如实现泵的加载或卸荷,执行元件的顺序动作,系统的安全保护和连锁等)。任何压力继电器都由压力—位移转换装置和微动开关两部分组成。按结构分有柱塞式、弹簧管式、膜片式和波纹管式四类,其中以柱塞式最常用。图 5.35 为柱塞式压力继电器的结构原理图和元件符号图。

压力油从油口 P 通入,作用在柱塞(阀芯)的底部,若其压力达到弹簧的调定值时,便克服弹簧阻力和柱塞表面摩擦力及重力,推动柱塞上升,通过顶杆合上微动开关,发出电信号。

2. 压力继电器的性能参数

(1) 调压范围:指能发出电信号的最低工作压力和最高工作压力的范围。
(2) 灵敏度和通断调节区间:压力升高继电器接通电信号的压力(称开启压力)和压力

第 5 章 液压控制阀

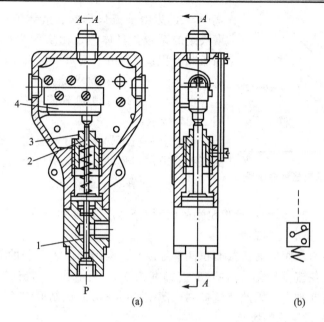

图 5.35 柱塞式压力继电器
1—柱塞；2—顶杆；3—调节螺钉；4—微动开关

下降继电器复位切断电信号的压力(称闭合压力)之差为压力继电器的灵敏度。为避免压力波动时继电器时通时断，要求开启压力和闭合压力间有一可调节的一定的差值，称为通断调节区间。

（3）重复精度：在一定的设定压力下，多次升压(或降压)过程中，开启压力和闭合压力本身的差值称为重复精度。

（4）升压或降压动作时间：压力由卸荷压力升到设定压力，微动开关触点闭合发出电信号的时间，称为升压动作时间，反之称为降压动作时间。

5.4 流量控制阀

流量控制阀是通过改变阀口通流面积的大小或通流通道的长短以改变液阻来控制通过阀的流量，达到调节执行元件(缸或马达)运动速度(或转速)的目的。

按照结构和原理的不同，流量控制阀的分类如图 5.36 所示。

5.4.1 节流阀

1. 节流口的流量特性

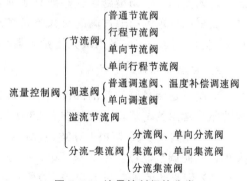

图 5.36 流量控制阀的分类

节流阀的结构形式决定节流口的流量特性。实际的节流口不外乎是薄壁孔、细长孔或短孔，据流体力学知识可知，节流口通过的流量均可以用下面的通式来描述，即

$$q = K_T A_T (p_1 - p_2)^\phi = K_T A_T \Delta p^\phi \tag{5-12}$$

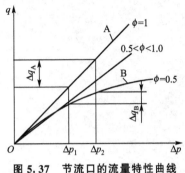

图 5.37 节流口的流量特性曲线

式中，K_T 为由节流口形状、液体流态、油液性质等因素决定的系数，具体数值由实验得出；A_T 为节流口的通流截面积；ϕ 为由节流口形状决定的节流阀指数，其值为 0.5～1.0，由实验求得。

由式(5-12)可得到节流口的流量特性曲线，如图 5.37 所示。

由以上分析可知，通过节流阀的流量与节流口前后的压差、节流口形状等因素密切相关。

2. 影响流量稳定性的因素

由式(5-12)可知，影响流量稳定性的因素有压力、温度和节流口的形状等。

1) 压力对流量稳定性的影响

在使用中，当节流阀的通流截面积调整好以后，实际上由于负载的变化，节流口前后的压差亦在变化，使流量变化。由式(5-12)和图 5.37 可看出，节流口的 ϕ 越大，Δp 的变化对流量的影响亦越大，因此节流口制成薄壁孔($\phi \approx 0.5$)比制成细长孔($\phi \approx 1$)更好。

2) 温度对流量稳定性的影响

油温的变化引起黏度变化，从而对流量产生影响，这在细长孔式节流口上是十分明显的。对薄壁孔式节流口来说，当雷诺数 Re 大于临界值时，流量系数 C_q 不受油温影响；但当压差和通流截面积小时，C_q 与 Re 有关，流量要受到油温变化的影响。

3) 最小稳定流量和流量调节范围

当节流口的通流截面积小到一定程度时，在保持所有因素都不变的情况下，通过节流口的流量也会出现周期性的脉动，甚至造成断流，这就是节流口的阻塞现象。节流口的阻塞会使液压系统中执行元件的速度不均匀。因此每个节流阀都有一个能正常工作的最小流量，称为节流阀的最小稳定流量。

节流口发生阻塞的主要原因是由于油液中含有杂质或油液因高温氧化后析出的胶质、沥青等黏附在节流口的周围，当附着层达到一定厚度时，就会造成节流阀断流，产生阻塞现象。可以采用水力半径大的节流口，选择化学稳定性(抗氧化性)好的油液，注意精细过滤、定期换油等预防措施，这些都有助于防止节流口阻塞。

流量调节范围指通过阀的最大流量和最小流量之比，一般在 50 以上，高压流量阀则在 10 左右。有些阀也采用最大流量与最小流量的实际值来表征阀的流量调节范围。

3. 常用节流口的形式

节流口是流量阀的关键部位，节流口的形式及其特性在很大程度上决定着流量控制阀的性能。常用的节流口形式如图 5.38 所示。

(1) 针阀式节流口如图 5.38(a)所示，当针阀作轴向移动时，即可改变环形节流口的大小，从而调节流量。该结构简单，一般用于对性能要求不高的场合。

(2) 偏心式节流口如图 5.38(b)所示，该形式的节流口是在阀芯上开一个截面为三角形(或矩形)的偏心槽，转动阀芯，即可改变节流口的大小，从而调节流量。这种节流口的性能与针阀式节流口相同，容易制造，缺点是阀芯上受径向不平衡力。一般用于压力较低和流量稳定性要求不高的场合。

(3) 轴向三角槽式节流口如图 5.38(c)所示，在阀芯端部开有斜的三角槽，轴向移动

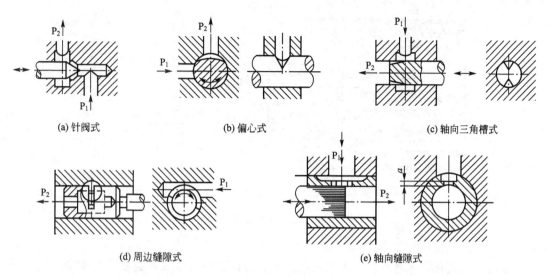

图 5.38　节流口形式

阀芯就可以改变三角槽通流面积，从而调节流量。适用于高压场合。

(4) 周边缝隙式节流口如图 5.38(d) 所示，该形式的节流口是在阀芯上开有狭缝，油液可以通过狭缝流入阀芯内孔再经 P_2 流出，旋转阀芯可以改变缝隙式节流口的大小。该形式的节流口可以获得较小的最小稳定流量，但阀芯上受径向不平衡力，故只能在低压节流阀中采用。

(5) 轴向缝隙式节流口如图 5.38(e) 所示，在套筒上开有轴向缝隙，轴向移动阀芯可改变缝隙通流面积的大小。该节流口可以做成单薄刃或双薄刃式结构，因此流量对温度变化不敏感。另外，这种节流口水力半径大，小流量时稳定性好，可用于性能要求较高的场合。

4. 液压系统对流量控制阀的要求

(1) 较大的流量调节范围，且流量调节要均匀；
(2) 当阀前、后压差发生变化时，通过阀的流量变化要小，以保证负载运动的稳定；
(3) 油温变化对通过阀的流量影响要小；
(4) 液流通过全开阀时压力损失要小；
(5) 当阀口关闭时，阀的泄漏量要小；
(6) 调节应轻便、准确。

5. 普通节流阀

1) 结构与工作原理

图 5.39(a) 所示为一种普通节流阀的结构简图。

这种节流阀的节流通道呈轴向三角槽式。油液从进油口 P_1 流入，经孔道 a 和阀芯左端的三角槽进入孔道 b，再从出油口 P_2 流出。调节手把通过推杆使阀芯做轴向移动，改变节流口的通流截面积来调节流量。阀芯在弹簧的作用下始终贴紧在推杆上。图 5.39(b) 为普通节流阀的元件符号。

2) 特点与应用

普通节流阀的流量调节仅靠一个节流口调节，其流量的稳定性受压力和温度的影响较

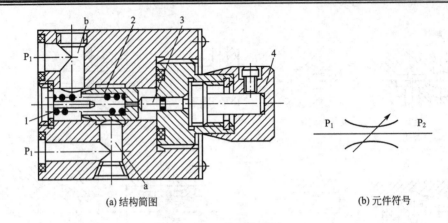

(a) 结构简图   (b) 元件符号

图 5.39 普通节流阀

1—弹簧；2—阀芯；3—推杆；4—调节手把；a、b—孔道

大。普通节流阀在液压系统中，主要与定量泵、溢流阀组成节流调速系统。调节节流阀的开口，便可调节执行元件运动速度的大小。

5.4.2 调速阀

1. 工作原理

图 5.40 所示为调速阀的结构、原理和符号。从图中可以看出，它是由定差减压阀与节流阀串联而成的组合阀，节流阀用来调节通过的流量，定差减压阀则自动补偿负载变化的影响，使节流阀前后的压差为定值，从而消除了负载变化对流量的影响。

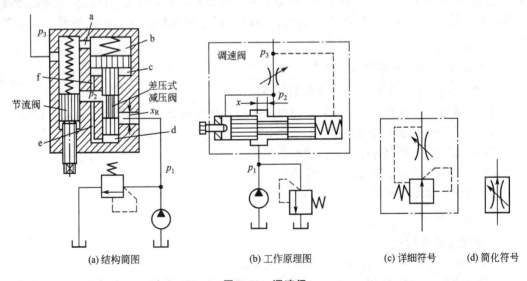

(a) 结构简图   (b) 工作原理图   (c) 详细符号   (d) 简化符号

图 5.40 调速阀

在图 5.40(a) 中，液压泵出口（即调速阀进口）压力 p_1 由溢流阀调整，基本上保持恒定；调速阀出口处的压力由活塞上的负载 F 决定。当 F 增大时，调速阀进出口压差 (p_1-p_3) 将减小，如在系统中装的是普通节流阀，则由于压差的变动，影响通过节流阀的流量，因而活塞运动的速度不能保持恒定。但调速阀是在节流阀的前面串接了一个定差减压阀，使油

液先经减压阀产生一次压力降,将压力降到 p_2。

利用减压阀阀芯的自动调节作用,使节流阀前后压差(p_3-p_2)基本上保持不变。减压阀阀芯上端的油腔 b 通过孔道 a 和节流阀后的油腔相通,压力为 p_3,而其肩部腔 c 和下端油腔 d,通过孔道 f 和 e 与节流阀前的油腔和减压阀芯下端相通,压力为 p_2。活塞上负载 F 增大时,p_3 也增大,于是作用在减压阀阀芯上端的液压力增大,阀芯下移,减压阀的开口加大,压降减小,因而使 p_2 也增大,结果使节流阀前后的压差(p_3-p_2)保持不变。反之亦然。这样就使通过调速阀的流量恒定不变,活塞运动的速度稳定,不受负载变化的影响。

图 5.40(b)为调速阀的工作原理图,图中左下侧的调节装置为行程限位器,其作用是,当调速阀用于机床等进给系统时,在工作进给以外的动作循环和停机阶段,调速阀内无油液通过,两端无压差,减压阀芯被弹簧压在最左端,减压阀口全开。调速阀重新启动时,油液大量通过,造成节流阀两端有很大的瞬时压差,以致瞬时流量过大使液压缸前冲,这种现象称为启动冲击。启动冲击会降低加工质量,甚至使机件损坏。因此有的调速阀在减压阀阀体上装有可调的行程限位器,以限制未工作时的减压阀口开度。新开发的产品中有一种预控(或外控)调速阀,它在减压阀左腔中通入控制油,目的是使减压阀口在未工作时不致开得太大。

图 5.40(c)、(d)所示为调速阀的元件符号图,其中图 5.40(c)所示为详细的符号,其大致表达了调速阀由定差减压阀与节流阀串联而成的原理。而图 5.40(d)所示则为简化的符号。

上述调速阀是先减压后节流型的结构。调速阀也可以是先节流后减压型的,两者的工作原理和作用情况基本上相同。

2. 静态特性

图 5.41 所示为调速阀和节流阀的静态特性。调速阀阀芯的受力平衡方程为

$$p_2 A_1 + p_2 A_2 = p_3 A + F_S \tag{5-13}$$

式中,A_1、A_2、A 分别为 d、c、b 腔内压力油作用于阀芯的有效面积,且 $A = A_1 + A_2$。于是有

$$p_2 - p_3 = \frac{F_S}{A} \tag{5-14}$$

因为弹簧刚度较低,且工作过程中减压阀阀芯位移较小,可认为弹簧力 F_S 基本保持不变,故节流阀两端的压差为定值,这样就保证了通过节流阀的流量稳定。

调速阀的 q 与 Δp 间的关系曲线(即静态特性或流量特性)如图 5.41 所示。

图 5.41 中也显示出了普通节流阀的流量特性,以供比较。调速阀有减压阀和节流阀两个液阻串联,在正常工作时,至少要有 0.4~0.5MPa 的压差。这是因为在压差很小时,减压阀阀芯在弹簧作用下处于最下端位置,阀口全开,不能起到稳定节流阀前后压差的缘故。这里的压差为整个调速阀的压差,即 $\Delta p = p_1 - p_3$。

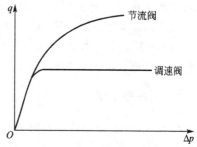

图 5.41 调速阀和节流阀的静态特性

3. 调速阀的流量温度补偿

图 5.40 中的调速阀仅消除了负载变化对流量的影响，但温度变化带来的影响依然存在。对速度稳定性要求高的系统，所用的调速阀应带有流量的温度补偿装置，即使用温度补偿的调速阀。温度补偿调速阀与普通调速阀的结构基本相似，主要区别在于前者的节流阀阀芯上连接着一根温度补偿杆，如图 5.42 所示。

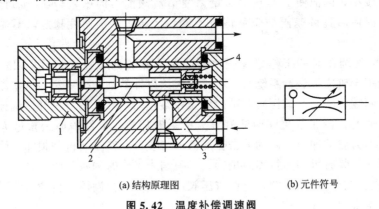

(a) 结构原理图　　　　　(b) 元件符号

图 5.42　温度补偿调速阀
1—手柄；2—温度补偿杆；3—节流口；4—节流阀芯

当温度变化时，流量本来会有变化，但由于温度补偿杆的材料为温度膨胀系数大的聚氯乙烯塑料，温度升高时长度增加，使阀口减小，反之则开大，故能维持流量基本不变（在 20~60℃ 范围内流量变化不超过 10%）。图示阀芯的节流口采用了薄刃孔型式，它能减小温度变化对流量稳定性的影响。

4. 调速阀的应用场合及注意事项

调速阀的优点是流量稳定性好，缺点是压力损失大。常用在负载变化大，对速度控制精度要求较高的定量泵供油的节流调速系统中，有时也用于变量泵供油的容积节流调速液压系统中。在定量泵供油节流调速液压系统中，可与溢流阀配合组成串联节流（进口节流、出口节流、进出口节流）和并联（旁路）节流调速回路。

在使用调速阀时应注意以下几个问题：
(1) 调速阀通常不能反向使用，否则，定差减压阀将不起压力补偿器作用。
(2) 为了保证调速阀正常工作，应注意调速阀工作压差应大于阀的最小压差。高压调速阀的最小压差一般为 1MPa，而中低压调速阀的最小压差一般为 0.5MPa。
(3) 流量调整好后，应锁定手柄位置，以免改变调好的流量。
(4) 在接近最小稳定流量下工作时，建议在系统中调速阀的进口侧设置管路过滤器，以免阀阻塞而影响流量的稳定性。

5.4.3　溢流节流阀

图 5.43 所示为溢流节流阀的结构示意图。它由差压式溢流阀和节流阀并联而成，能保证通过阀的流量基本上不受负载变化的影响。

由图 5.43 可见，进口处高压油 p_1，一部分通过节流阀的阀口由出油口处流出，将压力降到 p_2；另一部分通过溢流阀的阀口溢回油箱。溢流阀上端的油腔 a 与节流阀后的压力油 p_2 相通，下端的油腔 b 与节流阀前的压力油 p_1 相通，当出口压力 p_2 增大时，阀芯下移，

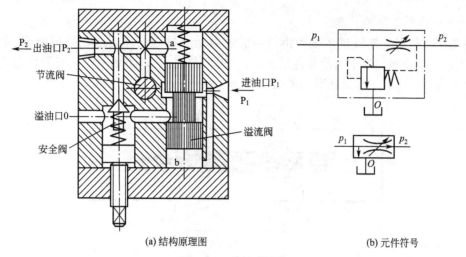

(a) 结构原理图　　　　　　(b) 元件符号

图 5.43　溢流节流阀

关小阀口,这样就使进口处压力 p_1 增加,因而节流阀前后的压差 (p_1-p_2) 基本上保持不变。反之亦然。

溢流节流阀上附有安全阀,当出口处压力 p_2 增大到大于等于安全阀的调整压力时,安全阀便打开,使 p_2 不再升高,防止系统的过载。溢流节流阀是通过 p_1 随 p_2 的变化来使流量基本上保持恒定的。这和上述调速阀的情况不同,调速阀不管装在执行元件的进油路上或回油路上,执行元件负载变化时,泵出口处压力都由溢流阀保持不变。但使用溢流节流阀时,如执行元件负载变化,泵出口处压力亦随之变化,因而使系统功率损耗低,发热量小。但溢流节流阀中流过的流量比调速阀大(一般是系统的全部流量),阀芯运动时阻力较大,弹簧较硬,其结果使节流阀前后压差 Δp 加大(须达 0.3～0.5MPa),因此速度稳定性稍差。

5.4.4　分流-集流阀

在液压工程中由于种种原因,有时会遇到下述情况:由一个泵分别向两个以上的液压执行机构供油,每个执行机构带动一个工作负载,要求无论负载如何变化,执行元件必须保持运动同步状态。若这些执行机构的位移或转角相同,则称执行机构位置同步;若执行机构的速度或角速度相同,则称执行机构速度同步。这里只讨论利用分流-集流阀解决执行机构速度同步问题。

分流-集流阀是分流阀、集流阀和分流-集流阀的总称。它是使阀的两个出流或入流流量相等,从而实现执行元件的速度同步,故又称同步阀。它们的元件符号如图 5.44 所示。

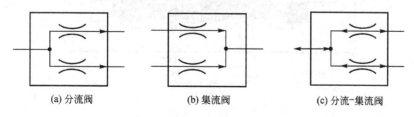

(a) 分流阀　　　　(b) 集流阀　　　　(c) 分流-集流阀

图 5.44　分流-集流阀元件符号

1. 分流阀的工作原理

分流阀的作用是使液压系统中由同一能源向两个执行元件供应相同的流量(等量分流),或按一定比例向两个执行元件供应流量(比例分流),以实现两个执行元件的速度同步或成定比关系。其工作原理图如图5.45所示。

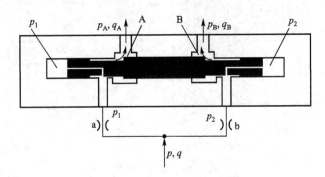

图 5.45 分流阀的工作原理图

设进油口压力为 p,流量为 q,分两路流过两个等面积的固定节流孔 a 和 b 后,压力分别降为 p_1 和 p_2,再分别经两个可变节流口 A 和 B 后流出,出油口压力分别为 p_A 和 p_B;同时,压力 p_1 和 p_2 的油液还经阀芯上的内部通道作用在阀芯的两端。若出口负载相等,则 $p_A = p_B$,而阀的两分流支道又完全对称,所以支道的流量 $q_A = q_B$,可以使两执行元件同步。当负载变化导致 $p_A > p_B$ 时,若阀芯仍处在中间位置,则 $p - p_A < p - p_B$,必导致流量 $q_A < q_B$,$p_1 > p_2$。此时阀芯在不平衡液压力的作用下右移,节流口 A 增大,B 减小,从而使 q_A 增大,q_B 减小,直到 $q_A \approx q_B$,$p_A \approx p_B$ 为止,阀芯在新的位置重新平衡,即两执行元件速度达到同步。

2. 集流阀的工作原理

集流阀的作用是从两个执行元件中收集等流量或按比例的回油量,以实现两个执行元件的速度同步或成定比关系。其工作原理图如图5.46所示。两个进油口的压力和流量分别为 p_A、p_B 及 q_A、q_B,出油口压力和流量分别为 p 和 q。当负载变化导致 $p_A > p_B$ 时,若阀芯仍处于中间位置,则必使 $p_1 > p_2$,阀芯在不平衡液压力的作用下右移,使节流口 A 减小,B 增大,直到 $p_A \approx p_B$,阀芯在新的位置受力平衡。由于两个固定节流孔的面积相等,因此 $q_A \approx q_B$,而不受进油口压力 p_A 和 p_B 变化的影响。

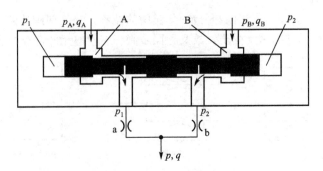

图 5.46 集流阀的工作原理图

3. 分流-集流阀

分流-集流阀兼有分流阀和集流阀的功能，它是利用负载压力反馈并通过阀芯的运动，改变可变节流口的开口面积，从而实现压力补偿。如果分流-集流阀内流体按一个方向流动时起分流作用；则按反方向流动时就起集流作用。图 5.47 所示为分流-集流阀结构原理图。

图 5.48 所示为采用分流-集流阀控制的同步运动的系统回路图。当换向阀 1 工作在左端位置时，两液压马达的回油路分别进入分流-集流阀 2，油液通过分流-集流阀集流，此时后者起集流阀的作用，分流-集流阀控制两个液压马达回油路流量相等，使马达的转速相等；当换向阀 1 工作在右端位置时，油液通过分流-集流阀分流，此时后者起分流阀的作用，分流-集流阀分出的两个油路分别进入两个液压马达，并使进入两个液压马达的流量相等，从而保证马达反方向的转速相等。

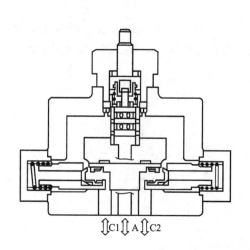

图 5.47　分流-集流阀结构原理图

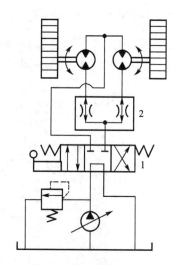

图 5.48　采用分流-集流阀的同步回路图

4. 分流精度及影响因素

分流精度用相对分流误差 ξ 表示。等量分流(集流)阀的分流误差 ξ 表示为

$$\xi = \frac{q_1 - q_2}{q/2} \times 100\% = \frac{2(q_1 - q_2)}{q_1 + q_2} \times 100\% \tag{5-15}$$

一般分流-集流阀的分流误差为 2%～5%，其值的大小与进油口流量的大小和两出口油液压差的大小有关。分流(集流)阀的分流精度还与使用情况有关，如果使用方法适当，可以提高其分流精度，使用方法不适当，会降低其分流精度。

影响分流精度的因素有以下几个方面：

(1) 固定节流口前后的压差对分流误差的影响。压差大时，则对流量变化反应敏感，分流效果好，分流误差小；压差太小时，分流精度低。因此推荐固定节流孔的压差（随具体情况）不低于 0.5～1MPa，但压差也不宜太大，压差太大会使分流阀的压力损失太大。

(2) 两个可变节流孔处的液动力和阀芯与阀套间的摩擦力不完全相等而产生分流误差。

(3) 阀芯两端弹簧力不等引起分流误差。保证阀芯能够恢复中位的前提下，应尽量减少弹簧刚度及阀芯的位移量。

（4）两个固定节流口几何尺寸误差会引起分流误差。

5.5 插 装 阀

本章前面介绍的方向、压力和流量三类普通液压阀，一般功能单一，其通径最大不超过 32mm，而且结构尺寸大，不适应小体积、集成化的发展方向和大流量液压系统的应用要求。因此，20 世纪 70 年代初，出现了一种新型的液压控制阀——插装阀。

插装阀是把作为主控元件的锥阀插装在油路块中组合而形成的阀件，故得名插装阀。它具有通流能力大、密封性能好、抗污染、集成度高和组合形式灵活多样等特点，特别适合大流量液压系统的要求。

5.5.1 插装阀的结构与工作原理

图 5.49 所示为二通插装阀的结构原理图和元件符号，它由控制盖板、插装主阀（阀套、弹簧、阀芯及密封件）、插装块体和先导元件（位于控制盖板上方，图中未画出）组成。

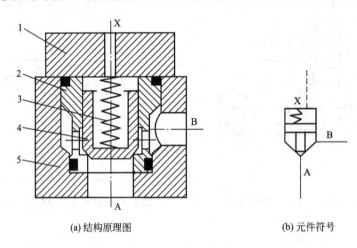

(a) 结构原理图　　　　(b) 元件符号

图 5.49　二通插装阀

1—盖板；2—阀套；3—弹簧；4—阀芯；5—插装块体

插装主阀采用插装式连接，阀芯为锥形。根据不同的需要，阀芯的锥端可开阻尼孔或节流三角槽，也可以是圆柱形阀芯。盖板将插装主阀封装在插装块体内，并沟通先导阀和主阀。通过主阀阀芯的启闭，可对主油路的通断起控制作用。

使用不同的先导阀可构成方向控制阀、压力控制阀或流量控制阀，并可组成复合控制阀。若干个不同控制功能的二通插装阀可组成液压回路，进而组成液压系统。

1. 插装方向控制阀

就工作原理而言，一个二通插装阀相当于一个液控单向阀，只有 A 和 B 两个主油路通口（所以称为二通阀），X 为控制油路通口。设 A、B、X 油口的压力及其作用面积分别为 p_A、p_B、p_X 和 A_1、A_2 和 A_3，$A_3 = A_1 + A_2$。如不考虑阀芯的重力和液流的液动力，当 $p_A A_1 + p_B A_2 > p_X A_3 + F_S$ 时，阀芯开启，油路 A、B 接通，其中 F_S 为弹簧作用力。

如果阀的 A 口通压力油，B 口为输出口，则改变控制油口 X 的压力便可控制 B 口的输出。当控制油口 X 接油箱时，则 A、B 接通；当控制油口 X 通控制压力 p_X，则 $p_A A_1 + p_B A_2 < p_X A_3 + F_S$ 时，阀芯关闭，A、B 不通。图 5.50 所示为几个二通插装方向控制的示例。

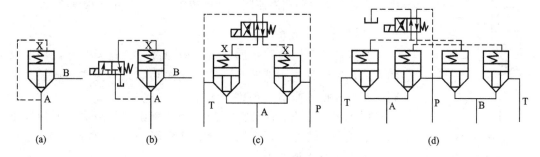

图 5.50 二通插装方向控制示例

图 5.50(a)表示用作单向阀。设 A、B 两腔的压力分别为 p_A 和 p_B，当 $p_A > p_B$ 时，锥阀关闭，A 和 B 不通；当 $p_A < p_B$ 且 p_B 达到一定数值(开启压力)时，便打开锥阀使油液从 B 流向 A(若将图 5.50(a)改为 B 和 X 腔沟通，便构成油液可从 A 流向 B 的单向阀)。

图 5.50(b)用作二位二通换向阀，在图示状态下，锥阀开启，A 和 B 腔连通；当二位二通电磁阀得电且 $p_A > p_B$ 时，锥阀关闭，A、B 油路切断。

图 5.50(c)用作二位三通换向阀，在图示状态下，A 和 T 连通，A 和 P 断开；当二位三通电磁阀得电时，A 和 P 连通；A 和 T 断开。

图 5.50(d)用作二位四通阀，在图示状态下，A 和 T 连通，P 和 B 连通；当二位四通电磁阀得电时，A 和 P 连通，B 和 T 连通。用多个先导阀(如上述各电磁阀)和多个主阀相配，可构成复杂位通组合的二通插装换向阀，这是普通换向阀做不到的。

2. 插装压力控制阀

对 X 腔采用压力控制可构成各种压力控制阀，其结构原理如图 5.51(a)所示。用直动型溢流阀作为先导阀来控制插装阀，在不同的油路连接下便构成不同的压力阀。

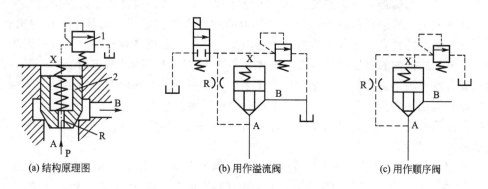

图 5.51 二通插装压力控制阀
1—直动型溢流阀；2—插装阀

图 5.51(b)表示 B 腔通油箱，可用作溢流阀。当 A 腔油压升高到先导阀调定的压力时，先导阀打开，油液流过主阀芯阻尼孔 R 时造成两端压差，使主阀阀芯克服弹簧阻力开启，A 腔压力油便通过打开的阀口经 B 溢流回油箱，实现溢流稳压。当二位二通阀得电时

便可作为卸荷阀使用。

图 5.51(c)表示 B 腔接一有载油路,则构成顺序阀。此外若主阀采用油口常开的圆锥阀芯,则可构成二通减压阀;若以比例溢流阀作先导阀,代替图中直动型溢流阀,则可构成二通电液比例溢流阀。

3. 插装流量控制阀

在二通插装方向控制阀的盖板上增加阀芯行程调节器以调节阀芯的开度,这个方向阀就兼具了节流阀的功能,即构成二通插装节流阀,其元件符号如图 5.52 所示。

若用比例电磁铁取代节流阀的手调装置,则可组成二通插装电液比例节流阀。若在二通插装节流阀前串联一个定差减压阀,就可组成二通插装调速阀。

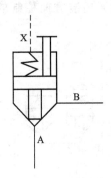

图 5.52 二通插装节流阀元件符号

5.5.2 插装阀的功能

(1)插装主阀结构简单,通流能力大,用通径很小的先导阀与之配合便可构成通径很大的各种二通插装阀,最大流量可达 10000 L/min;

(2)不同功能的阀有相同的插装主阀,一阀多能,便于实现标准化;

(3)泄漏小,便于无管连接,先导阀功率又小,具有明显的节能效果。

二通插装阀广泛用于冶金、船舶、塑料和饮料机械等大流量液压系统中。

5.6 多路换向阀

5.6.1 多路换向阀的类型与机能

多路换向阀是由两个以上的换向阀为主体的组合阀,常用于工程机械、起重运输机械等行走机械上,进行集中控制多个执行元件。

按照阀体的结构形式,多路换向阀分为整体式和分片式。整体式多路换向阀是将各联换向阀及某些辅助阀装在同一阀体内,这种换向阀具有结构紧凑、质量小、压力损失小、压力高、流量大的特点,但阀体铸造技术要求高,比较适合用在相对稳定及大批量生产的机械上。分片式换向阀是用螺栓将进油阀体、各联换向阀体、回油阀体组装在一起,其中换向阀的片数可根据需要加以选择。分片式多路换向阀可按不同使用要求组装成不同的多路换向阀,通用性较强,但密封面多,出现渗油的可能性较大。

按照油路的连接方式,多路阀的组合方式有并联式、串联式和顺序单动式三种,符号表达如图 5.53 所示。

当多路阀为并联式组合 [图 5.53(a)]时,泵可以同时对三个或单独对其中任一个执行元件供油。在对三个执行元件同时供油的情况下,由于负载不同,三者将先后动作。

当多路阀为串联式组合 [图 5.53(b)]时,泵依次向各执行元件供油,第一个阀的回油口与第二个阀的压力油口相连,各执行元件可单独动作,也可同时动作。在三个执行元件同时动作的情况下,三个负载压力之和不应超过泵压。

当多路阀为顺序单动式组合 [图 5.53(c)]时,泵按顺序向各执行元件供油,操作前

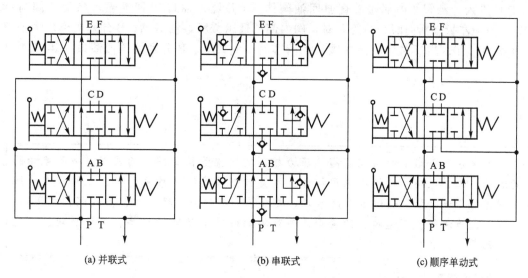

(a) 并联式 (b) 串联式 (c) 顺序单动式

图 5.53 多路换向阀的组合形式符号

一个阀时,就切断了后面阀的油路,从而可以防止各执行元件之间的动作干扰。

5.6.2 多路换向阀的结构

图 5.54 所示为某叉车上采用的组合式多路换向阀的结构原理和元件符号。

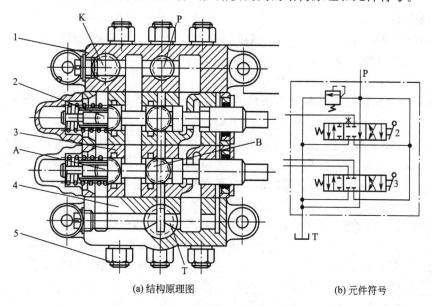

(a) 结构原理图 (b) 元件符号

图 5.54 组合式多路换向阀

1—进油阀体;2—升降换向阀;3—倾斜换向阀;4—回油阀体;5—连接螺栓

该阀由进油阀体 1、回油阀体 4 和中间两片换向阀 2、3 组成,彼此间用螺栓 5 连接在一起。该油路的连接方式为并联连接。在相邻阀体间装有 O 形密封圈。进油阀体 1 内装有溢流阀(图中只画出溢流阀的进口 K)。换向阀为三位六通阀。其工作原理与手动换向阀相同。当换向阀 2、3 的阀芯均未操纵时,在图 5.54(a)所示位置,泵输出的压力油从 P 口进入，经阀体内部通道直通回油阀体 4，并经回油口 T 回油箱，泵处于卸荷状态,；当向左扳动换向阀 3 的阀芯时，阀内卸荷通道截断，油口 A、B 分别接通压力油口 P 和回油口 T；当反向扳动换向阀 3 的阀芯时，油口 A、B 分别接通回油口 T 和压力油口 P。

小　　结

本章分别介绍了方向控制阀、压力控制阀、流量控制阀、插装阀、多路换向阀的结构、工作原理、性能及应用场合。各类控制阀是液压系统的控制元件，在系统中不进行能量转换。通过本章的学习，要求掌握单向阀、换向阀、溢流阀、减压阀、顺序阀、节流阀、调速阀、插装阀、多路换向阀等各类阀的结构、工作原理、性能及应用。

【关键术语】

液压控制阀　方向控制阀　压力控制阀　流量控制阀　单向阀　换向阀　溢流阀　减压阀　顺序阀　节流阀　调速阀　插装阀　多路换向阀　结构原理　性能特点　中位机能

综 合 练 习

一、填空题

1. 液控单向阀又称＿＿＿＿＿，当控制油口＿＿＿＿＿（通，不通）压力油时，油液朝正、反两个方向均可流动，反之，只可正向流动。

2. 双向液压阀的作用有两层含义：一是＿＿＿＿＿，二是＿＿＿＿＿。

3. 液压阀用来控制液压系统中油液的流动方向或调节其压力和流量，液压阀可分为＿＿＿＿＿、＿＿＿＿＿和＿＿＿＿＿三大类。

4. 液压泵卸荷是指＿＿＿＿＿。在三位四通换向阀中，能使液压泵卸荷的中位有＿＿＿＿＿型、＿＿＿＿＿型和＿＿＿＿＿型，能使液压缸双向短时锁紧的中位有＿＿＿＿＿型和＿＿＿＿＿型，能使液压缸单向短时锁紧、单向浮动的中位有＿＿＿＿＿型和＿＿＿＿＿型。

5. 在所有结构的换向阀中，依靠弹簧力恢复原位的有＿＿＿＿＿、＿＿＿＿＿、＿＿＿＿＿、＿＿＿＿＿和＿＿＿＿＿，依靠人力恢复原位的有＿＿＿＿＿和＿＿＿＿＿。

6. 手动式换向阀有＿＿＿＿＿和＿＿＿＿＿两种，它在换向的同时，可兼有＿＿＿＿＿作用。多路换向阀又称＿＿＿＿＿，它是以＿＿＿＿＿为主体，与＿＿＿＿＿、＿＿＿＿＿等组合在一起的组合阀，其目的是为了＿＿＿＿＿和＿＿＿＿＿。

7. 电液换向阀中，主阀为＿＿＿＿＿阀，先导阀为＿＿＿＿＿阀，操作者操作的是＿＿＿＿＿阀，与执行元件相连的是＿＿＿＿＿，电磁阀的中位一定要采用＿＿＿＿＿型或＿＿＿＿＿型。

8. 溢流阀当手柄较紧或＿＿＿＿＿时，阀口未能打开，油液无法通过。反之，油液通过，＿＿＿＿＿近似为常数。与直动型溢流阀相比，先导型溢流阀由于＿＿＿＿＿，压力稳定性较＿＿＿＿＿，阀前压力随＿＿＿＿＿的变化较＿＿＿＿＿。

9. 减压阀能使阀后获得比阀前较_____的稳定_____，使所_____联的_____在"顶住"状态下产生的_____保持恒定。减压阀要实现减压，就必须使_____打开，主阀阻尼小孔油液_____(有，无)流动，主阀口开度_____(减小，不变，增大)；若将调压手柄旋松，则阀_____压力_____(减小，不变，增大)；若阀前压力增大，则阀后压力_____(减小，不变，增大)。若减压阀调定压力为8MPa，实际进口压力为5MPa，则实际出口压力为_____MPa。

10. 顺序阀若控制阀芯动作的油液来自进口，则称为_____控；若出口接外载，则需采用_____泄式，并需在符号中标注_____。根据不同的组合，顺序阀有_____、_____和_____三种。

11. 平衡阀是_____式顺序阀与_____阀的组合，通常安装在载荷_____(下降，上升)时的_____油路上，在制动时起到_____作用，在下降时起到_____作用。

12. 压力继电器是将_____信号转变为_____信号的液压元件。当压力升高或降低至某一调定压力时，接通或切断_____，实现_____或_____。

13. 流量阀的流量特性公式为_____。流量阀所控制的流量由_____调节。为减少_____对流量的影响，应尽量采用_____的阀口形状。单向节流阀在油路中的作用是_____；调速阀由_____和_____串接而成，调节阀中_____阀的阀口大小，也可实现流量调节。

二、问答题

1. 液压控制阀是如何分类的？
2. 什么是泵的卸荷？正确画出三位四通阀O、H、Y、P、K、J、M型中位符号，并分别指出能否实现泵的卸荷以及所控制的液压缸所处的状态。
3. 换向阀常用的操纵方式有哪几种？其复位形式分别是什么？
4. 手动换向阀有哪两种？有何特点？什么是分配阀？
5. 液动换向阀有何特点？
6. 说明先导型溢流阀主阀打开原理。
7. 说明先导型溢流阀远程调压原理。
8. 说明先导型溢流阀卸荷原理。
9. 直动型溢流阀、先导型溢流阀在结构、性能、功用上有哪些相同点和区别？
10. 说明减压阀的减压原理。
11. 减压阀与溢流阀有哪些区别？
12. 顺序阀有哪三种？平衡阀是如何组成的？
13. 平衡阀安装在油路中什么位置？有哪两个作用？其原理分别是什么？
14. 提高流量稳定性的办法有哪些？
15. 说明调速阀的流量稳定原理。
16. 节流阀、调速阀在结构、性能上有哪些相同点和区别？
17. 两个减压阀调整压力不同，串联后的出口压力决定于哪一个减压阀的调整压力？为什么？如将这两个调整压力不同的减压阀并联时，出口压力又决定于哪一个减压阀？为什么？

三、计算题

1. 试说明图 5.55 所示回路中液压缸往复移动的工作原理。为什么换向阀一到中位，液压缸便左右推不动？

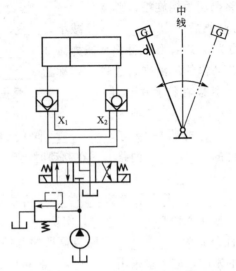

图 5.55 液压缸往复移动示意图

2. 图 5.56 所示系统，若不计管路压力损失，试求各图液压泵的输出压力。

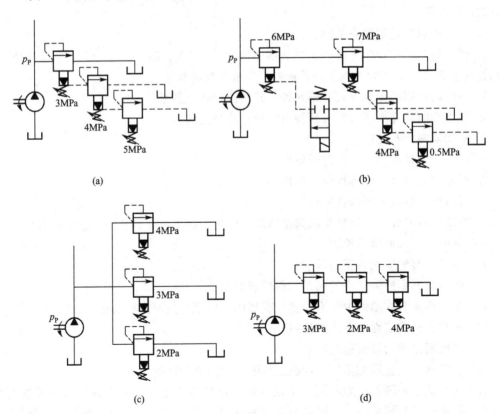

图 5.56 液压系统图

3. 图 5.57 所示液压系统，缸 1、2 的外负载 $F_1=20\text{kN}$，$F_2=30\text{kN}$，有效工作面积都是 $A=50\times10^{-4}\text{m}^2$。要求缸 2 先于缸 1 动作，问：

(1) 顺序阀和溢流阀的调整压力分别为多少？

(2) 不计管路阻力损失，缸 1 动作时，顺序阀进口、出口压力分别为多少？

4. 图 5.58 中所示溢流阀的调定压力为 5MPa，减压阀的调定压力为 2.5MPa，设缸的无杆腔面积 $A=50\times10^{-4}\text{m}^2$，液流通过单向阀和非工作状态下的减压阀时的压力损失分别为 0.2 MPa 和 0.3 MPa。当负载分别为 0kN、7.5kN 和 30kN 时，试问：

(1) 缸能否移动？

(2) A、B、C 三点的压力数值各为多少？

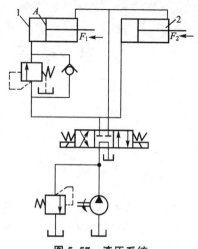

图 5.57　液压系统

5. 图 5.59 所示的减压回路，已知液压缸无杆腔的有效面积均为 $100\times10^{-4}\text{m}^2$，有杆腔的有效面积均为 $50\times10^{-4}\text{m}^2$，当负载为 $F_1=14\text{kN}$，$F_2=4.5\text{kN}$，背压 $p=1.5\times10^5\text{Pa}$，节流阀 2 的压差 $\Delta p=2\times10^5\text{Pa}$ 时，试问：

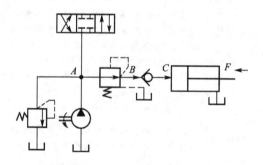

图 5.58　溢流阀调压系统

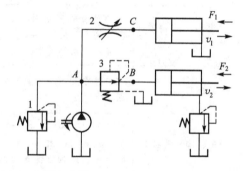

图 5.59　减压回路

(1) A、B、C 各点的压力（忽略管路损失）为多少？

(2) 泵和阀 1、2、3 最小应选多大的额定压力？

(3) 若两缸进给速度分别为 $v_1=3.5\times10^{-2}\text{m/s}$，$v_2=4\times10^{-2}\text{m/s}$，泵和各阀的额定流量应选多大？

(4) 若通过节流阀的流量为 10L/min，通过减压阀的流量为 20 L/min，试求两缸的运动速度。

第6章　液压辅助装置

本章学习目标

★ 了解各种液压辅助元件的结构、分类和工作原理；
★ 熟悉各种液压辅助元件的特点、选择和应用。

本章教学要点

知识要点	能力要求	相关知识
蓄能器、过滤器、密封件	了解蓄能器的作用、结构和工作原理，熟悉其使用和安装；了解过滤器的作用、结构和选用	液压系统的压力均衡，储能器的结构形式，储能器的容量计算方法，液压系统的油液精度，液压系统的密封
热交换器	了解冷却器和加热器的结构形式、特点和选用	液压系统的冷却方式、加热方式和液压系统的油温控制
油箱、油管及接头	了解油箱的结构、特点，油管的种类、特点、选用和安装，油管各种接头的分类、结构、特点和选用	油箱容积、散热面积，油管的种类和特点，油管接头的结构、特点

本章学习方法

本章学习应从对液压系统和元件的正常工作、效率、使用寿命等方面的影响入手，对液压辅助元件的工作原理和性能参数进行分析，结合到工厂参观实习，熟悉各种液压辅助元件的使用方法和适用场合，在此基础上掌握在液压系统设计中对这些液压辅助元件进行正确选择和计算的方法。

第 6 章 液压辅助装置

> **导入案例**

液压站的作用与组成

液压站又称液压泵站，是独立的液压传动装置，它按主机要求供油，并控制油流的方向、压力和流量，它适用于与液压装置可分离的各种液压机械上。用户只要将液压站与主机上的执行机构（油缸或液压马达）用油管相连，液压机械即可实现各种规定的动作，完成工作循环。图 6.1 所示为液压减振器在汽车上的装配图。

液压站不仅有液压泵装置、液压阀组合，还有油箱、过滤器、储能器，及其他各种液压附件。图 6.2 和 6.3 所示分别为液压泵站常用的滤油器和储能器。

图 6.1 液压减振器在汽车上的装配图

图 6.2 滤油器

图 6.3 储能器

油箱不仅储存液压系统工作介质，还散发系统工作中所产生的部分热量，分离混入工作介质中的气体，沉淀其中的污物。储能器是一种能把液压能储存在耐压容器里，待需要时再将其释放出来的装置，在液压系统中起到调节能量、均衡压力、减少设备容积、降低功耗及减少系统发热等作用。

过滤器可过滤液压油液中的杂质，保持液压系统中的油液清洁，是保障液压系统正常工作的不可缺少的重要部件。

液压泵站所用的各种液压附件，包括油管、仪表、开关、管接头、密封件等。图 6.4 所示为常用的一些液压附件。

油管保证液压系统工作液体的循环和能量的传输；管接头可把油管与油管或油管与元件连接起来，构成液压管路系统；仪表显示和观测液压系统中各工作点的压力。

图 6.4 油管及管接头等液压附件

热交换器包括加热器和冷却器，用以保证液压系统油液温度在正常工作范围之内。其中，冷却器保证液压系统油温不高于允许的最高温度，而加热器保证液压系统油温不低于允许的最低温度。

问题：
1. 液压泵站的油箱用来储存液压油液介质，其油液体积为何有一个范围？
2. 油液泵站如何过滤油液中的杂质？
3. 液压泵站为何要安装储能器？
4. 液压泵站一般配备有冷却塔，其主要作用是什么？

液压系统的辅助装置包括蓄能器、过滤器、油箱、冷却器、加热器、密封件、油管及接头等。从液压系统的工作原理上看，这些元件只起辅助作用，但从保证完成液压系统传递力和运动的任务来看，它们却是非常重要的，它们对液压系统和元件的正常工作影响非常大。因此，在设计、制造和使用液压设备时，对辅助装置也必须足够重视。本章将重点介绍液压系统常用的辅助元件的结构、分类及工作原理。

6.1 蓄 能 器

6.1.1 蓄能器的作用

蓄能器又称蓄压器、储能器，它是一种能把液压能储存在耐压容器里，待需要时再将其释放出来的装置。它在液压系统中起到调节能量，均衡压力，减少设备容积，降低功耗及减少系统发热等作用。其具体用途描述如下。

1. 储存能量

图 6.5 所示为油压机液压系统工作原理图，当手动换向阀在图示位置时，柱塞缸的柱塞在重力作用下缩回，液压泵通过单向阀向蓄能器供油。当油压升高到一定值时，卸荷阀动作，液压泵卸荷，单向阀阻止蓄能器的高压油返回油泵。当手动换向阀换向时，蓄能器的高压油通过换向阀进入柱塞缸，产生推力 F 并使柱塞上升，随着蓄能器内油液的减少，压力也降低，此时卸荷阀复位，液压泵重新向蓄能器供油。

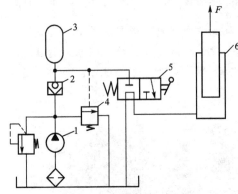

图 6.5 油压机液压系统工作原理图
1—液压泵；2—单向阀；3—蓄能器；
4—卸荷阀；5—手动换向阀；6—柱塞缸

2. 保持恒压

液压系统泄漏（内泄）时，蓄能器向系统中补油，使系统压力保持恒定。其常用于执行元件长时间不动作，并要求系统压力恒定的场合。

3. 缓冲和吸收压力脉动

蓄能器常装在换向阀或油缸之前，可以吸收或缓和换向阀突然换向、油缸突然停止运动产生的冲击压力。

4. 作应急动力源

突然停电或液压泵发生故障,油泵中断供油时,蓄能器能提供一定的油量作为应急动力源,使执行元件能继续完成必要的动作。

6.1.2 蓄能器工作原理

图 6.6 所示为活塞式蓄能器工作原理图。缸筒内装有活塞,活塞上部的密闭容积内存有气体,下部与油路连通。

当油压较低时,活塞处在图 6.6(a)所示位置,此时气体压力为 p_1,容积 V_1;当油压大于 p_1 时,压力油推动活塞上移到图 6.6(b)所示位置,此时气体压力为 p_2,容积缩小为 V_2。对于气体来讲,如果把气体压缩过程看作等温过程,则有如下关系:$p_1V_1 = p_2V_2 = $ 常数,即气体的压力能不变。由于这时活塞下部充入压力油,则油的压力也为 p_2,油的压力能为 $p_2(V_1 - V_2)$,这时蓄能器中的总压力能为 p_2V_1,即蓄能器中的压力能增加了。如果此时蓄能器的进口压力小于 p_2,则会有部分液压能从蓄能器输出,克服外负荷做功。

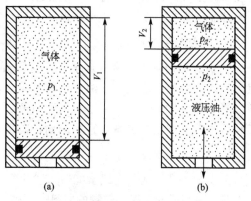

图 6.6 活塞式蓄能器工作原理图

6.1.3 蓄能器的分类及特点

从前述的蓄能器工作原理可知,活塞上部的气体实际上是加载用的,这种蓄能器称为气体加载式蓄能器。因此,按加载方法可将蓄能器分为三种类型,即重力式、弹簧式和气体加载式,其中气体加载式包括活塞式蓄能器和气囊式蓄能器。

蓄能器的结构形式如图 6.7 所示。

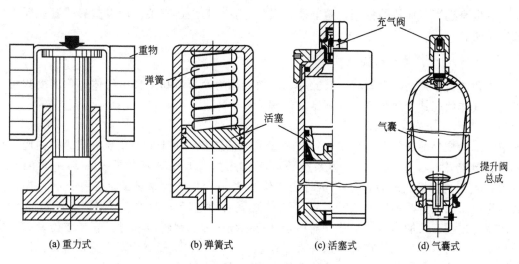

(a) 重力式　　(b) 弹簧式　　(c) 活塞式　　(d) 气囊式

图 6.7 蓄能器的结构形式

1. 重力式蓄能器

图 6.3(a)所示为重力式蓄能器,其结构类似于柱塞缸,重物的重力作用在柱塞上。当蓄能器充油时,压力油通过柱塞将重物顶起。当蓄能器与液动机接通时,液压油在重物的作用下排出蓄能器,使液动机做功。这种蓄能器结构简单,压力稳定,但体积大,笨重,运动惯性大,有摩擦损失,因此只供蓄能,一般在大型固定设备的液压系统中采用。

2. 弹簧式蓄能器

图 6.3(b)所示为弹簧式蓄能器,弹簧力作用在活塞上,蓄能器充油时,弹簧被压缩,弹力增大,油压升高。当蓄能器与液动机接通时,活塞在弹簧的作用下下移,将油液排出蓄能器,使液动机做功,这种蓄能器结构简单,反应较灵敏,但容积小,弹簧易振动,故此种蓄能器不宜用于高压或工作循环频率高的场合,只宜供小容量及低压回路缓冲之用。

3. 活塞式蓄能器

图 6.3(c)所示为活塞式蓄能器,这种蓄能器中的气体与油液被一个浮动的活塞隔开,因此气体不易进入油液中,油液不易氧化。其特点是结构简单,工作可靠,安装容易,维护方便,寿命长;但由于活塞惯性和摩擦阻力的影响,反应不够灵敏,容量较小,缸筒加工和活塞密封性能要求高,宜用来储存能量或供中、高压系统吸收脉动之用。

4. 气囊式蓄能器

图 6.3(d)所示为气囊式蓄能器,这种蓄能器中的气体与油液由一个气囊隔开,壳体是一个无缝、耐高压的外壳,皮囊的原料是丁腈橡胶,囊内储存惰性气体,壳体下端的提升阀总成能使油液通过油口进入蓄能器,又防止皮囊从油口被挤出。充气阀只能在蓄能器工作前用来为皮囊充气,在蓄能器工作时始终是关闭的。其特点是皮囊惯性小,反应灵敏,结构紧凑,质量小,安装方便,维护容易;但皮囊及壳体制造较困难,且皮囊的强度不高,允许的液压波动有限,只能在一定的温度范围($-20 \sim +70℃$)内工作。蓄能器内所用的皮囊有折合型和波纹型两种,前者的容量较大,可用来储蓄能量,后者则用于吸收冲击。

6.1.4 蓄能器的容量计算

容量是选用蓄能器的依据,蓄能器容量的计算与其用途有关。现以皮囊式蓄能器为例加以说明。

1. 作辅助动力源时的容量计算

当蓄能器作辅助动力源时,其储存和释放的压力油容量和皮囊中气体体积的变化量相等,而气体状态的变化遵守玻意耳定律,即

$$p_0 V_0^n = p_1 V_1^n = p_2 V_2^n \tag{6-1}$$

式中,p_0 为皮囊的充气压力(Pa);V_0 为皮囊充气的体积,由于此时皮囊充满壳体内腔,故 V_0 即为蓄能器的容量(m^3);p_1 为系统最高工作压力,即泵对蓄能器充油结束时的压力(Pa);V_1 为皮囊被压缩后相应于 p_1 时的气体体积(m^3);p_2 为系统最低工作压力,即蓄能器向系统供油结束时的压力(Pa);V_2 为气体膨胀后相应于 p_2 时的气体体积(m^3);n 为与气体变化过程有关的指数,当蓄能器用于保持系统压力、补偿泄漏时,它释放能量的速度是缓慢的,可以认为气体在等温条件下工作,取 $n=1$,当蓄能器用来大量供应油液时,它释放能量的速度是迅速的,可以认为气体在绝热条件下工作,取 $n=1.4$。

很明显，体积差 $\Delta V = V_2 - V_1$ 为供给系统油液的有效体积，将其代入式(6-1)进行整理后便可求得蓄能器容量 V_0，即

$$V_0 = \frac{\Delta V \left(\dfrac{p_2}{p_0}\right)^{\frac{1}{n}}}{1 - \left(\dfrac{p_2}{p_1}\right)^{\frac{1}{n}}} \qquad (6-2)$$

充气压力 p_0 在理论上可与 p_2 相等，但是为保证在系统最低工作压力(p_2)时蓄能器仍有能力补偿系统泄漏，则应使 $p_0 < p_2$，一般取 $p_0 = (0.8 \sim 0.85)p_2$。如已知 V_0，也可求出蓄能器的供油体积，即

$$\Delta V = V_0 p_0^{\frac{1}{n}} \left[\left(\frac{1}{p_2}\right)^{\frac{1}{n}} - \left(\frac{1}{p_1}\right)^{\frac{1}{n}} \right] \qquad (6-3)$$

2. 作吸收冲击用时的容量计算

当蓄能器用于吸收冲击时，其容量的计算与管路布置、液体流态、阻尼及泄漏大小等因素有关，准确计算比较困难，一般按经验公式计算缓和最大冲击力时所需要的蓄能器最小容量 V_0，即

$$V_0 = \frac{0.004 q p_1 (0.0164 L - t)}{p_1 - p_2} \qquad (6-4)$$

式中，q 为换向阀关闭前管道中的流量(L/min)；p_1 为允许的最大冲击力(MPa)，一般取 $p_1 \approx 1.5 p_2$；p_2 为阀口开、闭前管内压力(MPa)；L 为发生冲击的管长，即压力油源到阀口的管道长度(m)；t 为阀口由开到关的时间，突然关闭时取 $t = 0$(s)。

式(6-4)只适用于在数值上 $t < 0.0164L$ 的情况下。

6.1.5 蓄能器的使用和安装

蓄能器在液压回路中的安放位置随其功用的不同而不同，具体使用和安装时应注意以下事项：

(1) 充气式蓄能器应充惰性气体(如氮气)，允许的最高充气压力视蓄能器的结构形式而定，如皮囊式蓄能器的充气压力为 3.5~32MPa。

(2) 皮囊式蓄能器原则上应垂直安装(油口向下)，只有在空间位置受限制时才考虑倾斜或水平安装。这是因为倾斜或水平安装时皮囊会受浮力影响而与壳体单边接触，妨碍其正常伸缩且加快其损坏。

(3) 吸收冲击压力和脉动压力的蓄能器应尽可能装在振源附近。

(4) 装在管路上的蓄能器必须用支持板或支架固定。

(5) 蓄能器与管路系统之间应安装截止阀，以供充气或检修时使用。

(6) 蓄能器与液压泵之间应安装单向阀，以防止液压泵停止工作时蓄能器内储存的压力油倒流。

应用案例6-1

储能器的分析计算实例

一气囊式蓄能器容量为 2.5L，如系统的最高和最低压力分别为 60×10^5Pa 和 45×10^5Pa，试求蓄能器所能输出的液体体积。

解：取蓄能器充气压力 $p_0=0.8p_2$，即
$$p_0=0.8\times45\times10^5\text{Pa}=36\times10^5\text{Pa}$$

(1) 当蓄能器慢速输出油液时，$n=1$，根据式(6-3)可得蓄能器输出的体积为

$$\Delta V=2.5\times36\times10^5\times\left(\frac{1}{45\times10^5}-\frac{1}{60\times10^5}\right)\text{L}=0.5\text{L}$$

(2) 当蓄能器快速输出油液时，$n=1.4$，根据式(6-3)可得蓄能器输出的体积为

$$\Delta V=2.5\times(36\times10^5)^{\frac{1}{1.4}}\times\left[\left(\frac{1}{45\times10^5}\right)^{\frac{1}{1.4}}-\left(\frac{1}{60\times10^5}\right)^{\frac{1}{1.4}}\right]\text{L}=0.4\text{L}$$

6.2 过 滤 器

6.2.1 过滤器的作用与种类

保持液压油的清洁，是保障液压系统正常工作的重要条件。由于外界尘埃、脏物、装配时元件内的残留物(砂子、铁屑、氧化皮)及油液变质析出物的混入，会使元件相对运动的表面加速磨损、出现划伤甚至卡死或者堵塞细小通道(如阻尼孔)，影响工作稳定性，使控制元件失灵。因此，对工作液体进行过滤是十分必要的，这一任务由过滤器来完成。常用过滤器的形式及特点见表6-1。

表6-1 常用过滤器形式及特点

形式	用途	过滤精度	压力差	特点
网式过滤器	装在吸油管上，保护油泵	网孔为0.8~1.3mm，过滤后正常颗粒为0.13~0.4mm	0.05~0.1MPa	结构简单、通油能力强，过滤差
线隙式过滤器	一般用于低压系统	线隙0.1mm，过滤后正常颗粒为0.02mm	小于0.06MPa	结构简单、过滤效果较好，通油能力大，但不易清洗
纸芯过滤器	精过滤，最好与其他过滤器联合使用	孔径0.03~0.072mm，过滤精度可达0.005~0.03mm	0.01~0.04MPa	过滤效果好，精度高，但易堵塞无法清洗，需要经常更换纸芯
烧结式过滤器	要求特别过滤的系统，最好与其他过滤器联合使用	0.01~0.1mm	小于0.2MPa	耐高温，耐高压，抗腐蚀性强，性能稳定，易制造
片式过滤器	用于一般过滤，油流速度不超过0.5~1.0m/s	0.015~0.06mm	0.03~0.07MPa	滤油性能差，易堵塞，不易制造，但强度大，通油能力大，不常用
磁性过滤器	多用于吸附油液中的磁性铁屑	—	—	简单，只是加几个磁铁

大部分液压系统对油的要求不是以油中含杂质的数量为依据，而是以油中所含杂质的最大粒度(杂质的直径 d)为依据，过滤器所能滤除杂质粒度的公称尺寸(以 μm 表示)的大小，称为过滤精度。液压元件对油中杂质敏感程度度高的要求过滤精度高，不同的液压系统对油的过滤精度要求不同，系统压力不同时过滤精度要求也不同。过滤器按过滤精度可分为粗过滤器($d \geqslant 100 \mu m$)、普通过滤器 $[d=(10 \sim 100)\mu m]$、精过滤器 $[d=(5 \sim 10)\mu m]$ 和特精过滤器 $[d=(1 \sim 5)\mu m]$。

6.2.2 过滤器的结构

1. 网式过滤器

网式过滤器又称滤油网，是靠方格式的金属网滤除油中的杂质，根据用途不同分为吸油管路用滤油网和压力管路用滤油网。用得最多的是作为吸油管入口处的滤油网，如图 6.8 所示。网式过滤器的特点是结构简单，通油能力好，压力降较小，一般为 0.25MPa 左右，但过滤精度差，网式过滤器的过滤精度一般有 80、100 和 180μm 三种。

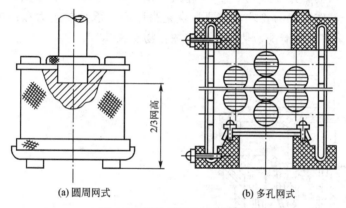

(a) 圆周网式　　(b) 多孔网式

图 6.8　吸油口用网式过滤器

2. 线隙式过滤器

线隙式过滤器是靠金属丝之间的缝隙过滤出油液中的杂质，分为吸油管路用 [图 6.9(a)]

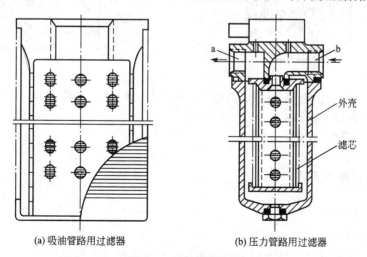

(a) 吸油管路用过滤器　　(b) 压力管路用过滤器

图 6.9　线隙式过滤器

和压力管路用过滤器[图 6.9(b)]。压力管路用过滤器主要由外壳和滤芯构成,油从 b 口进入,经滤芯中部,再从 a 口流出。线隙式过滤器结构简单,过滤效果好,通油能力大,其主要缺点是过滤精度低,杂质不易清洗。

3. 纸质过滤器

图 6.10 所示为 Zu 型纸质过滤器。液压油从进油口 a 流入过滤器,在壳体内自外向内穿过滤芯而被过滤,然后从出油口 b 流出,滤芯由拉杆和螺母固定,过滤器工作时,杂质逐渐积聚在滤芯上,滤芯压差逐渐增大,为避免将滤芯破坏,防止未经过滤的油液进入液压系统,设置了堵塞状态的发信装置,当压差超过 0.3 MPa 时,发信装置发出信号。纸质过滤器具有较高的过滤精度和较好的通油能力,更换容易,成本低,应用广泛。

4. 烧结式过滤器

图 6.11 所示为 Su 型金属烧结式过滤器。其滤芯是由颗粒状青铜粉压制烧结而成,利用铜颗粒之间的微孔滤去油液中的杂质。不同粒度的粉末有不同的过滤精度,常用的过滤精度一般为 $10\sim100\mu m$。油液从 A 口进入,从 B 口流出,压力损失一般为 $0.03\sim0.2MPa$,适用于精密过滤的要求,主要特点是强度高,承受热应力和冲击性能好,制造简单。缺点是易堵塞,难清洗,使用中烧结颗粒物易脱落。

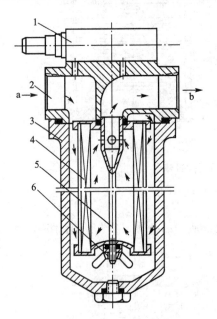

图 6.10 纸质过滤器

1—发信装置;2—进油口;3—壳体;
4—滤芯;5—拉杆;6—螺母

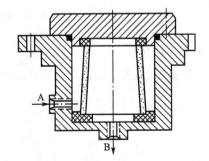

图 6.11 金属烧结式过滤器

6.2.3 过滤器选择与安装

1. 过滤器的选择

在选择过滤器时应注意以下几点:
(1)满足液压系统过滤精度要求的前提下,尽量选精度高的过滤器;

(2) 要有足够的通油能力，通油能力是指在一定压降和过滤精度下允许通过过滤器的最大流量，不同类型的过滤器可通过的流量有一定的限制，需要时可查阅有关样本和手册；

(3) 滤芯要便于清洗或更换。

2. 过滤器的安装位置

(1) 安装在液压泵的进油管道上，防止杂质进入液压泵以避免泵的损坏，但要求过滤器有很小的阻力和很大的通油能力，因而这样安装的过滤器过滤精度一般较低；

(2) 安装在泵的出口管道上，以保护除液压泵以外的所有其他液压元件，过滤器可以是各种形式的精密过滤器，因是在高压下工作，需要有一定的强度和刚度，为了避免因过滤器堵塞而使泵过载，要求过滤器并联旁通阀为安全阀，其动作压力略高于过滤器最大允许压差；

(3) 过滤器安装在回油管道上，这时过滤器不承受高压，但会使液压系统产生一定的背压。这样安装虽不能直接保护各液压元件，但能消除系统中的杂质。

另外，大型液压系统中，常采用单独的过滤系统，即由专用液压泵给过滤器供油，对液压油进行过滤。

6.3 密封与密封元件

6.3.1 密封的作用与要求

在液压系统中，密封的作用不仅是防止液压油的泄漏，还要防止空气和尘埃进入液压系统。液压油的泄漏分内泄和外泄两种。内泄是指油液从高压腔向低压腔的泄漏，所泄漏的油液并没有对外做功，其压力能绝大部分转化为热能，使油温升高，油黏性降低，又进一步增加了泄漏量，从而降低系统的容积效率，损耗功率。外泄是指油液泄漏于元件外部，会弄脏周围物件，污染环境，因此，外泄是不允许的。

在液压系统中对密封装置的要求如下：

(1) 在一定压力、温度范围内具有良好的密封性能；

(2) 对运动表面产生的摩擦力小，磨损小，磨损后能自动补偿；

(3) 密封性能可靠，抗腐蚀性强，不易老化，工作寿命长；

(4) 结构简单，便于制造和拆装。

6.3.2 密封元件的种类及特点

1. 密封的分类

按工作状态的不同，密封分为静密封和动密封两种。

(1) 静密封。在正常工作时，无相对运动的零件配合表面的密封称为静密封。

(2) 动密封。在正常工作时，具有相对运动的零件配合表面的密封称为动密封。

按工作原理的不同，密封又可分为间隙密封和密封件密封两种。

(1) 间隙密封。间隙密封是利用运动件之间的微小间隙起密封作用，是最简单的一种密封形式，其密封的效果取决于间隙的大小、压力差、密封长度和零件表面质量。其中以间隙大小及其均匀性对密封性能影响最大。这种密封对零件的几何形状和表面粗糙度要求较低。由于配合零件间有间隙，所以摩擦力小，发热少，寿命长，结构简单紧凑，尺寸小。间隙密封一般都用于动密封，如泵和马达的柱塞与柱塞孔之间的密封；配油盘与缸体之间的密封；阀体与阀芯之间的密封等。间隙密封的缺点是不可能完全达到无泄漏，不能用于严禁外泄的地方。

(2) 密封件密封。在零件配合面之间装上密封元件，达到密封效果的方式称为密封件密封。该种密封原理是：在装配密封件时，受到预紧力，在正常工作时又受到油压的作用力，因而发生弹性变形，在密封元件与配合零件之间存在弹性接触力，油液便不能泄漏或泄漏极少。该密封又称接触密封。其优点是随着压力的提高，密封性能增强；磨损后有一定的自动补偿能力。缺点是密封件的材料性能要求高（如抗老化、耐腐蚀、耐热、耐寒、耐磨损等）。

2. 密封元件

密封元件通常指各种橡胶密封圈和密封垫。

按密封元件的组成及断面的形状，可将密封元件分为O形密封圈、唇形密封圈、旋转轴密封圈、防尘密封圈和组合密封圈等。

1) O形密封圈

(1) 工作原理及特点。O形密封圈的结构如图6.12所示，它的主要特征尺寸是公称外径D、公称内径d和截面直径d_0。

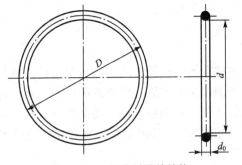

图6.12 O形密封圈的结构

O形密封圈的作用原理如图6.13所示，选用截面直径为d_0的O形密封圈[图6.13(a)]装入密封槽[图6.13(b)]中，槽的深度为H，因$H<d_0$，故密封圈截面产生弹性变形，依靠密封圈和金属表面间产生的弹性接触力实现密封[图6.13(c)]。当油压作用于密封圈时，密封圈便产生更大的弹性变形[图6.13(d)]，因而密封性能强。

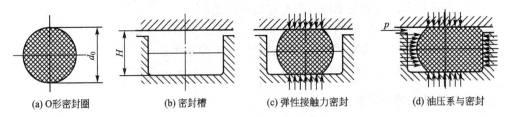

(a) O形密封圈　　(b) 密封槽　　(c) 弹性接触力密封　　(d) 油压系与密封

图6.13 O形密封圈的作用原理

O形密封圈的密封性能与其压缩率$\varepsilon\left(\varepsilon=\dfrac{d_0-H}{d_0}\right)$有关，$\varepsilon$太小密封性能差；$\varepsilon$过大会使摩擦力太大，且因橡胶易产生过大的塑性变形而失去密封性能，一般静密封$\varepsilon=(15\%\sim30\%)$，动密封$\varepsilon=(10\%\sim15\%)$，旋转运动密封$\varepsilon=(5\%\sim10\%)$。

O形密封圈的主要优点是结构简单紧凑、制造容易、成本低、拆卸方便、动摩擦阻力小、寿命长，因而O形密封圈在一般的液压设备中应用很普遍。缺点是橡胶材料的质量对

O形密封圈的性能与寿命影响很大，作动密封时，静摩擦因数大，摩擦产生的热量不易散去，易引起橡胶老化，使密封失效。密封圈磨损后，补偿能力差，使压缩率减小，易失去密封作用。

O形密封圈的使用压力与橡胶的硬度有关，低硬度O形密封圈的使用压力小于7.84MPa，中硬度的小于15.7MPa，高硬度的小于31.4MPa。当使用压力过高时，密封圈的一部分可能被挤入间隙C中去［图6.14(a)］，引起局部应力集中，以致密封圈被咬坏［图6.14(b)］。为此，应选硬度高的密封圈，被密封零件间的间隙也应小一些。一般来说，当压力超过9.8MPa时应加挡圈，单向受压时在低压侧加挡圈［图6.14(c)］，双向受压时在两侧加挡圈［图6.14(d)］，挡圈材料常用聚四氟乙烯或尼龙。

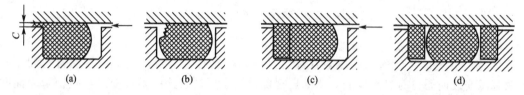

图6.14　O形密封圈的损坏情况及挡圈的作用

（2）O形密封圈的密封形式。当O形密封圈用于动密封时可采用内径密封（图6.15中A）和外径密封（图6.15中B）两种形式；用于固定密封时，可采用端面密封［图6.16(a)］、角密封（图6.15中C）、圆柱密封三种，圆柱密封又分为内径密封［图6.16(b)］和外径密封［图6.16(c)］两种。

（3）O形密封圈的安装沟槽。图6.15中A为内径密封，O形密封圈公称内径 d 为密封配合面的直径，零件的配合间隙按表6-2所示选取，沟槽的外径 D 等于O形密封圈的公称外径 D。图6.15中B为外径密封，O形密封圈的公称外径 D 等于密封面的直径，零件配合也按表6-2选取，沟槽的内径等于O形密封圈的公称内径。

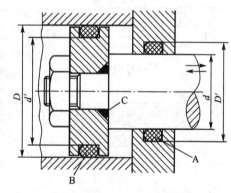

图6.15　O形密封圈用于动密封示意图

表6-2　配合表面（孔与轴）的配合间隙

橡胶肖氏硬度 HS	60~70		70~80		70~90	
O形密封圈截面直径 d_0/mm	1.9	(4.6)	1.9	(4.6)	1.9	(4.6)
密封面间隙 C/mm	3.1	8.6	3.1	8.6	3.1	8.6
	2.4	5.7	2.4	6.7	2.4	5.7
工作压力/MPa	3.5		3.5		3.5	
0.00~2.45	0.14~0.17	0.2~0.25	0.18~0.20	0.22~0.25	0.20~0.25	0.22~0.25
2.45~7.84	0.08~0.11	0.01~0.15	0.01~0.15	0.13~0.20	0.14~0.18	0.20~0.23
7.84~15.7	—	—	0.06~0.08	0.08~0.11	0.08~0.11	0.10~0.13
15.7~31.4					0.04~0.07	0.07~0.09

图6.16所示为O形密封圈的静密封，静密封的O形密封圈沟槽可从O形密封圈标准

中查取。

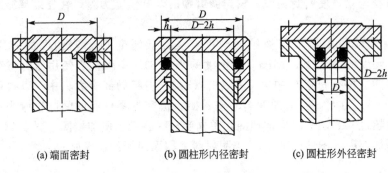

(a) 端面密封　　(b) 圆柱形内径密封　　(c) 圆柱形外径密封

图 6.16　O 形密封圈用于固定密封示意图

2) 唇形密封圈

Y 形、小 Y 形、U 形、V 形等各种密封圈，均靠唇边密封，故统称唇形密封圈。唇形密封圈安装时唇口对着高压腔，当油压很低时，主要靠唇边的弹性变形与被密封表面贴紧，随着油压升高贴紧程度越强，以致其实心部分也发生弹性变形从而提高了密封性能。这类密封的优点是密封可靠，稍有磨损可补偿；缺点是体积大，寿命不如 O 形密封圈长。常用于往复运动的密封。

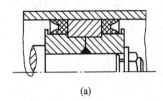

图 6.17　Y 形橡胶密封圈

(1) Y 形密封圈。图 6.17 所示为 Y 形密封圈。该密封圈结构简单，摩擦阻力小，多用于液压缸的活塞密封，安装形式如图 6.18(a) 所示。缺点是当滑动速度高或压力变化大时易翻转而损坏，因此当压力变化大或速度高时要加支承环，如图 6.18(b)、(c) 所示。

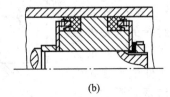
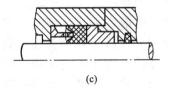

(a)　　(b)　　(c)

图 6.18　Y 形密封圈的安装形式

(2) 小 Y 形密封圈。小 Y 形密封圈是一种截面的高宽比大于 2 的 Y 形圈，也称 Y_X 形密封圈。与 Y 形圈相比，小 Y 形密封圈由于增大了截面的高宽比而增加了支承面积，故工作时不易翻转。小 Y 形密封圈分轴用和孔用两种。材料有耐油橡胶和聚氨酯两种，可以代替 Y 形密封圈使用。

(3) U 形密封圈。U 形密封圈分为橡胶密封圈和 U 形夹织物橡胶密封圈两种。前者工作压力在 9.8MPa 以下，后者由多层涂胶织物压制而成，工作压力可达 31.4MPa。U 形密封圈只用于相对运动速度较低的情况，磨损后自动补偿性能好，安装时须用支承环承住（支承环的设置与 Y 形密封圈相同）。图 6.19 所示为 U 形夹织物橡胶密封圈。

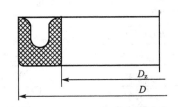

图 6.19　U 形夹织物橡胶密封圈

(4) V形夹织物橡胶密封圈。图6.20所示为V形夹织物橡胶密封圈,为由多层涂胶织物压制而成的密封环、支承环、压环组成,密封环的数量视工作压力和密封直径的大小而定。这种密封圈分为A型和B型两种。A型密封圈的轴向尺寸不可调;B型密封圈的轴向尺寸设计成可调的,密封圈磨损后,可拧紧压紧螺钉将密封圈沿轴向压紧而径向张开。由于B型圈可调,故适用于难于更换密封圈的场合。

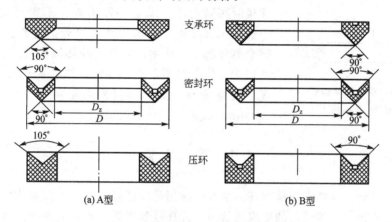

图6.20 V形夹织物橡胶密封圈

3) 旋转轴用密封圈

旋转轴用密封圈是用以防止旋转轴的润滑油外漏的密封件,又称油封。它一般由耐油橡胶制成,形状很多。图6.21所示为J形无骨架式油封。图6.22所示为骨架式油封。

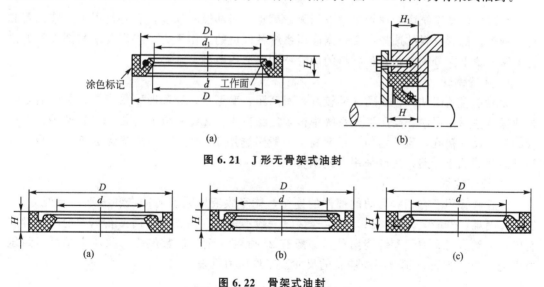

图6.21 J形无骨架式油封

图6.22 骨架式油封

油封主要用于液压泵、马达和摆动缸等旋转轴的密封,防止润滑油从旋转部分泄漏,并防止尘土等杂物进入,起防尘圈的作用。油封一般用于旋转轴线速度5～12m/s、压力不大于0.2MPa的情况。

旋转轴用密封圈的材料都使用耐油橡胶,安装时,应使其唇边在压力油作用下贴紧在轴上。

4) 防尘圈

防尘圈用以防止尘土进入液压件内部。在灰尘较多的环境中工作的液压缸,其活塞杆和缸盖之间除装密封圈外一般还要装防尘圈,防尘圈的形式较多,分为骨架式和无骨架式两种。

5) 组合密封垫圈

如图 6.23 所示,组合密封垫圈是由金属环和橡胶环胶合而成。优点是密封性能好,连接时压紧力小,承受的压力高,不需开设密封沟槽。一般用作管接头与液压元件连接处的密封。安装后,外圆金属环起支承作用,内圆橡胶环被压紧后起密封作用。适用于工作压力不大于 40MPa,温度在 $-20\sim+80$°C 情况下的静密封。要求密封面的粗糙度为:$R_a \leqslant (1.6\sim 6.3)\mu m$,$R_z \leqslant (2.5\sim 6.3)\mu m$。

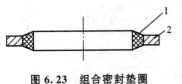

图 6.23 组合密封垫圈
1—橡胶环;2—金属环

6.4 管 件

管件包括油管、管接头和法兰等。油管的作用是保证液压系统工作液体的循环和能量的传输;管接头用以把油管与油管或油管与元件连接起来而构成管路系统。油管和接头应有足够的强度、良好的密封、较小的压力损失,并便于拆卸和安装。

6.4.1 油管

1. 油管的种类

在液压传动系统中,油管主要采用无缝钢管、耐油橡胶软管,有时也用一些紫铜管和尼龙管等。油管材料的选择主要依据液压系统各部位的工作压力、工作要求和部件间的位置关系等。下面分别介绍各种材料的油管特性及适用范围。

1) 无缝钢管

无缝钢管的耐油性、抗腐蚀性较好,耐高压、变形小,装配时不易弯曲,装配后能长久地保持原形,在中、高压液压系统中得到广泛应用。无缝钢管有冷拔和热轧两种。冷拔管的外径尺寸精确,质地均匀,强度高。一般多选用 10 号、15 号冷拔无缝钢管。吸油管和回油管等低压管路,允许采用有缝钢管。

2) 橡胶软管

橡胶软管用于有相对运动的部件的连接,能吸收液压系统的冲击和振动,装配方便,但制造困难,寿命短,成本高,固定连接时一般不采用。橡胶软管用夹有钢丝的耐油橡胶制成,钢丝有交叉编织和缠绕两种,一般有 2~3 层。钢丝层数越多,耐压力越高,耐压力可达到 39.2MPa。钢丝编织胶管的尺寸及工作压力见表 6-3。

表 6-3 钢丝编织胶管的尺寸及工作压力

内径 /mm	一层钢丝编织层			二层钢丝编织层			三层钢丝编织层		
	外径 /mm	工作压力 /MPa	最小弯曲 半径/mm	外径 /mm	工作压力 /MPa	最小弯曲 半径/mm	外径 /mm	工作压力 /MPa	最小弯曲 半径/mm
4	13	19.60	90						
6	15	17.64	100	17	27.44	120	19	39.2	140

(续)

内径/mm	一层钢丝编织层			二层钢丝编织层			三层钢丝编织层		
	外径/mm	工作压力/MPa	最小弯曲半径/mm	外径/mm	工作压力/MPa	最小弯曲半径/mm	外径/mm	工作压力/MPa	最小弯曲半径/mm
8	17	16.66	110	19	24.5	140	21	32.34	160
10	19	14.70	130	21	22.34	160	23	27.44	180
13	23	13.72	190	25	21.78	190	27	27.5	240
16	26	10.78	220	28	16.66	240	30	20.58	300
19	29	9.80	260	31	14.7	300	33	17.64	330
22	32	8.82	320	34	12.74	350	36	15.68	380
25	36	7.84	350	37.5	10.78	380	39	13.72	400
32	43.5	5.55	420	45	8.82	450	47	10.78	450
38	49.5	4.90	500	51	7.84	500	53	9.8	500
45	—	—	—	58	7.84	550	60	8.82	550
51	—	—	—	64	5.88	600	66	7.84	600

3) 纯铜管

纯铜管容易弯曲成所需的形状,安装方便,且管壁光滑,摩擦阻力小,但耐压力低,抗振能力弱,只适用于中、低压油路。

4) 尼龙管

尼龙管能够替代部分紫铜管使用,其价格低廉,弯曲方便,但寿命短。

2. 油管的内径和强度

1) 油管的内径

选用油管内径时,应先根据管中油的流速计算油管内径,若内径过小,则油液流经管路时压力损失增加,造成油温升高,甚至产生振动和噪声;若内径过大,不易弯曲和安装,而且管路布置所需空间增大,机器重量增加。

由式 $q=\dfrac{\pi}{4}d^2v$ 可得油管内径计算式为

$$d=1.128\sqrt{\dfrac{q}{v}} \qquad (6-5)$$

式中,d 为油管内径(mm);q 为通过油管的流量(m^3/s);v 为油在管内的允许流动速度(m/s)。

推荐允许流动速度 v 值如下:压力油管为 $v=(2.5\sim6)$m/s;吸油管为 $v=(0.5\sim1.5)$m/s;回油管为 $v=(1.5\sim2.5)$m/s;橡胶软管中的流速 v 不能超过5m/s。

计算出来的内径应先调整为标准值,然后再按表6-3(对橡胶软管)或表6-4(对钢管)推荐的数值选取。

表 6-4 钢管外径、壁厚、接头连接螺纹及推荐流量

公称直径 D/mm	管子直径 /mm	接头连接螺纹规格 /mm	管子壁厚/mm 公称压力/MPa					推荐管路过流量 /(L·min^{-1})
			≤2.5	≤8.0	≤16	≤25	≤32	
3	6	—	1.0	1.0	1.0	1.0	1.4	0.63
4	8	—	1.0	1.0	1.0	1.4	1.4	2.5
5, 6	10	M10×1.0	1.0	1.0	1.0	1.6	1.6	6.3
8	14	M14×1.5	1.0	1.0	1.6	2.0	2.0	25
10, 12	18	M18×1.5	1.0	1.6	1.6	2.0	2.5	40
15	22	M22×1.5	1.6	1.6	2.0	2.5	3.0	63
20	28	M27×2.0	1.6	2.0	2.5	3.5	4.0	100
25	34	M33×2.0	2.0	2.0	3.0	4.5	5.0	160
32	42	M42×2.0	2.0	2.5	4.0	5.0	6.0	250
40	50	M48×2.0	2.5	3.0	4.5	5.5	7.0	400
50	63	M60×2.0	3.0	3.5	5.0	6.5	8.5	630
65	75	—	3.5	4.0	6.0	8.0	10	1000
80	90	—	4.0	5.0	7.0	10	12	1250
100	120	—	6.0	6.0	8.5			2500

2) 金属油管的壁厚

壁厚应满足强度要求,油管内径按式(6-5)算出后,再按受拉伸薄壁圆筒公式计算壁厚,该公式如下:

$$\delta = \frac{pd}{2[\sigma]} \tag{6-6}$$

式中,δ 为油管壁厚(mm);p 为管内油液的最大工作压力(MPa);$[\sigma]$ 为许用拉应力(MPa)。

对于钢管 $[\sigma] = \sigma_b/n$(σ_b 为抗拉强度,n 为安全系数,$p<7$MPa 时 $n=8$,$p<17$MPa 时 $n=6$,$p>17$MPa 时 $n=4$);铜管取 $[\sigma] \leqslant 25$MPa。

3. 油管的安装

油管的安装质量直接影响液压系统的工作效果,如果安装不好,不仅会增加压力损失,而且可能使整个系统产生振动、噪声,还会给维护和检修工作造成很大困难。液压系统管路分为高压、低压、吸油和回油等管路,安装要求各不相同,为了便于检修,最好涂色加以区别。油管的安装工作应根据设计要求正确选择管件和管材,并应注意下面几点:

(1) 管路应尽量短,布管整齐、转弯少,避免急剧的弯曲,并要保证管路必要的伸缩变形。油管悬伸太长时要有支架。在布置接头时,应保证装拆方便。系统中主要管道或辅件应能单独装拆。

(2) 管路最好平行布置、少交叉,平行或交叉的油管之间至少应有 10mm 以上的间

隙,以防接触和振动。

(3) 管路安装前要清洗。一般用20%的硫酸或盐酸进行清洗,清洗后用10%的苏打水中和,再用温水洗净,并进行干燥、涂油,必要时做预压力试验,确认合格后再行安装。

软管的安装还应注意以下几点:

(1) 弯曲半径应不小于表6-3规定的最小值。如果结构要求必须采用小的弯曲半径,则应选择耐压性能好的胶管。

(2) 在安装和工作时,不允许有扭转(拧扭)现象。

(3) 软管在直线情况下使用时,应使胶管接头之间不受拉力。

(4) 胶管不能靠近热源,不得已时要安装隔热板。

图6.24所示为软管安装时常见的几种情况。

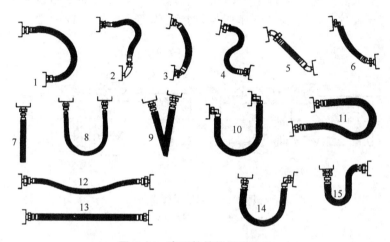

图6.24 高压软管的安装形态

图6.24中3、6、7、8、10、12、14是正确的安装;1、4、9、11、13、15是不正确的安装;2、5为使用异径接头的简化安装。

6.4.2 管接头

管接头是油管与油管、油管与液压元件的连接件。当前常采用的管接头形式有卡套式、焊接式、扩口式、钢丝编织胶管接头,下面分别介绍上述几种管接头的结构和特点。

1. 卡套式管接头

图6.25所示为卡套式管接头的构成和工作原理。卡套式管接头由接头体、卡套和螺母这三个基本零件组成,卡套左端内圆带有刃口,两端外圆均带有锥面。装配时,首先将被连接的管子垂直切断,再将螺母和卡套套在管子上,然后将管子插入接头体的内孔,卡套卡进接头体内锥孔与管子之间的空隙内,再将螺母旋在接头体上,使其内锥面与卡套的外锥面靠紧。将管子与接头体止推面a靠紧后旋紧螺母使卡套作轴向移动时,卡套的刃口端b径向收缩并切入管子,其外圆同时与接头体、内锥面c靠紧形成良好的密封。装好的管接头

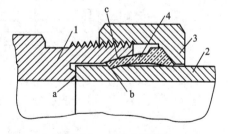

图6.25 卡套式管接头

1—接头体;2—管子;3—螺母;4—卡套

卡套中部分稍有拱形凸起，尾部（右端）也径向收缩抱住管子。卡套因中部拱起具有一定弹性，有利于密封和防止螺母松动。

该种接头的特点是拆装方便，能承受大的冲击和振动，使用寿命长，但对卡套的制造质量和钢管外径尺寸精度要求较高。卡套式管接头有许多种接头体，使用时可查阅卡套式管接头的有关标准。

2. 焊接式管接头

如图 6.26 所示，把螺母套在接管上，在油管端部焊接上一个接管，靠旋紧螺母把接管与接头体连接起来。接头体的另一端可与另一油管或元件连接。接管与接头体结合处加 O 形密封圈或其他密封垫圈以防漏油，也可采用图 6.26(a)所示的球面压紧或图 6.26(b)所示的加金属垫圈的方法密封。球面压紧密封加工精度要求高，使用压力较低。当与元件连接时，为保证密封性，接头体与元件连接的一端一般都做成圆锥螺纹。

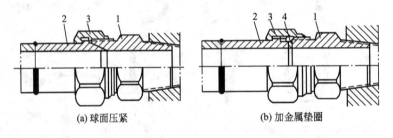

图 6.26　焊接式管接头

1—接头体；2—接管；3—螺母；4——O 形密封图

焊接式管接头制造工艺简单，工作可靠，拆装方便，对被连接的油管尺寸精度要求不高，工作压力较高，是目前常用的一种连接形式。其缺点是对焊接质量要求较高，O 形密封圈易老化、损坏，从而影响密封性能。

3. 扩口式管接头

扩口式管接头结构如图 6.27 所示。这种管接头适用于壁厚不大于 1.5mm 的钢管、铜管和尼龙管连接，工作压力较低，多用于低压液压系统中。扩口式管接头分为 A 型、B 型两种，都由接头体、螺母、密封垫圈、导套等组成。使用时，将油管做成喇叭口，A 型接头靠螺母通过导套将油管压紧在接头体上，B 型接头是靠螺母的内锥面直接将油管压紧在接头体上。

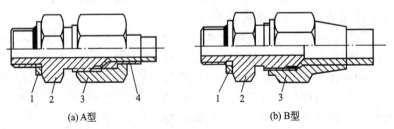

图 6.27　扩口式管接头

1—密封垫圈；2—接头体；3—螺母；4—导套

4. 中心回转接头

有些工程机械如全液压挖掘机和汽车起重机等，需要把装在回转平台上的液压泵的压力油输往固定不动的(相对于回转平台)下部行走机构，或者需要把装在底盘上的液压泵的压力油输往装于回转平台上的工作机构，这时可采用中心回转接头。

图 6.28 为中心回转接头结构示意图。

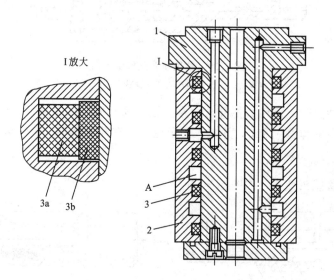

图 6.28 中心回转接头结构示意图
1—旋转芯子；2—外壳；3—密封件

由旋转芯子、外壳和密封件构成。旋转芯子与回转平台固连，跟随回转平台回转；外壳与底盘连接，相对于回转平台固定。上部油管安装在旋转芯子上端的小孔上，这些小孔经过轴线方向的内孔和径向孔与外壳上的径向孔相通，而外壳上的径向孔与下部油管相连。为了使旋转芯子在回转时，其上的油孔仍能保持与外壳上的相应油孔相通，在外壳的内圆柱面上与径向小孔相对应处，各开有环形油槽 A。这些油槽保证了外壳与旋转芯子上的对应油孔始终相通。

有些采用外壳与回转平台固连，芯子与底盘固连的结构，沟槽开在芯子上较合适。沟槽开在芯子上加工容易，外形尺寸小，装配也方便。

为了防止各条油路之间的内漏和外漏，在各环形油槽之间还开有环形密封槽装以密封件，密封件可以采用方形橡胶圈和尼龙环(图 6.28 中 3a、3b)，也可用 O 形密封圈(当压力较低时)或其他的密封件。

5. 快速接头

当管路的某一处需经常接通和断开时，可以采用快速接头。图 6.29 为快速接头的结构示意图。图中各零件的位置为油路接通时的位置。外套把钢球压入槽底使接管件 9 和 3 连接起来，锥阀 2 和 5 互相挤紧使油路接通。

当需要断开油路时，可用力把外套向左推，同时拉出接管件 9，油路即可断开。此时，弹簧 4 使外套回位，锥阀 2 和 5 分别在各自的弹簧 1 和 6 的作用下外伸，顶在接管件 3 和 9 的阀座上而关闭油路，使两边管中的油都不会流出。

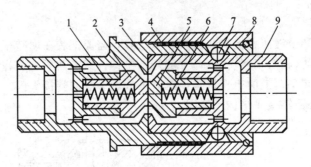

图 6.29 快速接头结构示意图

1、4、6—弹簧；2、5—锥阀；3、9—接管件；7—钢球；8—外套

当需要接通油路时，可用力把外套向左一推，同时插入接管件9，此时锥阀2和5互相挤紧而压缩各自的弹簧1和6，并缩入图示位置，离开了阀座，使油路接通。

6. 胶管接头

钢丝编织胶管接头结构，如图6.30所示。

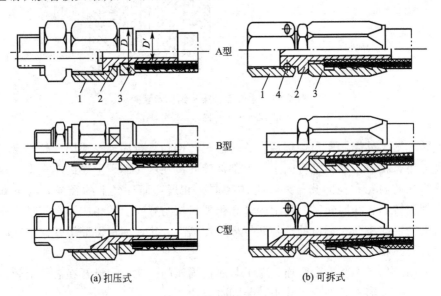

(a) 扣压式　　　　　　　　(b) 可拆式

图 6.30 钢丝编织胶管接头结构

1—螺母；2—接头芯；3—外套；4—钢丝

钢丝编织胶管接头结构，分扣压式[图6.30(a)]和可拆式[图6.30(b)]两种。其中扣压式管接头由螺母、接头芯和外套组成。装配前外套外圆无台肩，直径为D；装配时将胶管端部剥去外层胶，然后装上接头芯(带螺母1与外套，再滚压与胶管套装部分的外套外圆，使其直径收缩为D')。

可拆式胶管接头由螺母、钢丝、接头芯以及外套组成。接头芯尾部外圆为锥形，将胶管剥去外层胶，装进接头芯和外套之间，拧紧接头芯即可。

两类胶管均分为A、B、C型，分别用以和焊接式、卡套式和扩口式管接头的接头体连接使用。

6.5 油箱与热交换器及仪表附件

6.5.1 油箱

油箱是储存液压系统工作介质的容器,并能散发系统工作中所产生的部分或全部热量,分离混入工作介质中的气体,沉淀其中的污物,安放系统中的一些必备的附件等。因此,合理设计油箱和选用油箱附件,是正确发挥油箱功能的必要条件。

油箱根据其内液面与大气是否相通,分为开式油箱和闭式油箱。在机械加工设备和工程机械中一般都使用开式油箱。图 6.31 所示为开式油箱的结构示意图。

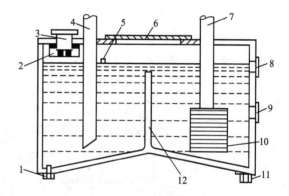

图 6.31 开式油箱的结构示意图
1、11—放油螺塞;2—加油口;3—空气滤清器;4—回油管;
5—油温传感器;6—检查清洗孔;7—吸油管;
8、9—油位指示器;10—过滤器;12—隔板

1. 油箱的结构及设计要点

(1) 油箱一般为方形。

(2) 泵的进油管和系统的回油管应插入最低油面以下,以防卷吸空气和回油冲溅产生气泡。回油管需切成 45°的斜口并面向箱壁。

(3) 吸油管和回油管之间需用隔板隔开,以增加循环距离和改善散热效果。隔板高度一般不低于油面高度的 3/4。

(4) 阀的泄油管口应在液面之上,以免产生背压;液压马达和泵的泄油管则应引入液面之下,以免吸入空气。

(5) 在开式油箱的上部通气孔上必须配置兼作注油口的空气滤清器,还应装温度计,以便随时观察系统油温的情况。

(6) 为便于放油,箱底一般做成斜面,在最低处设放油口,安装放油装置。

(7) 应考虑清洗换油的方便,设置清洗孔,以便于油箱底部沉淀物的定期清洗。

(8) 为了能够观察油箱中的液面高度,必须设置液位计。

(9) 箱壁应涂耐油防锈涂料。

2. 油箱容量的确定

油箱的有效容量指油面高度为油箱高度的 80%时,油箱所储存的油液容积,一般按液压系统泵的流量和散热要求确定。在初步设计时,可按下述经验公式确定其数值:

$$V = kq_P \tag{6-7}$$

式中,V 为油箱的有效容量(L);k 为经验系数,低压系统取 $k=(2\sim4)$,中压系统取 $k=(5\sim10)$,高压系统取 $k=(6\sim15)$;q_P 为液压泵的流量(L)。

对功率较大且连续工作的液压系统的油箱,还应考虑散热,计算系统的发热与散热之间的平衡关系,验算油箱的容积。

液压系统中,油液的工作温度一般应控制在 30~50℃范围,最高不超过 65℃。最低不低于15℃。如果液压系统靠自然冷却仍不能使油温低于允许的最高温度时，就需要安装冷却器；反之，如环境温度太低，无法使液压泵启动或正常运转时，就需安装加热器。

6.5.2 冷却器

在液压传动系统中，根据冷却介质的不同，可将冷却器分为风冷式和水冷式两种。

1. 水冷式冷却器

图 6.32 为一种强制对流管式水冷却器示意图。

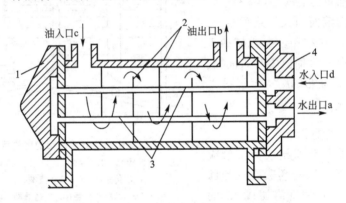

图 6.32　强制对流管式水冷却器示意图
1—左端盖；2—隔板；3—水管；4—右端盖

油从左侧的油口 c 进入，从右侧 b 口流出。冷却水从右端盖 4 的孔 d 进入，经多根水管 3 的内部，从孔 a 流出。油从水管外部流过，油与水通过水管表面的热交换起到散热的作用。

2. 风冷式冷却器

风冷式冷却器适用于缺水或不便用水的机械，故在工程机械上广泛应用。图 6.33 所示为一种风冷式冷却器（强制风冷板翅式冷却器），其优点是散热效率高、结构紧凑、体积小、强度大；缺点是易堵塞、清洗困难。

一般情况下，风冷式冷却器的冷却效果较水冷式的差。风冷式冷却器的最高工作压力一般都在 1.6MPa 以内，使用时应安装在回油管路或低压管路(如溢流阀的溢流路)上，所造成的压力损失一般为 0.01～0.1MPa。

6.5.3 加热器

加热器的作用是在液压泵启动时将油温升高到15℃以上。在液压试验设备中，用加热器和冷却器可一起进行油温的精确控制。

液压系统中一般常用的电加热器，其安装方式如图 6.34 所示。加热器通过法兰固定在油箱的侧壁上，其发热部分全部浸在油液内。由于油是热的不良导体，故单个加热器的功率不能太大，而且应装在油箱内油液流动处，以免周围油液因过热而老化变质。

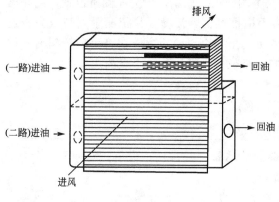

图 6.33 强制风冷板翅式冷却器

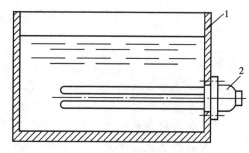

图 6.34 电加热器安装示意图
1—油箱；2—加热器

6.5.4 仪表附件

仪表附件主要包括压力表与压力表开关。

1. 压力表

液压系统中各工作点的压力可以通过压力表来观测。最常见的是机械弹簧式压力表和数显式压力表。

压力表精度等级的数值是压力表最大误差占量程（压力表的测量范围）的百分数。一般机床上的压力表用 2.5～4 级精度即可。选用压力表时，一般取系统压力为量程的 2/3～3/4（系统最高压力不应超过压力表量程的 3/4），压力表必须直立安装。为了防止压力冲击而损坏压力表，常在压力表的通道上设置阻尼小孔。

2. 压力表开关

压力表开关用于接通或断开压力表与测量点的通路。开关中过油通道很小，对压力的波动和冲击起阻尼作用，防止压力表指针的剧烈摆动。

多点压力表开关可根据需要使一个压力表和系统中多个被测的任一油路相通，以分别测量各个油路的压力。压力表开关按它所能测量点的数目不同可分为一点、三点、六点几种；按连接方式不同又可分为管式和板式两种。下面介绍 K-6B 型压力表开关，如图 6.35 所示。

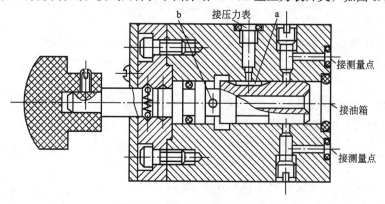

图 6.35 K-6B 型压力表开关

这种 K 系列压力表开关为板式连接，有六个测压点。图示位置为非测量位置，此时压力表油管经沟槽 a、小孔 b 与油箱接通。若将手柄推进去，沟槽 a 将把测量点与压力表连通，并将压力表通往油箱的通路切断，这时便可测出一个点的压力。如将手柄转到另一位置，便可测出另一点的压力。依次转动，共有六个位置，可测量六个点的压力。

小　　结

本章重点介绍了液压系统常用的蓄能器、过滤器、密封件、油箱、冷却器、加热器、油管及辅助元件的结构、种类、工作原理。

蓄能器在液压系统中起到调节能量、均衡压力、减少设备容积、降低功耗及减少系统发热等作用，通常用于吸收脉动、冲击及作为液压系统的辅助油源。蓄能器在结构上分为重力式、弹簧式、活塞式和气囊式。过滤器是液压系统最重要的保护元件，不同的液压系统对油的过滤精度要求不同。本章主要介绍了纸质、网式、线隙式及烧结式过滤器。在液压系统中，密封的作用不仅是防止液压油的泄漏，还要防止空气和尘埃进入液压系统。在液压系统中对密封件的要求是在一定压力、温度范围内具有良好的密封性能，能抗腐蚀，不易老化，工作寿命长，磨损后能自动补偿。油箱作为非标准辅件，可根据不同要求进行设计。热交换器包括加热器和冷却器，其功能是使液压传动介质处在设定的温度范围内。管件包括油管、管接头和法兰等，其作用是保证油路的连通。通过本章的学习，要能在液压系统设计中正确选择上述元件。

【关键术语】
　　蓄能器　过滤器　管件　油管　接头　油箱　热交换器　冷却器　加热器　仪表

综 合 练 习

一、填空题

1. 蓄能器是一种能把_____储存在耐压容器里，待需要时再将其释放出来的装置。

2. 蓄能器分为三种类型，即_____、_____和_____式，其中气体加载式包括活塞式蓄能器和_____蓄能器。

3. 过滤器所能滤除杂质粒度的公称尺寸（以 μm 表示）的大小，称为_____。

4. 在液压系统中，密封不仅防止液压油的泄漏，还要防止空气和_____进入液压系统。

5. 按密封元件的组成及截面的形状，可将密封元件分为_____密封圈、_____密封圈、旋转轴密封圈、防尘密封圈和组合密封圈。

6. 在液压传动系统中，油管主要采用_____、耐油_____，有时也用一些紫铜管和尼龙管等。

7. 油管材料的选择主要依据液压系统各部位的工作_____、_____和部件间的位置关系等。

8. 管接头是油管与油管、油管与_____的连接件。当前常采用的管接头形式有卡套式、_____、_____、_____胶管接头。

9. 箱的有效容量指油面高度为油箱高度的_____％时，油箱所储存的油液容积，一般按液压系统泵的_____和_____要求确定。

10. 加热器的作用是在液压泵启动时将油温升高到_____℃以上。

二、问答题

1. 试举出过滤器的三种可能安装位置。怎样考虑各安装位置上过滤器的精度？
2. 密封元件按截面形状共分几种？各自的特点是什么？
3. 比较各种密封装置的密封原理和结构特点。它们各用在什么场合较为合适？
4. 蓄能器在使用和安装时，应该注意哪些问题？
5. 油箱设计应注意什么？其中油箱容积一般按什么原则来确定？
6. 常见的压力仪表包括哪两种？
7. 当前常采用的管接头形式有哪几种？各有什么特点？
8. 油管安装质量对液压系统有何影响？油管安装应该注意什么？

三、计算题

1. 某气囊式蓄能器用作动力源，容量为 3L，充气压力 $p_0=3.2$MPa，系统最高和最低压力分别为 7MPa 和 4MPa。试求蓄能器能够输出的油液体积。

2. 液压系统最高和最低压力分别为 7MPa 和 5.6MPa，其执行机构每隔 30s 需要供油一次，每次输油 1L，时间为 0.5s。问：

（1）如用液压泵供油，该泵应有多大流量？

（2）若改用气囊式蓄能器（充气压力为 5MPa）完成此工作，则蓄能器应有多大容量？

第 7 章　液压基本回路

本章学习目标

★ 了解节流调速回路（普通节流阀和调速阀的调速回路）的基本工作原理、调速特性（速度-负载特性）、功率特性及各自的适用场合；

★ 掌握泵-液压马达容积调速回路、容积-节流调速回路的工作原理和特性；

★ 熟悉差动回路及典型快速运动、卸荷、多级调压、换向和同步回路。

本章教学要点

知识要点	能力要求	相关知识
压力控制回路	掌握液压系统的调压和卸荷回路的工作原理和特点	调压、减压、保压、增压、平衡等压力控制回路的特点和应用场合
速度控制回路	熟悉各调速回路的工作原理、调速特性、功率特性及各自的差异和应用场合	差动回路及典型快速回路，调速回路的速度-负载特性
方向控制回路	了解方向控制回路的基本工作原理和特点	换向、制动、锁紧和往复直线运动换向回路
多执行元件控制回路	了解多执行元件控制回路的特点和应用场合	顺序动作、同步动作回路，互补干扰回路

本章学习方法

由于液压基本回路通常是由相关阀和泵等元件组成的，因此学习本章内容时，要在注重液压元件结构和功能分析的基础上，正确掌握三类控制阀（压力控制阀、流量控制阀、方向控制阀）和泵的性能、工作原理及在回路中的作用，结合分析实际液压系统控制回路，掌握基本回路的性能和原理，理解基本回路中有关的理论推导和数值计算，以掌握回路的设计方法。

第 7 章 液压基本回路

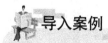

挖掘机及其液压控制基本回路

挖掘机是工程中常用机械设备,如图 7.1 所示,其液压控制依靠由一些基本控制回路和辅助回路构成的具有各种功能的液压系统,其中包括限压回路、卸荷回路、缓冲回路、节流调速和节流限速回路、行走限速回路、支腿顺序回路、支腿锁止回路和先导阀操纵回路等。

1. 液压挖掘机液压系统的基本类型

挖掘机液压系统大致上有定量系统、变量系统、定量与变量复合系统等三种类型。

1) 定量系统

在液压挖掘机采用的定量系统中,其流量不变,即流量不随外载荷而变化,通常依靠节流来调节速度。根据定量系统中油泵和回路的数量及组合形式,可将前者分为单泵单回路定量系统、双泵单回路定量系统、双泵双回路定量系统及多泵多回路定量系统等。

图 7.1 YW-100 型单斗履带式挖掘机

2) 变量系统

在液压挖掘机采用的变量系统中,是通过容积变量来实现无级调速的,其调速方式有三种:变量泵-定量马达调速、定量泵-变量马达调速和变量泵-变量马达调速。

单斗液压挖掘机的变量系统多采用变量泵-定量马达的组合方式实现无极变量,且都是双泵双回路。根据两个回路的变量有无关联,分为功率变量系统和全功率变量系统两种。其中功率变量系统的每个油泵各有一个功率调节机构,油泵的流量变化只受自身所在回路压力变化的影响,与另一回路的压力变化无关,即两个回路的油泵各自独立地进行恒功率调节变量,两个油泵各自拥有一半发动机输出功率;全功率变量系统中的两个油泵由一个总功率调节机构进行平衡调节,使两个油泵的摆角始终相同,同步变量,流量相等,决定流量变化的是系统的总压力,两个油泵的功率在变量范围内是不相同的,其调节机构有机械联动式和液压联动式两种形式。

2. YW-100 型单斗液压挖掘机液压系统

国产 YW-100 型单斗履带式液压挖掘机的工作装置、行走机构、回转装置等均采用液压驱动,其液压系统如图 7.2 所示。

该挖掘机液压系统采用双泵双向回路定量系统,由两个独立的回路组成。所用的油泵为双联泵,分为 A、B 两泵。八联多路换向阀分为两组,每组中的四联换向阀组为串联油路。油泵 A 输出的压力进入第一组多路换向阀,驱动回转马达、铲斗油缸、辅助油缸,并经中央回转接头驱动右行走马达 7。该组执行元件不工作时油泵 A 输出的压力油经第一组多路换向阀中的合流阀进入第二组多路换向阀,以加快动臂或斗杆的工作速度。油泵 B 输出的压力油进入第二组多路换向阀,驱动动臂油缸、斗杆油缸,并经中央回转接头驱动左行走马达 8 和推土板油缸。

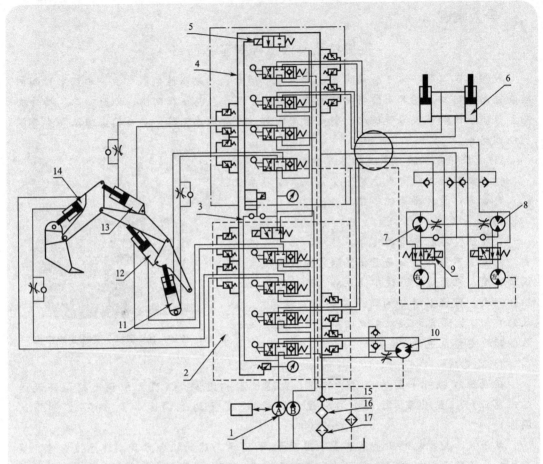

图 7.2　YW-100 型单斗履带式液压挖掘机液压系统
1—油泵；2、4—分配阀组；3—单向阀；5—速度限制阀；6—推土板油缸；7、8—行走马达；
9—双速阀；10—回转马达；11—动臂油缸；12—辅助油缸；13—斗杆油缸；
14—铲斗油缸；15—背压阀；16—冷却器；17—滤油器

该液压系统中两组多种换向阀均采用串联油路，其回油路并联，油液通过第二组多路换向阀中的限速阀 5 流向油箱。限速阀的液控口作用着由梭阀提供的 A、B 两油泵的最大压力，当挖掘机下坡行走出现超速情况时，油泵出口压力降低，限速阀自动对回油进行节流，防止溜坡现象，保证挖掘机行驶安全。

在左、右行走马达内部除设有补油阀外，还设有双速电磁阀 9，当双速电磁阀在图示位置时马达内部的两排柱塞构成串联油路，此时为高速；当双速电磁阀得电后，马达内部的两排柱塞呈并联状态，马达排量大、转速降低，使挖掘机的驱动力增大。

为了防止动臂、斗杆、铲斗等因自重而超速降落，其回路中均设有单向节流阀。另外，两组多路换向阀的进油路中设有安全阀，以限制系统的最大压力，在各执行元件的分支油路中均设有过载阀，吸收工作装置的冲击；油路中还设有单向阀，以防止油液的倒流、阻断执行元件的冲击振动向油泵的传递。

WY-100 型单斗液压挖掘机除了主油路外，还有如下低压油路：

(1) 排灌油路。将背压油路中的低压油，经节流降压后供给液压马达壳体内部，使其保持一定的循环油量，及时冲洗磨损产物。同时回油温度较高，可对液压马达进行预热，避免环境温度较低时工作液体对液压马达形成"热冲击"。

(2) 泄油回路。将多路换向阀和液压马达的泄漏油液用油管集中起来，通过五通接头和滤油器流回油箱。该回路无背压以减少外漏。液压系统出现故障时可通过检查泄漏油路滤油器，判定是否属于液压马达磨损引起的故障。

(3) 补油油路。该液压系统中的回油经背压阀流回油箱，并产生 $0.8\sim1.0$ MPa 的补油压力，形成背压油路，以便在液压马达制动或出现超速时，背压油路中的油液经补油阀向液压马达补油，以防止液压马达内部的柱塞滚轮脱离导轨表面。

该液压系统采用定量泵，效率较低、发热量大，为了防止液压系统过大的温升，在回油路中设置强制风冷式散热器，将油温控制在 80℃ 以下。

问题：
1. 挖掘机液压系统都具有哪些液压控制回路？
2. 为何挖掘机液压回路中均设有单向节流阀？
3. 挖掘机液压系统分为哪三种？

虽然现代机械设备的液压系统越来越复杂，但是无论多么复杂，它总是由一些不同功能的基本回路组成的。基本回路就是由一些液压元件和管路按一定方式组合起来的、能够完成一定功能的油路结构。按其在液压系统中的功能，基本回路一般包括控制整个系统或局部油路压力的压力控制回路、调节液压执行件速度的速度控制回路、控制执行件运动方向变换的方向控制回路。本章将详细介绍这些常见的基本回路，熟悉和掌握这些基本回路的组成、工作原理和特性是设计、分析和使用液压系统的基础。

7.1 压力控制回路

压力控制回路是利用压力控制阀作为回路的主要控制元件，控制整个液压系统或局部系统压力的回路，以满足执行元件输出所需要的力或力矩的要求。在各类机械设备的液压系统中，保证输出足够的力或力矩是设计压力控制回路最基本的条件。压力控制回路的基本类型包括调压回路、减压回路、保压回路、增压回路、平衡回路和卸荷回路等。

7.1.1 调压回路

系统的压力应能够根据负载的要求进行调节，从而使其既满足工作需求，又可以减少系统的发热量和功率损耗。调压回路主要是通过溢流阀控制系统的工作压力保持恒定或限制其最大值，以便与负载相适应。在定量泵系统中，工作压力一般是利用溢流阀调节，使泵能在恒定的压力下工作。变量泵系统中用安全阀限制系统的最大工作压力，防止系统过载。当系统需要多个压力时，可以采用多级调压回路来实现。

1. 单级调压回路

如图 7.3 所示，由一个溢流阀和定量泵组成的单级调压回路，只能给系统提供一种工作压力，系统的压力由溢流阀设定，即所谓的"溢流定压"，同时溢流阀还兼有安全阀的作用。

2. 多级调压回路

许多液压系统在不同工作过程阶段或不同的执行件需要不同的工作压力时，需要采用多级调压回路。

1）采用多个溢流阀的多级调压回路

图 7.4 所示为采用三个溢流阀的多级调压回路，此调压回路可以为系统输出三级压力。在图示状态下，三位电磁换向阀处于中位时，系统压力由高压溢流阀调节，获得高压压力；当三位电磁换向阀左端得电时，系统压力由低压溢流阀 1 调节，获得第一种低压压力；当三位电磁换向阀右端得电时，系统压力由低压溢流阀 2 调节，获得第二种低压压力。这种调压回路控制系统简单，但在压力转换时会产生冲击。三个溢流阀及电磁换向阀的规格都必须按液压泵的最大供油量和最高压力来选择。

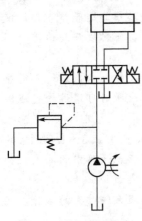

图 7.3 单级调压回路

2）采用电液比例溢流阀的多级调压回路

图 7.5 所示为采用比例溢流阀的多级调压回路，调节电液比例溢流阀的输入信号电流 I，就可以调节系统的供油压力，而不需要设置多个溢流阀和换向阀。这种多级调压回路所用的液压元件少，油路简单，可以方便地实现远距离控制或程序操作以及连续地按比例进行压力调节，压力上升和下降的时间均可以通过改变输入信号加以调节，因此，压力转换过程平稳，但控制系统复杂。

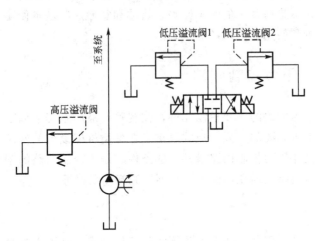

图 7.4 溢流阀式多级调压回路

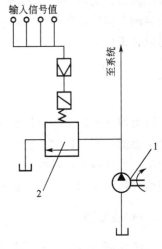

图 7.5 电液比例阀式调压回路
1—液压泵；2—电液比例溢流阀

7.1.2 减压回路

在单泵供油的多个支路的液压系统中，不同的支路需要有不同的、稳定的、可以单独调节的较主油路低的压力，如液压系统中的控制油路、夹紧回路、润滑油路等是较低的供油压力回路，因此要求液压系统中必须设置减压回路。常用的设置减压回路的方法是在需要减压的液压支路前串联减压阀。

1. 单级减压回路

图 7.6 所示为常用的单级减压回路，主油路的压力由溢流阀设定，减压支路的压力根据负载由减压阀调定。

减压回路设计时要注意避免因负载不同可能造成回路之间的相互干涉问题，例如当主油路负载减小时，有可能造成主油路的压力低于支路减压阀调定的压力，这时减压阀的开口处于全开状态，失去减压功能，造成油液倒流。为此，可在减压支路上，减压阀的后面加装单向阀，以防止油液倒流，起到短时的保压作用。

2. 二级减压回路

图 7.7 所示为常用的二级减压回路。

在图 7.7 中，将先导式减压阀的遥控口通过二位二通电磁阀与调压阀相接，通过调压阀的压力调整获得预定的二次减压。当二位二通电磁阀断开时，减压支路输出减压阀的设定压力；当二位二通电磁阀接通时，减压支路输出调压阀设定的二次压力。调压阀设定的二次压力值必须小于减压阀的设定压力值。

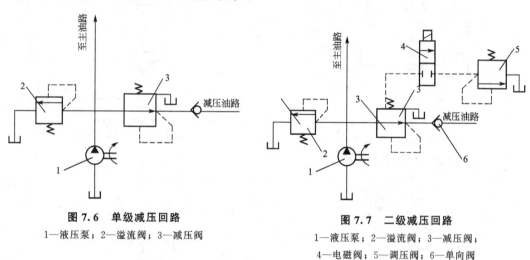

图 7.6 单级减压回路
1—液压泵；2—溢流阀；3—减压阀

图 7.7 二级减压回路
1—液压泵；2—溢流阀；3—减压阀；
4—电磁阀；5—调压阀；6—单向阀

为使减压阀稳定工作，最低调整压力一般应该不小于 0.5MPa，最高调整压力应至少比系统最高压力低 0.5MPa。当减压回路的执行元件需要调速时，调速元件应该放在减压阀的后面，这样可以避免减压阀对执行元件速度的影响。由于减压阀工作时存在阀口压力损失和泄漏口造成的容积损失，因此，这样的回路不应该用在压降或流量较大的场合。

7.1.3 保压回路

保压回路是当执行元件停止运动或微动时，使系统稳定地保持一定压力的回路。保压回路需要满足保压时间、压力稳定、工作可靠和经济性等方面的要求。如果对保压性能要求不高和维持保压时间较短，可以采用简单、经济的单向阀保压；如果保压性能要求高，则应该采用补油的办法弥补回路的泄漏，从而维持回路的压力稳定。

常用的保压方式有蓄能器保压回路、限压式变量泵保压回路和自动补油的保压回路。

图 7.8 所示为蓄能器保压的夹紧回路。当泵卸荷或进给执行件快速运动时，单向阀把夹紧回路与进给回路隔开，蓄能器中的压力油用于补偿夹紧回路中油液的泄漏，使其

压力基本保持不变。蓄能器的容量决定于油路的泄漏程度和所要求的保压时间的长短。

图7.9所示为限压式变量泵的保压回路。当系统进入保压状态时,由限压式变量泵向系统供油,维持系统压力稳定。由于只需补充保压回路的泄漏量,因此配备的限压式变量泵输出的流量很小,功率消耗也非常小。

图7.10所示为压力机液压系统的自动补油的保压回路。其工作原理是当三位四通电磁换向阀的左位工作时,液压泵向液压缸上腔供油,活塞前进;当接触工件后,液压缸的上腔压力上升;当达到设定压力值时,电接触点压力表发出信号,使三位四通电磁换向阀进入中位机能,这时液压泵卸荷,系统进入保压状态。当液压缸的上腔压力降到某一压力值时,电接触式压力表就发出信号,使三位四通电磁换向阀又进入左位机能,液压泵重新向液压缸上腔供油,使压力上升。如此反复,实现自动补油保压。当三位四通电磁换向阀的右位工作时,活塞便快速退回原位。这种回路的保压时间长,压力稳定性好,适合于保压性能要求高的高压系统,如液压机等。

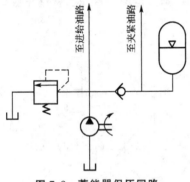

图7.8 蓄能器保压回路

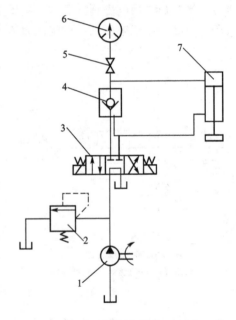

图7.10 自动补油保压回路
1—液压泵;2—溢流阀;3—换向阀;
4—单向阀;5—压力表开关;
6—压力表;7—液压缸

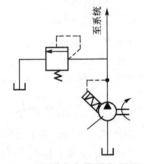

图7.9 限压式变量泵保压回路

7.1.4 增压回路

在液压系统中,当为满足局部工作机构的需要,要求某一支路的工作压力高于主油路时,可以采用增压回路。增压回路采用的基本元件是能够实现油液压力放大的增压器,这时的主油路可以采用压力较低的液压泵,以降低主油路上的发热量。

1. 采用单作用增压器的增压回路

如图7.11所示,增压器由一个活塞腔和一个柱塞腔串联组成,低压油进入活塞缸的左腔,推动活塞并带动柱塞右移,柱塞缸内排出的高压油进入工作油缸。换向阀反向运动时，活塞带动柱塞退回，工作油缸在弹簧的作用下复位，如果油路中有泄漏，则补油箱的油液通过单向阀向柱塞缸内补油。这种回路的增压倍数等于增压器中活塞面积和柱塞面积之比，缺点是不能提供连续的高压油。

2. 采用双作用增压器的增压回路

在增压回路中采用双作用增压器，可使工作缸连续获得高压油，图 7.12 所示为双作用增压器的结构原理图。为了连续供给高压油，换向阀采用电磁或液动自动换向阀，在图示位置时，压力油进入双作用增压缸的左腔，同时进入其左侧的柱塞缸，共同推动活塞右移，右侧的柱塞腔输出增压油；当换向阀换向时，压力油进入双作用增压缸的右腔，同时进入其右侧的柱塞腔，共同推动活塞左移，左侧柱塞腔输出增压油。如此过程反复进行，增压器便不断地为系统输出增压油。双作用增压器与其他液压元件适当组合就可构成连续增压回路。

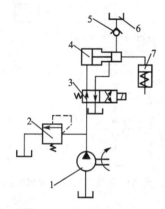

图 7.11 增压器增压回路

1—液压泵；2—溢流阀；3—换向阀；4—增压器；5—单向阀；6—补油箱；7—工作油缸

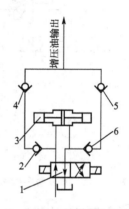

图 7.12 双作用增压器结构原理图

1—换向阀；2、4、5、6—单向阀；3—双作用增压缸

7.1.5 平衡回路

为了防止立式液压缸或垂直运动的工作部件由于自重而自行下滑，可在液压系统中设置平衡回路。即在立式液压缸或垂直运动的工作部件的下行回路上设置适当的阻力，使其回油腔产生一定的背压，以平衡其自重和负载并提高液压缸或垂直运动工作部件的运动稳定性。

1. 用单向顺序阀的平衡回路

图 7.13 所示为由单向顺序阀组成的平衡回路，顺序阀的调整压力应该稍微大于工作部件的重量在液压缸下腔形成的压力。当换向阀位于中位时，液压缸就停止运动，但由于顺序阀的泄漏，运动部件仍然会缓慢下降，所以这种回路适合工作载荷固定且位置精

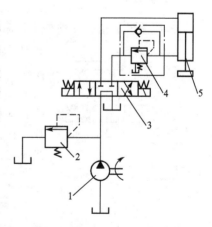

图 7.13 单向顺序阀平衡回路

1—液压泵；2—溢流阀；3—换向阀；4—顺序阀；5—液压缸

度要求不高的场合。

2. 用液控单向阀的平衡回路

图 7.14 所示为由液控单向阀组成的平衡回路，其将图 7.13 中的单向顺序阀换成液控单向阀。当换向阀左位动作时，压力油进入液压缸上腔，同时打开液控单向阀，活塞和工作部件向下运动，当换向阀处于中位时，液压缸上腔失压，关闭液控单向阀，活塞和工作部件停止运动。液控单向阀的密封性好，可以很好地防止活塞和工作部件因泄漏而造成的缓慢下降。在活塞和工作部件向下运动时，回油油路的背压小，因此功率损耗小。

在图 7.13 中的单向顺序阀的后面再串联一个液控单向阀，可组成单向顺序阀加液控单向阀的平衡回路，如图 7.15 所示。

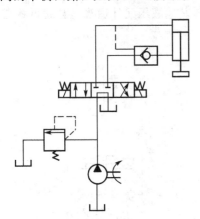
图 7.14 液控单向阀平衡回路

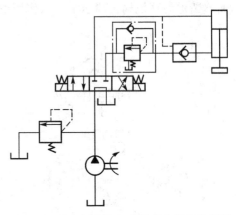
图 7.15 单向顺序阀加液控单向阀平衡回路

液控单向阀可以防止因为单向顺序阀的泄漏而造成的工作部件缓慢下滑，而单向顺序阀可以提高回油腔的背压和油路的工作压力，使液控单向阀在工作部件下行时始终处于开启状态，提高工作部件的运动平稳性。另外还有采用单向节流阀和液控单向阀组成的平衡回路。

7.1.6 卸荷回路

当液压系统的执行元件在工作循环过程中短时间停止工作时，为了节省功耗，减少发热量，减轻油泵和电动机的负荷及延长寿命，一般使电动机不停，油泵在接近零油压状态下回油。通常，电动机功率在 3kW 以上的液压系统都应该设有卸荷回路。卸荷回路有两大类，即压力卸荷回路（泵的全部或绝大部分流量在接近于零压下流回油箱）和流量卸荷回路（泵维持原有压力，而流量在近于零的情况下运转）。

1. 不需要保压的卸荷回路

不需要保压的卸荷回路一般直接采用液压元件实现卸荷，具有 M、H、K 型中位机能的三位换向阀都能实现卸荷功能。

图 7.16 所示为采用 H 型中位机能的三位换向阀的卸荷回路，当换向阀处于中位时，工作部件停止运动，液压泵输

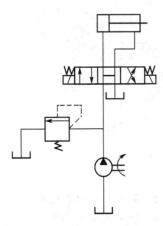
图 7.16 三位换向阀的卸荷回路

出的油液通过三位换向阀的中位通道直接流回油箱,泵的出口压力仅为油液流经管路和换向阀所引起的压力损失。这种回路适用于低压小流量的液压系统。

图 7.17 所示为采用二位二通电磁换向阀和溢流阀并联组成的卸荷回路,卸荷时,二位二通电磁换向阀得电,液压泵输出的油液通过电磁换向阀直接流回油箱,二位二通电磁换向阀的规格要和泵的排量相适应。这种回路不适用于大流量的液压系统。

图 7.18 所示为采用二位二通电磁换向阀串接在先导型溢流阀的外控油路上组成的卸荷回路,卸荷时,二位二通电磁换向阀得电,液压泵输出的油液通过溢流阀直接流回油箱。

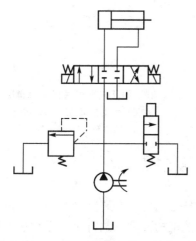
图 7.17　二位二通电磁换向阀卸荷回路

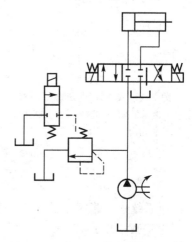
图 7.18　先导型溢流阀卸荷回路

二位二通电磁换向阀用在控制油路上,因此只需要较小通径的电磁阀。卸荷时溢流阀处于全开状态,其规格与液压泵的排量相适应。这种回路适用于高压大流量的液压系统。

还可以在系统中直接采用具有卸荷和溢流组合功能的电磁卸荷溢流阀(如力士乐的 DAW 系列)进行卸荷,由卸荷溢流阀组成的卸荷回路具有回路简单的优点。

2. 需要保压的卸荷回路

有些液压系统在执行元件短时间停止工作时,整个系统或部分系统(如控制系统)的压力不允许为零,这时可以采用能够保压的卸荷回路。

图 7.19 所示为蓄能器保压的卸荷回路,开始,液压泵向蓄能器和液压缸供油,液压缸的活塞杆压头接触工件后,系统压力升高达到卸荷阀的设定值时,卸荷阀动作,液压泵卸荷;然后由蓄能器维持液压缸的工作压力,保压时间由蓄能器的容量和系统的泄漏等因素决定。当压力降低到一定数值后,卸荷阀关闭,液压泵继续向系统供油。

图 7.20 所示为采用限压式变量泵保压的卸荷回路,通过利用限压式变量泵的输出压力来控制泵的输出流量的原理进行卸荷。当液压缸活塞杆压头快速运动趋向工件时,限压式变量泵的输出压力很低但流量最大,压头接触工件后,系统压力随负荷的增大而增大,当压力超过预先设定值后,限压式变量泵的流量自动减少,最后泵的输出流量少到只需要维持回路的泄漏为止。这时,液压缸上腔的压力由限压式变量泵保持基本不变,系统进入了保压状态。

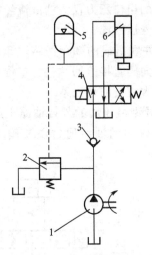
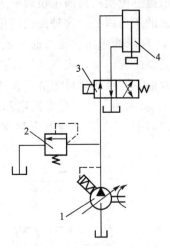

图 7.19 蓄能器保压卸荷回路
1—液压泵；2—卸荷阀；3—单向阀；
4—换向阀；5—蓄能器；6—液压缸

图 7.20 限压式变量泵保压卸荷回路
1—限压式变量泵；2—溢流阀；
3—换向阀；4—液压缸

7.2 速度控制回路

在液压系统中，速度控制回路是液压回路的核心内容，是研究调节和变换液压执行件速度的理论基础。几乎所有的执行元件都有运动速度的要求，执行机构运动速度的调节是通过调节输入到执行机构油液的流量来实现的。以工作原理分类，速度控制回路分为节流调速回路、容积调速回路和容积节流调速回路，以油液在油路中的循环方式分类，分为开式调速回路和闭式调速回路。

调速回路是以调速范围来表征其主要工作特性的，调速范围定义为回路所驱动的执行元件在规定负载下可得到的最大速度与最小速度之比。因此要求速度控制回路能在规定的速度范围内调节执行件的速度，满足最大速比的要求，并且调速特性不随负载变化，具有足够的速度刚度和功率损失最小的特点。

7.2.1 节流调速回路

节流调速回路由定量泵供油，通过改变回路中流量控制阀的流通面积的大小来控制流入或流出执行元件的流量，达到调节执行元件速度的目的。根据所采用的流量控制阀的种类不同，有普通节流阀的节流调速回路和可调节流阀的节流调速回路；按节流阀在液压系统中安装位置的不同，分为进口节流、出口节流和旁路节流三种基本的调速回路。进口节流和出口节流调速回路属于定压式调速回路，旁路节流属于变压式调速回路。

1. 采用节流阀的调速回路

1) 进口节流调速回路

(1) 回路构成。进口节流调速回路如图 7.21 所示，节流

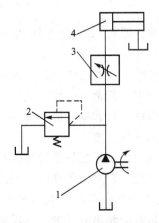

图 7.21 进口节流调速回路
1—定量泵；2—溢流阀；
3—节流阀；4—液压缸

阀装在执行件的进口油路上,主要由定量泵、溢流阀、节流阀和执行件液压缸组成。

(2) 工作原理。如图 7.21 所示,系统的最大压力经过溢流阀设定后,基本上保持恒定不变,定量泵提供的油液在溢流阀的设定压力 p_P 下,经过节流阀后,以流量 q_1 和压力 p_1 进入液压缸,作用在液压缸的有效工作面积 A_1 上,克服负载 F,推动液压缸的活塞以速度 v 运动。定量泵多余的流量通过溢流阀流回油箱。如果忽略摩擦力和管路损失以及回油压力,活塞的运动速度 v 为

$$v = \frac{q_1}{A_1} \qquad (7-1)$$

液压缸活塞力的平衡方程式为

$$p_1 A_1 = F + p_2 A_2 \qquad (7-2)$$

忽略油路的泄漏,进入液压缸的流量 q_1 等于通过节流阀的流量 q_T,根据流量连续性原理,当节流阀前后的压力差为 Δp_T 时,节流阀的流量为

$$q_T = K_T A_T (\Delta p_T)^\varphi$$

液压缸回油腔的压力 p_2 近似为零,所以 $p_1 = F/A_1$ 就是负载压力,联立式(7-1)、式(7-2)和上式解得:

$$v = \frac{K_T A_T}{A_1} \left(p_P - \frac{F}{A_1} \right)^\varphi \qquad (7-3)$$

式中,K_T 为与节流孔口形状、液体流态、油液性质等因素有关的系数;A_T 为节流阀的流通面积;A_1 为液压缸的有效工作面积;p_P 为油泵提供的油液压力;F 为作用在油缸上的负载。

由此可见,当其他条件不变时,活塞的运动速度 v 与节流阀的流通面积 A_T 成正比。因此可以通过调节节流阀的流通面积 A_T 调节液压缸的速度。

(3) 调速性能。调速性能包括速度-负载特性、功率特性、最大承载能力、调速范围等指标。

① 速度-负载特性。速度-负载特性是指执行元件速度随负载变化的性能。可以用如图 7.22 所示的速度-负载特性曲线来描述。

在液压传动系统中,通过控制阀口的流量是按薄壁小孔流量公式计算,此时,式(7-3)中的指数 $\varphi = 0.5$,活塞运动速度为

$$v = \frac{K_T A_T}{A_1} \left(p_P - \frac{F}{A_1} \right)^{0.5} \qquad (7-4)$$

取不同的流通面积 A_T,可以得到不同的速度-负载特性曲线,如图 7.22 所示。

图中,A_{T1},A_{T2},A_{T3} 表示不同的流通面积;θ_{13} 和 θ_{23} 分别表示不同负载 F_1 和 F_2 情况下的速度-负载特征曲线的倾角;θ_{21}、θ_{22}、θ_{23} 表示在负载 F_2 下,分别在不同流通面积 A_{T1}、A_{T2}、A_{T3} 情况下的速度-负载特性曲线的倾角。

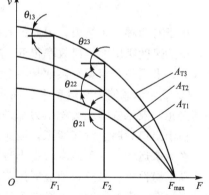

图 7.22 进口节油调速回路速度-负载特性曲线

由图中可以看出,当 p_P 和 A_T 设定后,活塞的速度随负载的增大而减小,当最大载荷 $F_{max} = p_P A_1$ 时,活塞停止运动,速度为零。由此看出,这种调速回路的承载能力不受节流阀流通面积变化的影响。通常定义负载对速度的变化率为速度刚度,用 k_v 表示,即

$$k_v = -\frac{\partial F}{\partial v} \quad (7-5)$$

$$k_v = -\frac{1}{\tan\theta} \quad (7-6)$$

速度刚度 k_v 是速度-负载特性曲线上某点切线斜率的倒数，斜率越小，速度刚度越大，说明设定的速度受负载波动的影响就越小，其速度的稳定性也越好。

由式(7-4)和式(7-5)得

$$k_v = \frac{2A_1^{\frac{3}{2}}}{K_T A_T}(p_P A_1 - F)^{0.5} = \frac{2(p_P A_1 - F)}{v} \quad (7-7)$$

从式(7-7)和图 7.20 可以得出以下结论：

- 当节流阀流通面积 A_T 一定时，负载 F 越小，θ 就越小（$\theta_{23} < \theta_{13}$），所以速度刚度 k_v 就越大。
- 当执行件负载一定时，节流阀流通面积 A_T（图 7.20 中 $A_{T,1} < A_{T,2} < A_{T,3}$）越小，速度刚度 k_v 也越大。
- 增大液压缸的有效工作面积，提高液压泵的供油压力，可以提高速度刚度。

② 功率特性。液压泵的输出功率 P_P 为

$$P_P = p_P q_P = 恒定$$

液压缸输出的有效功率 P_1 为

$$P_1 = Fv = F\frac{q_1}{A} = p_1 q_1$$

回路的功率损失（忽略液压缸、管路和液压泵上的功率损失）ΔP 为

$$\Delta P = P_P - P_1 = p_P q_P - p_1 q_1 = p_P \Delta q + q_1 \Delta p_T \quad (7-8)$$

式中，Δq 为通过溢流阀的流量；Δp_T 为节流阀前后的压差。

这种调速回路的功率损失由溢流损失和节流损失两部分组成。由此可以得出回路的效率 η_c 为

$$\eta_c = \frac{P_1}{P_P} = \frac{p_1 q_1}{p_P q_P} \quad (7-9)$$

由于有两种功率损失，因此这种调速回路的效率不高，特别是在低速小负载的情况下，虽然速度刚度大，但效率很低。在液压缸要实现快速和慢速两种运动，并且速度差别较大时，采用一个定量泵供油是不合适的。

③ 最大承载能力和运动平稳性。当泵的出口压力设定好后，不管节流阀的开口面积如何变化，液压缸的最大输出力都是有限的，即 $F_{max} = p_P A_1$。

由于出口管路上没有背压，因此，进口节流调速回路不能承受负值负载。

在活塞运动时，负载突然变小时活塞将会产生突然前冲现象，所以进口节流调速回路的运动平稳性差。另外，油液通过节流阀时会发热，压力差越大，发热越严重，这对液压缸的泄漏有一定的影响，也影响到液压缸运动速度的平稳性。

④ 调速范围。调速范围是被驱动的液压缸在一定负载下可能得到的最大工作速度与最小工作速度之比，由式(7-4)得出进口节流调速回路的调速范围 R_C 为

$$R_C = \frac{v_{max}}{v_{min}} = \frac{A_{Tmax}}{A_{Tmin}} = R_T$$

式中，A_{Tmax} 为节流阀的最大流通面积；A_{Tmin} 为节流阀的最小流通面积；R_T 为节流阀的调

速范围。

由此可知进口节流调速回路的调速范围只受流量控制元件节流阀调速范围的限制。

2) 出口节流调速回路

出口节流调速回路的原理如图 7.23 所示,与进口节流调速回路的主要区别是节流阀串接在执行件(液压缸)的回油路上,通过控制液压缸的排油(流)量实现对液压缸的速度调节,通过节流阀的流量等于进入液压缸的流量,定量泵多余的流量通过溢流阀流回油箱。

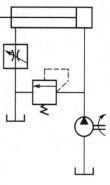

图 7.23 出口节流调速回路

与进口节流调速回路的速度-负载特性、功率特性、承载能力特性相比较,可以得出它们在这几方面是相同的。该回路一般适合于小功率、负载变化不大的液压系统。

出口节流调速回路的特点主要有:

(1) 运动平稳性较好。由于经过节流阀发热的油不再进入执行机构,再加上回路上有背压,因此执行件的运动平稳性好,特别是低速运动时比较平稳。

(2) 可以承受负载荷。由于回油节流调速回路有背压,因此可以承受负载荷。

(3) 在出口节流调速回路中,如果停车时间较长,液压缸回油腔的油液会漏掉一部分,形成空隙,重新启动时,会使液压缸的活塞产生前冲,直到消除回油腔内的空隙并形成背压为止。

(4) 效率低。这是因为出口节流调速回路有背压存在,使得液压缸两腔的压力都比进口节流调速回路高。因此在同样的负载情况下,降低了有效功率。

出口节流调速回路一般适合于功率不大的低压、小流量、负载变化不大、运动平稳性要求比较高的液压系统。

3) 旁路节流调速回路

(1) 回路构成。图 7.24 所示为旁路节流调速回路,这种调速回路与出口节流调速回路和进口节流调速回路的主要区别是将节流阀安装在与液压缸两腔并联的支路上,利用节流阀把液压油的一部分直接排回油箱来实现调速。这时回路中的溢流阀是作为安全阀使用的。

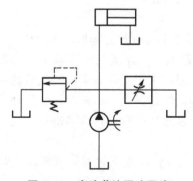

图 7.24 旁路节流调速回路

(2) 工作原理。定量泵输出流量为 q_P,通过节流阀流回油箱的流量为 Δq_T,忽略油路、液压缸和泵的泄漏,进入液压缸推动活塞运动的流量为 $q = q_P - \Delta q_T$,活塞运动速度的快慢受通过节流阀流量 Δq_T 的制约。因此,调节节流阀的流量 Δq_T,就可调节活塞的运动速度。

在旁路节流调速回路中,液压缸内的工作压力就等于液压泵的供油压力(忽略管路压力损失),其大小由液压缸的工作负载决定。溢流阀作为安全阀使用,其调整压力应该大于液压缸的最大工作压力,正常状态下不打开,只有在回路过载时才打开。

(3) 调速性能。

① 速度-负载特性的分析方法与进口节流调速回路相同,旁路节流调速回路的速度-负载特性曲线如图 7.25 所示。

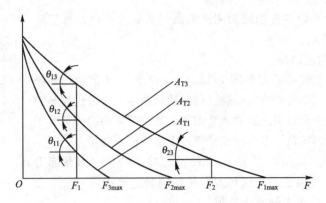

图 7.25 旁路节流调速回路的速度-负载特性曲线

节流阀两端的压差为 $\Delta p_T = p_P = p_1 = F/A_1$，求得活塞的运动速度为

$$v = \frac{q_1}{A_1} = \frac{q_P - \Delta q_T}{A_1} = \frac{q_P - K_T A_T (\Delta p_T)^{\frac{1}{2}}}{A_1} = \frac{q_P - K_T A_T \left(\frac{F}{A_1}\right)^{\frac{1}{2}}}{A_1} \quad (7-10)$$

速度刚度为

$$K_v = -\frac{\partial F}{\partial v} = \frac{2A_1^2}{K_T A_T} p_P^{\frac{1}{2}} = \frac{2A_1 F}{q_P - A_1 v} \quad (7-11)$$

由图 7.25 和式(7-10)、式(7-11)可以看出：
● 液压缸的运动速度与节流阀的开口面积成反比，当节流阀的开口为零时，液压缸运动速度最大。
● 当节流阀的开口面积一定时，负载增大，活塞的运动速度下降，但速度刚度增大。
● 当负载一定时，节流阀的开口面积越小，速度刚度也越大。
● 增大液压缸活塞的面积可以提高速度刚度。
● 无论节流阀开口面积大小如何，只有要 $F=0$，液压缸的速度就达到同一最大值。

液压缸运动速度的稳定性除了受液压缸和阀的泄漏影响外，还受到液压泵泄漏的影响。当负载增大时，工作压力增高，液压泵的泄漏增多，相对减少了进入液压缸油液的流量，使活塞运动速度降低。由于液压泵的泄漏比液压缸和阀的泄漏大，因此对活塞运动速度的影响就比较明显。总而言之，影响旁路节流调速回路速度的因素比进口和出口节流调速回路的多，因此它的速度稳定性也就最差。

旁路节流调速回路在高速大负载时，速度刚度相对较高；而在低速时，调节范围较小。所以这种调速回路适用于稳定性要求不高、速度较高、载荷较大的场合。

② 最大承载能力。由图 7.25 可以看出，旁路节流调速回路的承载能力受活塞运动速度和节流阀开口大小的影响。活塞运动速度随着负载的增加而降低，当活塞运动速度为零时，得到最大承载值，这时液压泵的全部流量已经通过节流阀流回油箱。此时继续增大节流阀的开口面积已经无法调节液压缸的运动速度了。当负载增大到 $F = p_r A_1$（p_r 为安全阀设定压力）时，安全阀打开，泵的流量全部通过安全阀流回油箱，液压缸速度为零。所以回路的最大承载能力受安全阀设定压力的限制。

③ 功率特性。旁路节流调速回路没有溢流功率损失，只有节流功率损失。节流功率

损失为
$$\Delta P = p_1 \Delta q_T$$

液压泵的输出功率为
$$P_P = p_P q_P$$

液压缸的输出功率为
$$P = p_1 q_1 = p_P q_1$$

回路的效率为
$$\eta_c = \frac{p_1 q_1}{p_P q_P} \approx \frac{q_1}{q_P} \qquad (7-12)$$

由于液压泵的输出功率随着液压系统工作压力的增减而增减,因此这种回路是一种变压式的调速回路。这种回路只有节流功率损失,没有溢流功率损失,因此旁路节流调速回路的效率高于进口节流调速回路和出口节流调速回路,一般用于功率较大且速度稳定性要求不高的场合。

2. 采用调速阀的调速回路

前面所介绍的几种节流调速回路,都不能满足负载变化较大或速度稳定性要求较高的应用场合。为了克服上述缺点,可用调速阀代替上述调速回路中的节流阀,回路的负载特性将大为改善。

节流阀调速回路在变载情况下速度稳定性差的主要原因是节流阀两端压差的变化要影响到节流阀流通流量的变化,从而影响液压缸活塞运动速度的变化。而调速阀内节流阀两端的压差基本不受负载变化的影响,其流量只取决于调速阀开口面积的大小。因此,采用调速阀可以提高回路的速度刚度,改善速度-负载特性,提高速度的稳定性。调速阀调速回路分定压式和变压式两大类,进口调速回路和出口调速回路属于定压式调速回路,旁路调速回路属于变压式调速回路。

调速阀定压式调速回路(进口调速回路和出口调速回路)的速度-负载特性曲线如图 7.26 所示,如果忽略液压系统的泄漏,可以认为速度不受负载变化的影响。

调速阀定压式调速回路的功率特性曲线如图 7.27 所示,调速阀调速回路的输入功率 P_P 和溢流损失功率 ΔP_1 不随负载变化;输出功率 P_o 随负载的增加而线性上升,节流损失 ΔP_2 则随负载的增加而线性下降。

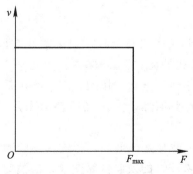

图 7.26 调速阀定压式调速回路速度-负载特性曲线

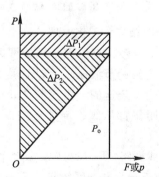

图 7.27 调速阀定压式调速回路功率特性曲线

调速阀变压式调速回路(旁路调速回路)的速度-负载特性曲线如图 7.28 所示，可以基本保证速度不受负载的影响。

调速阀变压式调速回路的功率特性曲线如图 7.29 所示，节流阀调速回路的输入功率 P_P 和输出功率 P_o 以及节流损失 ΔP 都随负载的增减而增减。

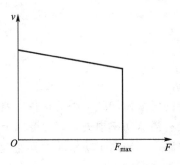

图 7.28　调速阀变压式调速回路
速度-负载特性曲线

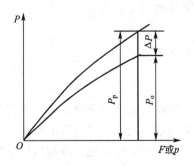

图 7.29　调速阀变压式调速
回路功率特性曲线

以上所介绍的各种节流调速回路有节流损失和溢流损失，所以只适合用于小功率的液压系统。需要指出的是：为了保证调速阀中减压阀起到压力补偿作用，调速阀两端的压差必须大于一定数值，否则调速阀和节流阀调速回路的负载特性将区别不大。一般中、低压调速阀的压差为 0.5MPa，高压调速阀为 1MPa。由于调速阀的最小压差比节流阀大，因此其调速回路的功率损失比节流阀调速回路要大一些。

7.2.2　容积调速回路

容积调速回路是采用改变泵或马达的排量来进行调速的。这种调速方式与节流调速回路相比，从原理上来讲没有节流和溢流损失，因此，它的效率高，产生的热量少，适合大功率或对发热有严格限制的液压系统。其缺点是要采用变量泵或变量马达，变量泵或变量马达的结构要比定量泵和定量马达复杂得多，而且油路也相对复杂，一般需要有补油油路及设备和散热回路及设备。因此容积调速回路的成本比节流调速回路的高。

容积调速回路的形式有变量泵与定量执行元件(液压缸或液压马达)、变量泵与变量液压马达以及定量泵与变量液压马达等几种组合形式。

1. 变量泵与液压缸的容积调速回路

1) 回路结构和工作原理

变量泵与液压缸的容积调速回路有开式回路和闭式回路两种，通过改变变量泵的排量就可以达到调节液压缸运动速度的目的。在开式回路(图 7.30)中，回油管与液压泵的吸油管是不连通的，溢流阀 2 处于常闭状态，起到安全阀的作用，用于防止系统过载；溢流阀 3 用作背压阀，增加换向时液压缸运动的平稳性；液压缸的换向采用换向阀 4 实现。

在闭式回路(图 7.31)中，回油管与液压泵的进油管是连通的，形成封闭的循环系统。安全阀 4、5 分别防止系统正、反两个方向过载，液压缸的换向依靠变量泵的换向来实现。由于液压缸两腔的有效工作面积有时不相等及液压缸、管路的泄漏等原因，对于闭式回路结构系统，要有补油油路，在图 7.31 中，设有补油油路和油箱。

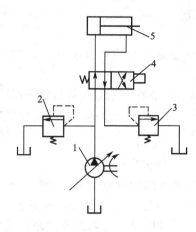
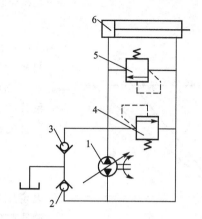

图 7.30 变量泵-液压缸
开式容积调速回路
1—液压泵；2、3—溢流阀；
4—换向阀；5—液压缸

图 7.31 变量泵-液压缸
闭式容积调速回路
1—双向变量泵；2、3—补油单向阀；
4、5—安全阀；6—液压缸

2) 性能特点

(1) 速度-负载特性。变量泵与液压缸容积调速回路的速度稳定性受变量泵、液压缸以及油路泄漏的影响，其中变量泵的影响最大，其他的可以忽略。液压系统泄漏量的大小与系统的工作压力成正比，若泵的理论流量为 q_t，泄漏系数为 k_1，则可以求得回路（以开式回路为例）中活塞的运动速度为

$$v = \frac{q_P}{A_1} = \frac{1}{A_1}\left[q_t - k_1\left(\frac{F}{A_1}\right)\right] \tag{7-13}$$

根据式 (7-13) 变换不同的 q_t 值，就能得到一系列的平行直线，即变量泵与液压缸容积调速回路的速度-负载特性曲线，如图 7.32 所示。

在图中，直线向下倾斜，表明活塞运动的速度随着负载的增加而减小，其原因是油泵泄漏造成的，当活塞速度调低到一定程度，负载增加到某个数值时，活塞就会停止运动，这时油泵的理论流量就全部弥补了泄漏。由此可见，这种调速回路在低速运动的工况下，其承载能力是很差的。

变量泵与液压缸调速回路的速度刚度为

$$K_v = -\frac{\partial F}{\partial v} = \frac{A_1^2}{k_1} \tag{7-14}$$

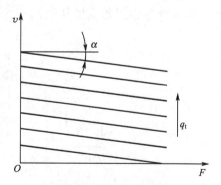

图 7.32 变量泵-液压缸容积调速
回路速度-负载特性曲线

在式 (7-14) 中，泄漏系数 k_1 与负载压力成正比，要想提高回路的速度刚度，可以采用加大液压缸的有效工作面积或选用质量高、泄漏小的变量泵。

(2) 调速范围。变量泵与液压缸调速回路的最大速度由泵的最大流量所决定。如果忽略了泵的泄漏，最低速度可以调到零，因此这种调速回路的调速范围很大，可以实现无级调速。调速范围可以用下式计算

$$R_C = 1 + \frac{R_P - 1}{1 - \dfrac{k_1 F R_P}{A_1 q_{t\max}}} \tag{7-15}$$

式中，R_P 为变量泵变量机构的调节范围；$q_{t\max}$ 为变量泵的最大理论流量。

(3) 输出负载特性。在变量泵与液压缸调速回路中，系统的最大工作压力 p_P 是由安全阀（溢流阀）设定的，液压缸的最大推力为

$$F_{\max} = \eta_m p_P A_1$$

上式中，η_m 是液压缸的机械效率。当假定安全阀的设定压力和液压缸的机械效率不变时，在调速范围内，液压缸的最大推力保持恒定，所以这种回路的输出负载特性是恒推力特性。而最大输出功率 $P_{\max}$ 是随着速度（泵的流量）的增加而线性增加，如图 7.33 所示。

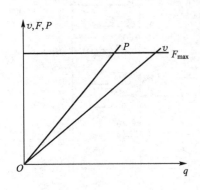

图 7.33 变量泵-液压缸容积调速回路的功率、力、速度输出特性曲线

这种回路适用于负载功率大、运动速度高的场合。

2. 变量泵与定量液压马达的容积调速回路

1) 回路结构和工作原理

变量泵与定量液压马达的容积调速回路如图 7.34 所示，由双向变量泵 4，定量马达 5，安全阀 3，单向阀 6、7、8、9，溢流阀 1 和补油泵 2 组成。马达的正、反向旋转通过双向变量泵直接实现，也可以用单向变量泵再加装换向阀实现；安全阀分别限定油液正反流动方向油路中的最高压力，以防止系统过载；补油泵装在补油油路上，工作时经过单向阀分别向系统处于低压状态的油路补油，同时还可以防止空气渗入和出现孔穴，改善系统内的热交换，补油泵的流量可按变量泵最大流量的 10%~15% 选择；溢流阀的作用是溢出补油泵多余油液，补油泵的补油压力由溢流阀设定，一般为 0.3~1MPa。

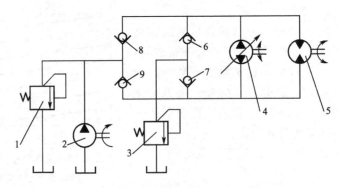

图 7.34 变量泵-定量液压马达容积调速回路
1—溢流阀；2—补油泵；3—安全阀；4—双向变量泵；5—马达；6、7、8、9—单向阀

2) 性能特点

(1) 速度-负载特性。因为变量泵、液压马达泄漏量与负载压力成正比，所以变量泵-液压马达调速回路的速度稳定性受变量泵、液压马达泄漏的影响，随负载转矩的增加略有下降。减少泵和马达的泄漏量，增大液压马达排量可以提高调速回路的速度刚度。

(2) 调速范围。若泵的理论流量为 q_t，排量为 V_P，转速为 n_P；液压马达的排量为 V_M，忽略泵和马达的泄漏，则可以求得回路中液压马达的转速为

$$n_M = \frac{q_t}{V_M} = \frac{V_P n_P}{V_M} \tag{7-16}$$

由式(7-16)可以看出，因为泵的转速 n_P 和马达的排量 V_M 都为常数，所以调节变量泵的排量 V_P 就可以调节马达的转速，两者之间的关系如图 7.35 所示。由于泵的排量 V_P 可以调得较小，因此这种调速回路有较大的调速范围，可以实现连续的无级调速。当回路中的液压泵改变供油方向时，液压马达就能实现平稳换向。

(3) 输出负载特性。在图 7.34 中，液压马达的最高输入压力 p_{Mmax} 由安全阀设定，忽略液压马达的出口压力，液压马达的机械效率为 η_{mM}，可得到液压马达最大输出转矩 T_{Mmax} 为

$$T_{Mmax} = \eta_{mM} \frac{p_{Mmax} V_M}{2\pi} = \text{const} \tag{7-17}$$

由式(7-17)可见，液压马达的最大输出转矩是不变的，即 T_{Mmax} 与泵的排量 V_P 无关，所以称这种调速回路为恒转矩调速回路。

(4) 功率与效率特性。忽略泵和马达的泄漏，液压马达的最大输出功率为

$$P_{Mmax} = V_P n_P p_{Mmax} \tag{7-18}$$

从式(7-18)中得出，液压马达的最大输出功率随变量泵的排量线性变化，两者之间的关系如图 7.35 所示。

正常情况下，变量泵与定量液压马达的容积调速回路没有溢流损失和节流损失，所以回路的效率较高。忽略管路的压力损失，回路的总效率等于变量泵与液压马达的效率之积。

由上面分析可以看出，变量泵与定量液压马达的容积调速回路的效率较高，有一定的调速范围和恒转矩特性，在工程机械、起重机械、锻压机械等功率较大的液压系统中获得了广泛应用。

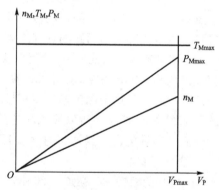

图 7.35 变量泵-定量液压马达容积调速回路马达转速、转矩、功率与泵排量关系曲线

3. 定量泵与变量液压马达的容积调速回路

1) 回路结构和工作原理

定量泵与变量液压马达的容积调速回路的整体结构如图 7.36 所示，由调速回路和辅助补油油路组成，在调速回路中有安全阀、定量泵和变量液压马达，辅助补油油路中有补油泵、溢流阀和单向阀。

在不考虑泄漏的前提下，液压马达的转速 n_M 为

$$n_M = \frac{q_P}{V_M} = \frac{n_P V_P}{V_M} \tag{7-19}$$

由式(7-19)可以看出，由于油泵的排量 V_P 为常数，因此改变变量马达的排量 V_M 就可以实现调速功能，液压马达的转速与排量 V_M 成反比。其关系曲线如图 7.37 所示。

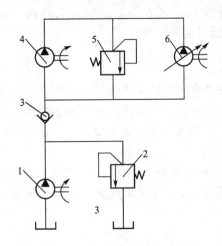
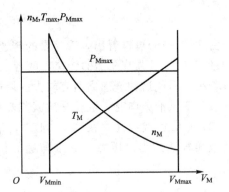

图 7.36　定量泵-变量液压马达容积
调速回路的整体结构
1—补油泵；2—溢流阀；3—单向阀；
4—定量泵；5—安全阀；6—变量液压马达

图 7.37　定量泵-变量液压马达容积
调速回路马达转速、转矩、功率
与泵排量的关系曲线

2) 性能特点

(1) 速度-负载特性。定量泵-变量液压马达容积调速回路的速度稳定性受定量泵、变量液压马达泄漏的影响，随负载转矩的增加而下降。减少泵和马达的泄漏量，增大液压马达排量，可以提高调速回路的速度刚度。

(2) 调速范围。由式(7-19)可以看出，因为泵的转速 n_P 和排量 V_P 都为常数，所以减少变量液压马达的排量 V_M 就可以提高马达的转速，但马达的输出转矩会减小。当排量小到一定程度时，马达会因为输出转矩过小，不足以克服负载而停止转动，转速与排量之间的关系如图 7.37 所示。所以液压马达的转速不能调得太高。同时受马达变量结构最大行程的限制，其排量也不能调得过大，即转速不能过低。因此这种调速回路的调速范围较小，一般不大于 4∶1。

(3) 输出负载特性。在图 7.36 中，液压马达的最高输入压力 p_{Mmax} 由安全阀设定，忽略液压马达的泄漏，液压马达的机械效率为 η_{mM}，可以得到液压马达的最大输出转矩 T_{Mmax} 为

$$T_{Mmax} = \eta_{mM} \frac{p_{Mmax} V_{Mmax}}{2\pi} \tag{7-20}$$

由式(7-20)可见，液压马达的最大输出转矩 T_{Mmax} 与排量 V_M 有关，液压马达的最大输出转矩是变化的，所以这种调速回路输出转矩与液压马达排量 V_M 成正比，其关系曲线如图 7.37 所示。

(4) 功率与效率特性。当安全阀的设定压力 p_{Mmax} 一定时，忽略液压马达的泄漏（马达的流量等于泵的流量）和机械效率的变化，液压马达的最大输出功率 P_{Mmax} 为

$$P_{Mmax} = \eta_M V_P n_P p_{Mmax} = \eta_M q_M p_{Mmax} = \text{const} \tag{7-21}$$

从式(7-21)中得出，液压马达的最大输出功率为一定值。因此称该回路具有恒功率的特性，也称为恒功率调速回路。

因为定量泵与变量液压马达容积调速回路没有溢流损失和节流损失，所以回路的效率较高。忽略管路的压力损失，回路的总效率等于变量泵与液压马达的效率之积，但液压马达的机械效率随排量的减小而降低，在高速时回路的效率会有所降低。

4. 变量泵与变量液压马达的容积调速回路

1) 回路结构和工作原理

变量泵与变量液压马达容积调速回路的整体结构如图 7.38 所示,由调速回路和辅助补油油路组成,在调速回路中设有安全阀 3,变量泵 4,变量液压马达 9 和 4 个单向阀 5、6、7、8。辅助补油油路中由溢流阀 1 和补油泵 2 组成。改变变量泵或变量液压马达的排量都可以实现液压马达的调速。

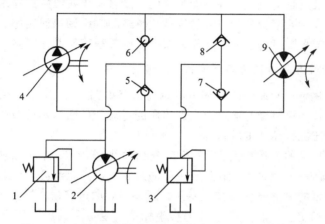

图 7.38 变量泵-变量液压马达容积调速回路的整体结构

1—溢流阀;2—补油泵;3—安全阀;4—变量泵;5、6、7、8—单向阀;9—变量液压马达

2) 调速特性

这种调速回路实际上相当于恒转矩调速回路与恒功率调速回路的组合。其调速方法是首先将液压马达的排量置于最大位置,然后调节变量泵的排量,使其由小到大进行调节,直到泵的排量调到最大位置为止。这一阶段是恒转矩调速阶段,回路的特性与恒转矩回路相似,液压马达的输出转矩 T_{Mmax}、转速 n_M、功率 P_{Mmax} 与泵排量 V_P 的关系如图 7.39 的左半部分所示。随后,变量泵保持最大排量状态,将液压马达的排量由大向小调节,直到液压马达的排量减小到最小允许值为止。这一阶段是恒功率调速阶段,回路的特性与恒功率回路相似,液压马达的输出转矩 T_{Mmax}、转速 n_M、功率 P_{Mmax} 与泵排量 V_P 的关系如图 7.39 的右半部分所示。

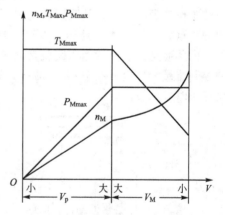

图 7.39 变量泵-变量液压马达容积调速回路转速、转矩、功率与排量的关系曲线

由上述过程可见,变量泵与变量液压马达的容积调速回路,兼有恒转矩调速回路与恒功率调速回路两种回路的性能,扩大了回路的调速范围,调速范围是变量泵排量的调节范围与变量马达排量的调节范围之积,最大可以达到 100∶1。恒转矩调速阶段属于低速调速阶段,保持了最大输出转矩不变;而恒功率调速阶段属于高速调速阶段,提供了较大的输出功率。这一特点非常适合机器的动力要求,因此应用广泛,已经在金属切削机床、工程机械、矿山机械、行走机械等行业获得广泛的应用。

7.2.3 容积节流调速回路

容积调速回路有着效率高、发热少的优点，但是泄漏较严重，因此导致了速度-负载特性差的问题，特别是低速时问题更加突出，不能满足使用需要。与采用调速阀的节流回路相比，容积调速回路的低速稳定性较差。对于要求效率高、低速稳定性好的场合，可以采用容积节流调速方式。容积节流调速回路的工作原理是用压力补偿变量泵供油，用流量阀控制进入或流出液压缸的流量，并且变量泵的流量自动与液压缸的需求流量相适应。这种回路没有溢流损失，效率较高，速度稳定性比单纯的容积调速回路好。容积节流调速回路有限压式调速阀容积节流调速回路和压差式节流阀容积节流调速回路。

1. 限压式变量叶片泵与调速阀的容积节流调速回路

限压式变量叶片泵与调速阀的容积节流调速回路如图 7.40 所示，回路系统由限压式变量叶片泵供油，其调速原理是通过改变调速阀的过流开口面积，调节进入液压缸油液的流量，达到调整液压缸运动速度的目的。

限压式变量叶片泵的工作特性曲线(流量-压力曲线)如图 7.41 中曲线 1 所示，调速阀的工作特性曲线(流量-压力曲线)如图 7.41 中曲线 2 所示。忽略叶片泵与调速阀之间管路的泄漏损失，变量泵的输出流量 q_P 应该等于通过调速阀的过流量。当回路处于某正常工作状态时，两条曲线相交于一点 c，c 点处的横坐标即为变量泵的出口压力 p_P，也是调速阀的入口压力；c 点处的纵坐标即为变量泵的输出流量 q_P，同样也是通过调速阀的流量 q_1。如果调节调速阀使其流量 q_1 增大，则调速阀的工作特性曲线上移到 $2'$ 位置，与泵的工作特性曲线相交于新的一点 c'，那么 c' 点所对应的压力和流量即为变量泵和调速阀新的工作压力和工作流量。另外，从限压式变量泵的工作原理也可以看出，如果泵的流量 q_P 大于调速阀的流量 q_1，则泵出口处压力升高，使限压式变量泵的流量自动减小到 $q_P = q_1$，反之一样。由此可见，这种调速回路就是通过调速阀来改变变量泵的输出流量，并使其与调速阀的控制流量相适应。图 7.40 中的压力继电器用于系统中设有死挡铁、当活塞碰到死挡铁而停止时发信号的。

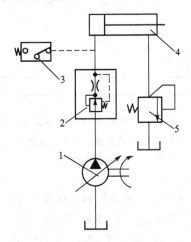

图 7.40　限压式变量叶片泵与
调速阀容积节流调速回路
1—叶片泵；2—调速阀；3—压力继
电器；4—液压缸；5—背压阀

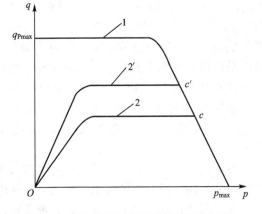

图 7.41　限压式变量泵-调速阀容积调速
回路压力-流量特性工作曲线

这种调速回路没有溢流损失,但有节流损失,回路的效率高于节流调速而低于容积调速回路。节流损失的大小与液压缸的工作压力 p_1 有关。负载越小,工作压力 p_1 就越低,节流损失也越大。这种回路是以增加压力损失为代价换取低速稳定性的。

回路中的调速阀可以装在执行元件的进口油路上,也可以装在出口油路上。这种回路的主要优点是泵的压力和流量在工作进给和快速运动时能自动切换(需另加元件才能实现),发热少,能量损失少,运动平稳性好,适用于负载变化不大的中、小功率系统。

2. 差压式变量叶片泵与节流阀的容积节流调速回路

差压式变量叶片泵与节流阀的容积节流调速回路如图 7.42 所示。

差压式变量叶片泵的主要特点是能自动补偿由负载变化引起的泵泄漏变化,使泵的输出流量基本保持稳定。节流阀控制着进入液压缸的流量,并使变量泵的输出流量自动与液压缸的需求流量相适应。

在图 7.43 中,横坐标表示节流阀前后的压差,纵坐标表示通过的流量,1 表示节流阀的工作特性曲线,2 表示差压式变量叶片泵的工作特性曲线。

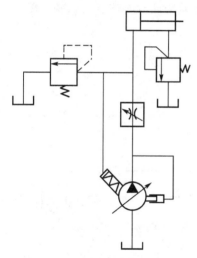

图 7.42 差压式变量叶片泵与节流阀容积节流调速回路

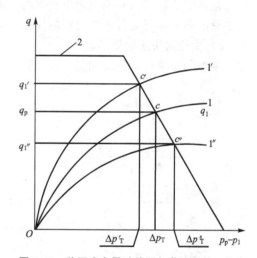

图 7.43 差压式变量叶片泵与节流阀的工作点

节流阀流量 q_1 调整好后正常工作时,系统的工作点就是泵的工作特性曲线 2 与阀的工作特性曲线 1 的交点 c。如果调节节流阀使流量 $q_1 > q_P$ 时,则变量泵的输出阻力减小,压力降低,节流阀两端的压差减小,泵的偏心距加大使泵的供油量 q_P 增加,直到满足新的 $q_P = q_1$ 为止(忽略管路的泄漏)。这时,阀与泵的工作点由 c 的位置变到 c' 的位置。反之,如果调节节流阀使流量 $q_1 < q_P$,则这时阀与泵的工作点由 c 的位置变到 c'' 的位置。

当负载变化时,液压缸的工作压力也跟着发生变化,泵的供油压力随液流压力的增加也增加,引起节流阀前后的压差变化,从而导致泵的偏心距变化使泵的供油量也随之变化,以补偿因压力变化引起泄漏量变化而导致的流量波动。如负载 F 增大,液压缸工作腔的压力 p_1 也增大,液压泵的供油压力 p_P 因液流阻力增加而随之增大,进一步导致泵的泄漏增加,泵的供油量 q_P 减少,节流阀前后的压差 Δp_T 也变小,变量泵的偏心距加大使泵的供油量也随之增加,直到液压缸的流量恢复到原来的设定值为止。由此可见,这种调速回路的速度设定后,基本上不受负载变化的影响,从而保证了液压执行元件速度的稳定性，尤其在流量小、负载变化大的液压系统中，其速度稳定的作用更加显著。

差压式变量叶片泵与节流阀的容积节流调速回路是一种变压式调速回路，具有压力自适应的特性，这种回路没有溢流损失，只有节流损失，损失大小为节流阀两端的压力差，其值比限压式变量叶片泵-调速阀的容积节流调速回路的压力损失小得多，因此发热少，效率高。

7.2.4 快速运动回路和速度换接回路

1. 快速运动回路

为了提高生产率，许多液压系统的执行元件都采用了两种运动速度，即空载时的快速运动速度和工作时的正常运动速度，常用的快速运动形式有以下几种。

1) 液压缸的差动连接快速运动回路

单活塞杆液压缸的差动快速运动回路如图 7.44 所示，利用三位四通换向阀的阀位机能实现快速运动，当换向阀处于左位时，液压泵提供的液压油和液压缸右腔液压油同时进入液压缸左腔，使活塞快速向右运动。差动与非差动连接时的运动速度的差值与液压缸两腔面积的差值有关，当两腔面积相差一倍时，差动与非差动连接时的速度相差一倍。这种速度回路只能用于执行元件是单出杆液压缸组成的回路。

2) 双泵供油的快速运动回路

双泵供油的快速运动回路如图 7.45 所示。

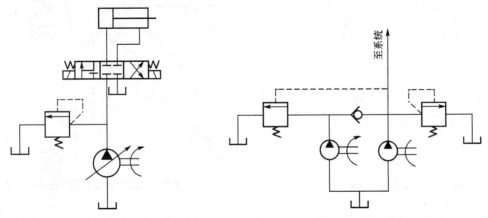

图 7.44 液压缸差动快速运动回路　　　　图 7.45 双泵供油的快速运动回路

当系统中的执行元件空载快速运动时，低压大流量泵输出的压力油经过单向阀与高压小流量泵输出的压力油汇合后，共同向系统供油；而当执行元件开始工作进给时，系统的压力增大，液控顺序阀打开，单向阀关闭，低压大流量泵卸荷，这时只有高压小流量泵独自向系统供油，实现执行元件的工作进给。系统的工作压力由溢流阀设定，液控顺序阀的作用是控制低压大流量泵在系统空载快速运动时向系统供油，在系统正常运动时卸荷。液控顺序阀的调整压力应该是高于快速空载而低于正常工作进给时所需的压力。这种快速运动回路特别适合空载快速运动速度与正常工作进给运动速度差别很大的系统，具有功率损失小，效率高的特点。另外，为了更好利用各泵功率，提高作业速度，在具有变幅或举升机构的工程机械中常采用双泵措施。

3) 采用蓄能器的快速运动回路

当液压系统在一个工作循环中只有很短的时间需要大量供油时，可以采用有蓄能器的快速运动回路，回路结构如图 7.46 所示。

当换向阀在中位时，液压泵启动后首先向蓄能器供油；当蓄能器的充油压力达到设定值时，液控卸荷阀打开，液压泵卸荷，蓄能器完成能量存储；当换向阀动作后，蓄能器释放能量，液压泵和蓄能器同时经过换向阀向执行元件供油，使执行元件快速运动。蓄能器的工作压力由液控卸荷阀事先调整好，调整值应该高于系统的最高压力，以保证液压泵的油液能够全部进入系统。这种回路适合于在一个工作循环周期内有较长的停歇时间的应用场合，以保证液压泵能完成对蓄能器的充液。

2. 速度换接回路

速度换接回路的功能是使执行元件在一个工作循环过程中，自动从一种运动速度转换到另一种运动速度（比如由快速运动变换成正常运动）。

1) 采用行程阀的速度换接回路

采用行程阀的速度换接回路如图 7.47 所示，回路主要由行程换向阀 3、行程阀 6、单向阀 5 和调速阀 4（或节流阀）等组成。

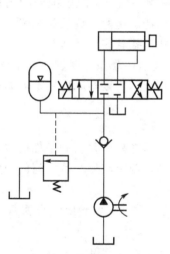

图 7.46 蓄能器供油的
快速运动回路

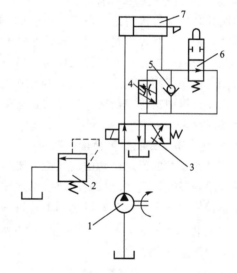

图 7.47 采用行程阀的速度换接回路
1—油泵；2—溢流阀；3—行程换向阀；4—调速阀；
5—单向阀；6—行程阀；7—液压缸

如图 7.47 所示，行程换向阀 3 处于左位的机能时，调速阀 4 被行程阀 6 短路，液压缸 7 右腔的液压油经行程阀和换向阀 6、3 流回油箱，液压缸活塞实现快速进给。当活塞上的撞块压下行程阀 6 的触头时，行程阀关闭油路，液压缸右腔的液压油通过单向调速阀流回油箱，活塞的运动速度由单向调速阀调节，活塞完成了快速进给向工作进给的转换，进入工作进给状态。行程换向阀 3 处于右位时，液压油通过单向阀进入液压缸的右腔，推动活塞快速返回，完成一个工作循环。图示的回路完成了快进—工进—快退—停止这一工作循环过程。

这种回路换接速度的快慢可以通过改变行程阀挡块的斜度来进行调整，因此速度换接比较平稳，换接位置比较准确。缺点是大多数情况下行程阀的安装位置受到管路连接的限制，不够灵活。如果必须采用行程阀的话，管路连接可能会很复杂，若采用电磁阀代替行程阀,将会使安装位置方便灵活,但换向的平稳性较差。

2) 调速阀串联速度换接回路

调速阀串联速度换接回路如图 7.48 所示,两个调速阀串接后,通过换向阀的通断可以使执行元件获得两种速度,为了使后一个调速阀能够起作用,其设定流量必须小于前一个调速阀的设定流量。

在图示位置,液压油经过两个调速阀,因为后一个调速阀的设定流量小于前一个调速阀的流量,所以这时执行元件的速度由后一个调速阀控制。当换向阀切换到右位时,执行元件的速度则由前一个调速阀控制。这种速度换接回路的特点是换接时比较平稳,但节流损失大。

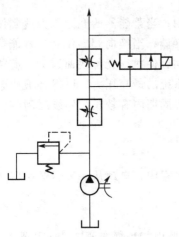

图 7.48 调速阀串联速度换接回路

3) 调速阀并联速度换接回路

调速阀并联速度换接回路如图 7.49 所示,两个调速阀并联后,通过换向阀的选择可以使执行件分别获得两种不同速度。这种速度换接回路的特点是两个调速阀的速度可以单独调节,互不影响;当一个调速阀工作时,另一个处于非工作状态,换接时,由于工作状态发生改变,使调速阀瞬时流量过大,导致执行元件出现前冲现象,速度换接不够平稳,不宜用于工作过程中的速度换接,只可用在速度预选的场合,所以实际应用不如调速阀串联速度换接回路多。

4) 液压马达串、并联速度换接回路

在液压马达驱动的行走机构中,往往需要马达有两种转速以满足行驶条件的要求,在平地行驶时采用高速,上坡时采用低速以增加转矩。为此,两个液压马达之间的油路采用串、并联连接实现速度的换接,以达到上述目的。

液压马达串、并联速度换接回路如图 7.50 所示,使用二位四通电磁换向阀实现两个马

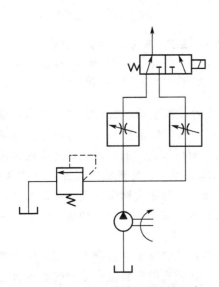

图 7.49 调速阀并联速度换接回路

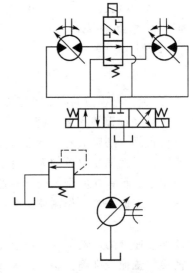

图 7.50 液压马达串、并联速度换接回路

达油路的串、并联,三位四通换向阀实现液压马达的正反转,马达的调速用变量泵实现。在图示情况下,两个马达并联连接,此时为低速;若二位换向阀得电,两个马达实现串联连接,可获得高速。若两个马达的排量相等,并联时,进入每个马达的流量为油泵流量的一半,转速为串联的一半,但输出转矩相应增加。串、并联连接时,回路的输出功率相同。

另外,采用专用的液压缸(如双活塞液压缸)也可以实现速度换接功能。

7.3 方向控制回路

在液压系统中,液压执行元件的启动、停止和改变运动方向是靠各种方向阀控制进入执行元件液压油路的通、断,改变其流向来实现的,而实现流向控制的回路称为方向控制回路。

7.3.1 换向回路

换向回路是用于改变执行元件运动方向的油路。简单的换向回路可以通过采用各种换向阀或改变双向变量泵的输油方向来实现。其中换向阀有电磁阀、电液阀、手动阀。电磁阀又分直流和交流两种驱动形式,其特点是换向动作快,有一定冲击,但交流电磁阀不宜频繁切换。

图 7.51 所示即为采用了普通三位四通电磁换向阀使液压缸启动、停止和改变运动方向的。这种回路结构简单,使用元件少,冲击大,一般用在中小型液压系统中。

电磁阀通过和手动阀配合使用,可以实现一个往返行程的自动换向和停止,也可以与行程开关配合使用,实现多个往返行程的自动启动和换向,直到需要停止时方停止。图 7.51 所示的连续往返换向油路,整个回路由手动换向阀 3(启动用)、液控换向阀 4、单向调速阀 5 和 6、行程阀 7 和 8 等组成。

当操纵手动阀接通油路后,行程阀 7 接通,控制油路推动液控换向阀 4 左移,液压缸 9 左腔进油,推动活塞向右移动;当活塞杆上的撞块碰到右边的行程阀 8 时,液控换向阀 4 的控制油路接通回油油路,液控换向阀在弹簧作用下右移复位,液压缸 9 右腔进油,推动活塞向左移动,实现液压缸自动换向;当活塞杆上的撞块再碰到左边的行程阀时,液控换向阀 4 又自动换向,达到液压缸连续自动换向的目的。

电液阀的换向时间可以调整,换向较平稳,适合大流量的液压系统;采用变量

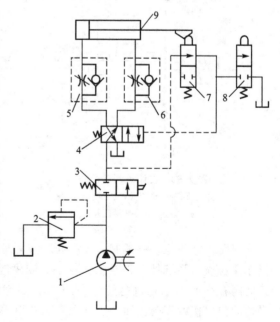

图 7.51 连续往返换向回路
1—液压泵;2—溢流阀;3—手动换向阀;4—液控换向阀;5、6—调速阀;7、8—行程阀;9—液压缸

泵来换向，换向平稳，但不适合换向频率较高的需求场合，而且构造复杂。对于换向要求平稳可靠和换向精度高的场合，可以采用特殊设计的换向阀。这类换向回路分时间控制制动式和行程控制制动式。

7.3.2 制动回路

在各类机械设备的液压系统中，常常要求液压执行元件能够快速地停止，因此在液压系统中就应该有制动回路。基本的制动方法有：采用换向阀制动、采用溢流阀制动、采用顺序阀制动和其他制动方法。

换向阀制动是通过换向阀的中位机能（如型号是O、M中位机能的换向阀），切断执行元件的进、出油路实现制动。由于这时执行元件及其所驱动的负载往往有很大的惯性，会使执行元件继续运动，所以除了产生冲击、振动和噪声外，还在执行元件的进油腔中产生真空，出油腔中产生高压，对执行元件和管路不利，因此一般不采用这种方式。

采用溢流阀制动的回路如图7.52所示，由液压泵、调速阀、液压马达、换向阀（也可采用手动阀）和溢流阀组成。当换向阀在图示（中位）位置时，系统处于卸荷状态；当换向阀在左位位置时，系统处于正常工作状态；当换向阀在右位位置时，液压泵处于卸荷状态，马达处于制动状态。这时马达的出口接溢流阀，由于回油受到溢流阀阻碍，回油压力升高，直至打开溢流阀，使马达在溢流阀调定背压作用下迅速制动。

采用顺序阀制动的回路如图7.53所示。

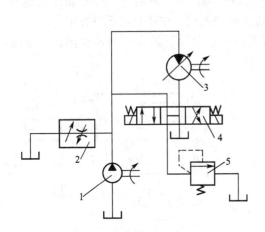

图7.52 溢流阀制动回路
1—液压泵；2—调速阀；3—液压马达；
4—换向阀；5—溢流阀

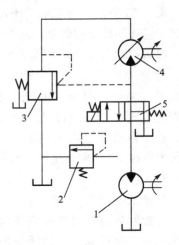

图7.53 顺序阀制动回路
1—液压泵；2—溢流阀；3—顺序阀；
4—液压马达；5—换向阀

该回路由液压泵、溢流阀、顺序阀、液压马达和换向阀（也可采用手动阀）组成。当换向阀在左位时，系统处于正常工作状态，顺序阀在系统供油压力下打开，液压马达转动；当换向阀在图示（O右位）位置时，液压泵处于卸荷状态，液压马达处于制动状态，这时液压马达的出口接顺序阀，回油受到顺序阀的阻碍，压力升高一定值后方可打开顺序阀，马达在顺序阀调定背压作用下迅速制动。

除了上述制动方法外，也可采用以弹簧力为原动力的机械制动方式对液压马达进行制动。

7.3.3 锁紧回路和往复直线运动换向回路

1. 锁紧回路

锁紧回路的作用是保证执行元件(如液压缸)停止运动后不再因外力的作用产生位移或窜动。锁紧回路可以采用液压元件实现,如单向阀、液控单向阀、O 型或 M 型的中位机能的换向阀、液压锁等。图 7.54 所示为采用液控单向阀的锁紧回路。

换向阀在图示中位时,液压泵卸荷,液控单向阀 4、6 处于锁紧状态,封闭了液压缸的两腔;当换向阀在左位或右位时,液控单向阀 4 和 6 处于打开状态,液压缸实现向右或向左运动。

图 7.55 所示为采用换向阀的锁紧回路。利用 O 型或 M 型中位机能的换向阀可以封闭液压缸的两腔,使活塞在其行程中的任意位置锁紧。但在换向阀进入中位时会产生冲击,压力越高冲击越大。由于滑阀式换向阀的泄漏,这种回路的锁紧时间不会太长。

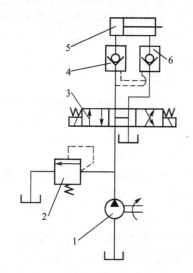

图 7.54 液控单向阀锁紧回路
1—液压泵;2—溢流阀;3—换向阀;
4、6—液控单向阀;5—液压缸

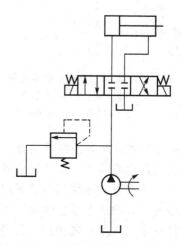

图 7.55 换向阀锁紧回路

2. 往复直线运动换向回路

对于往复直线运动、换向过程要求平稳、换向精度要求高、换向端点能停留的磨床工作台,常采用机动换向阀作先导阀、液动换向阀作主阀的换向回路。

1) 时间控制制动式换向回路

图 7.56 所示为一种比较简单的时间控制制动式换向回路。

回路的主油路受换向阀控制,在换向过程中,当图中先导阀在左端位置时,控制油路的压力油经过单向阀 I_2 流向换向阀的右端,换向阀左端的油液经过节流阀 J_1 流回油箱,换向阀的阀芯向左运动,阀芯上的锥面逐渐关闭回油油道,活塞速度逐渐减慢,换向阀的阀芯经过 l 距离所需的时间(使活塞制动所经过的时间)就确定不变,因此这种制动方式称为时间控制制动式。时间控制制动式换向回路的主要优点是制动时间可以根据机械部件运动速度的快慢、惯性的大小通过节流阀 J_1、J_2 的开口得到调节,以控制换向冲击,提高工作效率；其主要缺点是换向过程中的冲击量受运动部件的速度和其他因素影响，换向精度不高。所以这种换向回路主要用于工作部件运动速度较大、换向频率高、但换向精度要求不高的场合，如平面磨床工作台的液压系统。

2) 行程控制制动式换向回路

图 7.57 所示为另外一种行程控制制动式换向回路，这种回路的结构和工作情况与时间控制制动式换向回路的主要区别是，主油路除了受换向阀控制外，还受先导阀的控制。

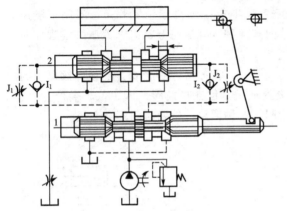 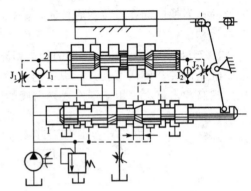

图 7.56 时间控制制动式换向回路
1—先导阀；2—换向阀；
I_1、I_2—单向阀；J_1、J_2 节流阀

图 7.57 行程控制制动式换向回路
1—先导阀；2—换向阀；
I_1、I_2—单向阀；J_1、J_2 节流阀

当图示位置的先导阀在换向过程向左运动时，先导阀的阀芯的右制动锥将液压缸右腔的回油油道逐渐关小，使活塞运动速度逐渐减慢，对活塞进行预制动。当回油油道被关得很小，活塞移动速度变得很慢时，换向阀的油路才开始切换，换向阀的阀芯左移切断主油路通道，使活塞停止运动，并随即使它在相反的方向启动。在换向过程中，无论运动部件原来的速度快慢如何，先导阀总是要先移动一段固定的行程 l，将工作部件进行预制动后，再由换向阀来使它换向。因此这种制动方式称为行程控制制动式。行程控制制动式换向回路的换向精度较高，冲击量较小；但是由于先导阀的制动行程恒定不变，制动时间的长短和换向时冲击的大小将受运动部件速度快慢的影响，所以这种换向回路宜用于工作部件运动速度不大但换向精度要求较高的场合，如内、外圆磨床工作台的液压系统。

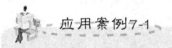

应用案例7-1

液压控制回路特性分析计算

某液压系统如图 7.58 所示，两只液压缸的有效工作面积 A_1、A_2 都是 $100\times10^{-4}\,m^2$，液压泵的流量 q_p 为 $40\times10^{-3}\,m^3/min$，溢流阀的设定压力 p_O 为 4MPa，减压阀的设定压力 p_R 为 2.5MPa，作用在液压缸 1 上的载荷 F_1 分别为空载、$15\times10^3\,N$ 和 $43\times10^3\,N$。忽略一切损失，请计算空载、有载情况下各缸在运动时和运动到终点时的压力、运动速度、溢流阀的溢流量。

解: 1. 空载时

(1) 液压缸向右运动,各液压缸内压力为0。液压缸的运动速度分别为

$$v_1=v_2=\frac{q_P}{2A_1}=\frac{40\times10^{-3}}{2\times100\times10^{-4}}\text{m/min}=2\text{m/min}$$

溢流阀的溢流量 $q_O=0$。

(2) 液压缸1、2向右运动到终点后各液压缸的速度为0。

液压缸1内压力为 $p_1=4\text{MPa}$;

液压缸2内压力为 $p_2=2.5\text{MPa}$;

溢流阀的溢流量 $q_O=40\text{L/min}$。

2. 液压缸1的载荷为 $15\times10^3\text{N}$ 且液压缸2的载荷为0时

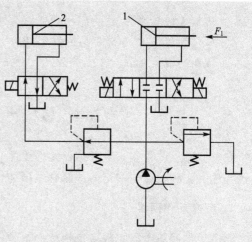

图7.58 某液压系统

(1) 液压缸1、2向右运动时,因为液压缸2无载荷,所以先运动,系统工作压力为0。

液压缸2的速度为

$$v_2=\frac{q_P}{A_2}=\frac{40\times10^{-3}}{100\times10^{-4}}\text{m/min}=4\text{m/min}$$

液压缸2到达终点后,液压缸1开始运动,其压力为

$$p_1=\frac{F_1}{A_1}=\frac{15000}{100\times10^{-4}}\text{Pa}=1.5\times10^6\text{Pa}=1.5\text{MPa}$$

速度为

$$v_1=\frac{q_P}{A_1}=\frac{40\times10^{-3}}{100\times10^{-4}}\text{m/min}=4\text{m/min}$$

溢流阀的溢流量 $q_O=0$。

(2) 缸1向右运动也到达终点时:

液压缸1的压力为 $p_1=p_P=4\text{MPa}$;

液压缸2的压力为 $p_2=p_R=2.5\text{MPa}$;

液压缸速度均为0;

溢流阀的溢流量 $q_O=q_P=40\text{L/min}$。

3. 当液压缸1的载荷为 $43\times10^3\text{N}$ 且液压缸2的载荷为0时

因为液压缸2无载荷,所以先运动,系统工作压力为0。

液压缸2的速度为

$$v_2=\frac{q_P}{A_2}=\frac{40\times10^{-3}}{100\times10^{-4}}\text{m/min}=4\text{m/min}$$

当液压缸2到达终点后,液压缸1开始运动,驱动载荷所需压力为

$$p_L=\frac{F_L}{A_1}=\frac{43000}{100\times10^{-4}}\text{Pa}=4.3\times10^6\text{Pa}=4.3\text{MPa}>p_O=4\text{MPa}$$

因为载荷压力大于溢流阀设定压力,所以液压缸1始终停止不动,速度为0,各液压缸的速度均为0。

液压缸 1 的压力为 $p_1 = p_0 = 4\text{MPa}$；

液压缸 2 的压力为 $p_2 = p_R = 2.5\text{MPa}$；

溢流阀的溢流量 $q_0 = 40\text{L/min}$。

7.4 多执行元件控制回路

在大型液压设备中，多个执行元件按照一定的顺序动作或者同时动作，以实现规定的运动和速度。实现这些动作的回路有顺序动作回路、同步回路和互不干扰回路。

7.4.1 顺序动作回路

顺序动作回路可以实现多个执行件按预定的次序动作，按照控制方法顺序动作回路一般分为压力控制回路和行程控制回路，下面分别介绍。

1. 压力控制顺序动作回路

利用液压系统工作过程中压力的变化来使执行元件按顺序先后动作是液压系统一个独具的控制特性。图 7.59 所示为钻床液压系统用顺序阀控制的顺序回路，实现对工件夹紧和钻孔，动作顺序为：夹紧工件→钻头进给→钻头退回→松开工件。当换向阀左位接通时，夹紧缸活塞向右运动，夹紧工件后回路压力升高到顺序阀 3 的设定压力，顺序阀 3 开启，缸 2 活塞随即向右运动进行钻孔。钻孔完毕后，换向阀右位接通，缸 2 的活塞先退到左端点，随后回路压力升高，打开顺序阀 4，再使夹紧缸的活塞退回原位，即完成了一个工作循环。

图 7.60 所示为钻床液压系统用压力继电器控制电磁换向阀来实现顺序动作的回路。按启动按钮后，电磁铁 1YA 得电，缸 1 活塞前进实施对工件的夹紧；夹紧后，回路压力升高，压力继电器 1K 动作，使电磁铁 3YA 得电，缸 2 活塞前进进行钻孔；钻孔完毕后，按返回按钮，1YA、3YA 失电，4YA 得电，缸 2 活塞带动钻头退回至原位后，回路压力升高，压力继电器 2K 动作，使 2YA 得电，缸 1 活塞后退松开工件。

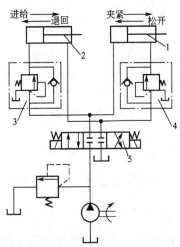

图 7.59 顺序阀控制的顺序回路

1—夹紧液压缸；2—钻头进给液压缸；
3、4—顺序阀；5—换向阀

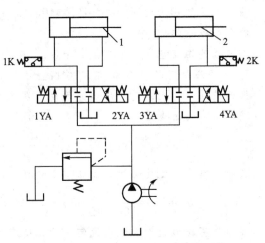

图 7.60 压力继电器控制的顺序回路

1、2—液压缸；1K、2K—压力继电器；
1YA～4YA—电磁铁

压力控制的顺序动作回路中，顺序阀或压力继电器的设定压力应该大于前一动作执行元件的最高工作压力的 10%～15%，否则在管路中的压力冲击或波动、振动下会造成液压元件误动作，引起事故。这种回路适用于系统中执行元件数目不多、负载变化不大的场合。

2. 行程控制顺序动作回路

图 7.61 所示为用行程阀控制的顺序回路。图示位置两液压缸活塞均退至左端点，电磁阀左位接通，缸 1 活塞先向右运动，同时活塞杆挡块压下行程阀后，缸 2 左腔进油活塞向右运动。当电磁阀右位复位后，缸 1 活塞先退回，其挡块离开行程阀后，缸 2 活塞随即退回。这种回路动作可靠，但要改变动作顺序较难。

图 7.62 所示为用行程开关控制电磁换向阀的顺序回路。按启动按钮后，电磁铁 1YA 得电，缸 1 活塞先向右运动，当活塞杆上的挡块压下行程开关 2S 后，使电磁铁 2YA 得电，缸 2 活塞才向右运动，直至压下行程开关 3S 后 1YA 失电，缸 1 活塞向左退回，而后压下行程开关 1S，使 2YA 失电，缸 2 活塞再退回。在这种回路中，调整挡块位置可调整液压缸的行程，通过电气控制系统可改变动作顺序，方便灵活，故应用广泛。

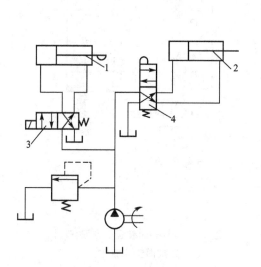

图 7.61 行程阀控制的顺序回路
1、2—液压缸；3—电磁阀；4—行程阀

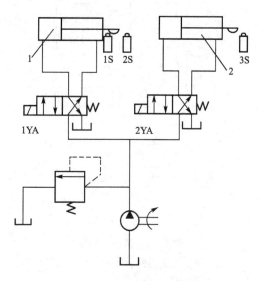

图 7.62 行程开关控制的顺序回路
1、2—液压缸；1YA、2YA—电磁铁；
1S、2S、3S—行程开关

7.4.2 同步回路

同步回路的功用是使系统中多个执行元件克服负载、摩擦阻力、泄漏、制造质量和结构变形上的差异，保证在运动上的同步。同步回路一般分为速度同步和位置同步两类，速度同步是指各执行元件的运动速度相等，而位置同步是指各执行元件在运动中或停止时都保持相同的位移量。如果液压系统中要求同步的多个执行元件做到每瞬间速度同步，则也能保持位置同步。衡量同步回路精度的指标有位置的绝对误差和相对误差。影响误差的因素有负载的不均衡、摩擦力不等、液压缸泄漏不同、空气的混入量不等、系统元件的制造误差等。

1. 采用流量控制阀的同步回路

图 7.63 中，在两个并联液压缸的进（回）油路上分别串接一个调速阀，通过调整两个调速阀的开口大小，控制进入两个液压缸或自两液压缸流出的流量，可使它们在一个方向上实现速度同步。

这种回路结构简单，但调整比较麻烦，同步精度不高，不宜用于偏载或负载变化频繁的场合。如果采用分流-集流阀（同步阀）代替调速阀，可控制两液压缸的流入或流出的流量，使两液压缸在承受不同负载的状态下仍能实现较高精度的速度同步。

2. 采用串联液压缸的同步回路

当两个液压缸的有效工作面积相等时，两个液压缸的油路串联起来便可实现两缸同步运动，如图 7.64 所示。

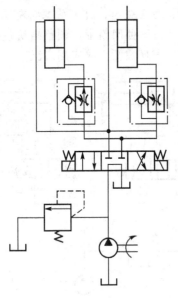

图 7.63 调速阀控制的同步回路

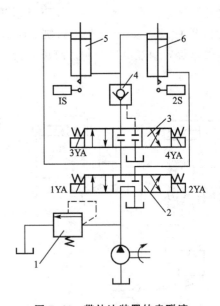

图 7.64 带补油装置的串联液压缸同步回路

1—溢流阀；2、3—换向阀；
4—液控单向阀；5、6—液压缸

当电磁铁 1YA 得电时，缸 5 上腔进油，活塞下行，缸 5 下腔的油进入缸 6 上腔推动缸 6 活塞运动，实现两缸同时下行。在两缸活塞同时下行时若存在误差，假设缸 5 活塞先到达行程端点，则挡块压下行程开关 1S，电磁铁 3YA 得电，换向阀 3 左位接入回路，压力油经换向阀 3 和液控单向阀 4 进入缸 6 上腔，进行补油，使其活塞继续下行到达行程端点。假设缸 6 活塞先到达端点，行程开关 2S 使电磁铁 4YA 得电，换向阀 3 右位接入回路，压力油进入液控单向阀 4 的控制腔，打开阀 4，缸 5 下腔与油箱接通，使其活塞继续下行到达行程端点，从而消除积累误差。这种回路允许较大偏载，因偏载造成的压差不影响流量的改变，只导致微量的压缩和泄漏，因此同步精度较高，回路效率也较高。这种情况下泵的供油压力至少是两缸工作压力之和，并可消除由于制造误差、内泄漏及混入空气等因素造成的两缸显著的位置差别。

3. 采用同步缸或同步马达的同步回路

图 7.65 所示为采用同步缸的同步回路,两个工作液压缸的内腔面积相等。同步缸是两个尺寸相同的缸体和两个活塞共用一个活塞杆的液压缸,活塞向左或向右运动时输出或接受相等容积的油液,在回路中起着配流的作用,使有效面积相等的两个液压缸实现双向同步运动。同步缸的两个活塞上装有双作用单向阀,可以在行程端点消除误差。

和同步缸一样,用两个同轴等排量双向液压马达作配流环节,输出相同流量的油液亦可实现两缸双向同步,如图 7.66 所示,图中节流阀用于行程端点消除两缸位置误差。这种回路的同步精度比采用流量控制阀的同步回路高,但专用的配流元件带来了系统复杂、制作成本高的缺点。

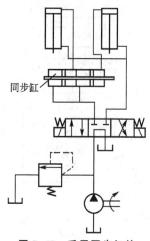

图 7.65 采用同步缸的液压缸同步回路

4. 采用比例阀或伺服阀的同步回路

当液压系统有很高的同步精度要求时,必须采用比例阀或伺服阀的同步回路,如图 7.67 所示。伺服阀根据装在需要同步运动的液压缸活塞头部的两个位移传感器的反馈信号,持续不断调整伺服阀阀口开度,控制两个液压缸输入或输出油液的流量,使两个液压缸获得双向同步运动。

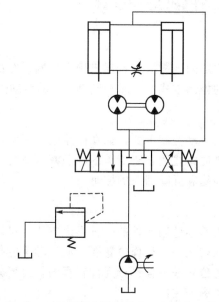

图 7.66 采用同步马达的液压缸同步回路

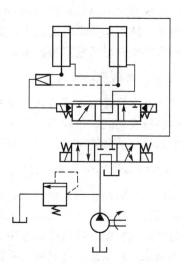

图 7.67 采用伺服阀的液压缸同步回路

7.4.3 互不干扰回路

互不干扰回路的作用是使液压系统中几个执行元件在完成各自工作循环时彼此互不影响。图 7.68 所示为通过双泵供油来实现多缸快慢速互不干扰的回路。液压缸 1 和 2 各自要完

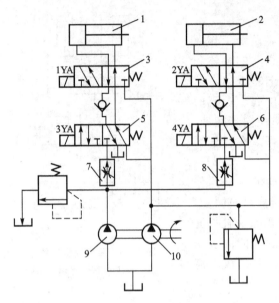

图 7.68 多个液压缸互不干涉回路
1、2—油缸；3～6—电磁换向阀；7、8—调速阀；
9—小流量泵；10—大流量泵；1YA～4YA—电磁铁

成快进→工进→快退的自动工作循环。

当电磁铁 1YA、2YA 得电，两缸均由大流量泵 10 供油，并做差动连接，实现快进。如果缸 1 完成快进动作，通过挡块和行程开关使电磁铁 3YA 得电，电磁铁 1YA 失电，大泵进入缸 1 的油路被切断，而改为小流量泵 9 供油，由调速阀 7 获得慢速工进，不受缸 2 快进的影响。当两缸均转为工进都由小泵 9 供油后，若缸 1 先完成了工进，挡块和行程开关使电磁铁 1YA、3YA 都得电，缸 1 改由大泵 10 供油，使活塞快速返回，这时缸 2 仍由泵 9 供油，继续完成工进，不受缸 1 影响。当 2YA、4YA 都得电，缸 2 由大泵 10 供油，使缸 2 快速退回。当所有电磁铁都失电时，两缸才停止运动。此回路采用快、慢速运动由大、小泵分别供油，并由相应的电磁阀进行控制的方案来保证两缸快、慢速运动互不干扰。

7.5 液压系统回路的操纵控制方式

液压系统基本回路操纵控制的种类很多，在满足系统工作要求的前提下，系统基本回路的选择应该有利于操纵控制；在成本能够承受的条件下，尽可能采用自动化程度较高的控制方式，以减轻操纵人员的劳动强度。

1. 基本回路的手动操纵控制

在设计基本回路时，可直接选用手动阀采用手动控制方式，如在回路中采用手动换向阀、手动多路换向阀、手动调速阀等。手动控制的方式适合于简单的小型液压系统，如小型简易挖掘机、装载机上的回路、起重机支腿伸缩和升降回路的控制。

2. 基本回路的机动操纵控制

机动操纵控制是采用行程挡块、行程阀作为基本控制元件的一种操纵方式，可以实现时间控制和行程控制。这种控制方式适合于对执行元件有行程位置要求或自动重复往返功能要求的回路的控制。在这种回路中，行程阀的位置是根据执行元件行程的长短事先设定好的。如机床进给系统及夹具液压系统回路的操纵与控制。

3. 基本回路的自动化控制

基本回路的自动化控制方式有继电器控制方式、数字逻辑自动控制方式和计算机自动控制方式三类。

继电器控制方式是采用继电器、按钮、接触器、顺序控制器通过电气信号连线的形式对液压元件的操作进行自动控制，要求所采用的元件必须是电磁驱动或电液驱动形式，按照液压系统工作循环的要求进行连线,实现一定的逻辑控制功能。这种控制方式由于机械触点多,接线复杂,属于"死逻辑控制",因此可靠性差,更改调整和排查故障困难,现在的使用情况是呈现越来越少的趋势。

数字逻辑自动控制方式是采用数字逻辑器件对液压元件进行控制的一种方式。现在常用的通用控制器是可编程控制器(PLC),借助工程技术人员熟悉的传统继电器梯形图进行程序设计,以满足不同设备功能和动作多变的要求。与传统继电器控制方式相比,PLC明显有效地简化了连接电路,使控制系统具有很大的柔性和通用性。PLC的特点是可靠性高,适应环境能力强,一般可以无故障安全运行达几万小时,采用模块化结构,使用维护方便,通用性好。PLC的主要功能,在开关量的逻辑控制方面具有逻辑运算、定时、计数、通信等功能;还有模拟量的控制功能及监控功能等。现在,PLC已经广泛应用于各类大型液压系统的控制过程中。

计算机自动控制方式是一种先进的控制形式,是一种集成化的控制方式,其通过程序对液压系统进行完全的柔性控制。由于液压系统的工作环境比较恶劣(温度、湿度、粉尘、振动等),要求采用可靠性高的工业控制计算机系统。计算机自动控制方式目前主要应用在设备位置固定的液压系统中,对于行走设备的液压系统应用得较少。

小　　结

本章介绍了液压基本回路的概念、类型和构成。通过大量的液压回路图例,详细介绍了调压回路、调速回路、换向回路的组成、类型、各自的性能特点和应用场合。这些回路是复杂液压系统的基本结构单元,为了给液压系统的设计和计算奠定良好的基础,必须掌握这些基本内容。通过本章的学习,要求掌握调压回路、调速回路、换向回路有关的基本概念、特点、应用场合和压力、流量、速度、载荷、转矩、转速、功率、效率等参数的基本计算,并能根据使用要求计算和设计常用类型的液压回路。

【关键术语】

液压基本回路　压力控制　速度控制　方向控制　多执行元件　调压　减压　保压　平衡　卸荷　节流调速　容积调速　速度换接　换向　制动　锁紧　同步

综 合 练 习

一、填空题

1.若溢流阀在液压缸运动到终点时才有油通过,则溢流阀起到的作用是_____和_____,此种工况下溢流阀手柄应处于_____状态;若溢流阀在执行元件正常运动时就有油通过,则此溢流阀又可称为稳压阀、_____,此种工况下溢流阀手柄应处于_____状态。

2.若油路由液压泵、_____等元件组成,则可连接成闭式回路。闭式回路的调速方法有两种,一是调节变量泵的_____,二是调节液压马达的_____;闭式回路的换向方法也有两种,即改变泵的旋转方向和_____。

3.压力控制回路是利用_____阀作为回路的主要控制元件,控制_____

或局部系统压力的回路，以满足执行元件输出所需要的_____或_____的要求。

4. 系统的压力应根据_____的要求进行调节，从而使其既满足工作需求，又可以减少系统的_____和_____。

5. 调压回路主要是通过溢流阀控制系统的工作压力保持_____或_____，以便与负载相适应。

6. 在定量泵系统中，工作压力一般是利用_____阀调节，使泵能在恒定的压力下工作。

7. 变量泵系统中用安全阀限制系统的_____，防止系统过载。

8. 当系统需要多个压力时，可以采用_____回路来实现。

9. 在调速回路中，_____的系统效率高。

10. 当采用差动连接并要求往返速度相等时，活塞杆直径 d 和缸筒内径 D 之间的关系为_____。

二、问答题

1. 液压系统的控制方式有哪些？有什么特点？都适用于哪些场合？
2. 用一个先导溢流阀、两个远程调压阀和若干个换向阀设计一个四级调压并且能卸荷的回路，画出回路并叙述其工作原理。
3. 试推导采用节流阀的出口节流调速回路的速度-负载特性、速度刚度以及功率和效率的数学表达式。
4. 请用两个调速阀设计一个调速回路，该回路具有快进→工进(1)→工进(2)→工进(3)→快退→停止的多级调速功能。画出回路原理图，阐述其工作原理。
5. 多个执行元件工作时，如何实现顺序控制、同步控制和各运动之间的互不干扰？
6. 调压回路是如何分类的？
7. 液压系统实现卸荷有哪些方法？
8. 液压传动的调速方法有哪些？
9. 节流调速有何特点？进油节流调速与旁路节流调速有何区别？节流阀调速、调速阀调速在调速性能上有何区别？
10. 执行机构运动速度的调节是通过调节输入到执行机构的_____来实现的。
11. 速度控制回路分为_____、_____和_____，以油液在油路中的循环方式分类，分为_____和_____。
12. 调速回路是以调速范围来表征其主要工作特性的，调速范围定义为回路所驱动的执行元件在规定负载下可得到的_____与_____之比。
13. 速度控制回路能在规定的速度范围内调节执行元件的速度，满足最大_____的要求，并且调速特性不随负载变化，具有足够的_____和_____最小的特点。
14. 液压系统限速方法有哪些？采用平衡阀限速有什么缺点？
15. 液压系统制动和锁紧方法有哪些？
16. 液压系统实现自动顺序动作的方法有哪些？采用顺序阀、压力继电器实现顺序动作的方法分别是什么？
17. 在液压系统中，液压执行元件的_____、_____和改变运动方向是靠各种_____控制进入执行元件液压油路的通、断，改变其流向来实现的。
18. 锁紧回路的作用是保证执行元件停止运动后，不因外力的作用产生_____

或_____。

19. 顺序动作回路可以实现多个执行元件按预定的次序动作,按照控制方法顺序动作回路一般分为_____和_____。

20. 同步回路一般分为_____和_____两类。

三、计算题

1. 在液压回路中,液压缸有效工作面积 $A_1=2A_2=50\text{cm}^2$,液压泵流量为 $q_P=10\text{L/min}$,溢流阀调定压力 $p_O=2.4\text{MPa}$。节流阀的流通面积是 0.02cm^2,流量系数 $K_T=0.62$,油密度 $\rho=900\text{kg/m}^3$。试分别按载荷 $F_L=10000\text{N}$、5500N 和 0N 三种情况,计算液压缸的运动速度和速度刚度。

2. 在进油节流调速回路中,液压缸有效工作面积 $A_1=2A_2=50\text{cm}^2$,液压泵流量为 $q_P=10\text{L/min}$,溢流阀调定压力 $p_O=2.4\text{MPa}$,在回油路加一个 0.3MPa 的背压阀,节流阀小孔的流通面积是 0.02cm^2,流量系数 $K_T=0.62$,油密度 $\rho=900\text{kg/m}^3$,试计算:

(1) 当负载为 10000N 时,回路的效率;

(2) 此回路可以承受的最大负载。

3. 在回油节流调速回路中,液压缸有效工作面积 $A_1=2A_2=50\text{cm}^2$,液压泵流量为 $q_P=10\text{L/min}$,溢流阀调定压力 $p_O=2.4\text{MPa}$,流量系数 $K_T=0.62$,油密度 $\rho=900\text{kg/m}^3$,试计算:

(1) 节流阀小孔的流通面积为 0.02cm^2 和 0.01cm^2 时的速度-负载曲线;

(2) 当负载为 0 时,忽略损失,泵压力和液压缸回油腔压力。

4. 图 7.69 所示为单杆液压缸控制系统。已知液压缸无杆腔的有效面积 $A_1=100\text{cm}^2$,液压泵流量为 $q_P=63\text{L/min}$,溢流阀调定压力 $p_O=5\text{MPa}$,试分别按载荷 $F_1=54000\text{N}$ 和 0 两种情况(不计任何损失),求:

(1) 液压缸的工作压力;

(2) 液压缸运动速度和溢流阀的溢流流量。

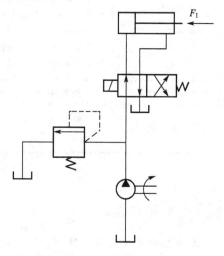

图 7.69 单杆液压缸控制系统

5. 由变量泵和定量液压马达组成的调速回路,变量泵排量可以在 $0\sim50\text{cm}^3/\text{r}$ 的范围内调节,泵转速为 1000r/min,马达排量为 $50\text{cm}^3/\text{r}$,安全阀调定压力为 10MPa,在理想情况下,认为马达和变量泵的效率都是 100%,求在此调速回路中:

(1) 液压马达的最低和最高转速;

(2) 液压马达的最大输出转矩;

(3) 液压马达的最高输出功率。

6. 在上题中,如果认为马达和变量泵的效率都是 0.85,泵和马达的泄漏随工作压力的增高而线性增加,当调定压力为 10MPa 时,泵和马达的泄漏量各为 1L/min,求:

(1) 液压马达的最低和最高转速;

(2) 液压马达的最大输出转矩;

(3) 液压马达的最高输出功率;

(4) 回路在最高和最低转速下的总效率。

第8章　现代液压控制技术基本知识

本章学习目标

★ 了解伺服阀的类型、结构、特点，掌握电-液伺服控制系统的特点和应用；
★ 了解比例阀的结构、原理和类型，熟悉比例控制系统的特点和应用；
★ 了解电-液数字控制阀的结构、原理；
★ 了解微机-液压控制系统的组成、类型、特点、应用和发展。

本章教学要点

知识要点	能力要求	相关知识
伺服控制	了解伺服阀的类型、结构、特点，掌握电-液伺服系统的特点和应用	滑阀、喷嘴挡板阀和射流阀，电液伺服阀的静、动态特性
比例控制	了解比例阀的结构、原理，熟悉比例控制系统特点和应用	直接比例控制，电液比例控制
电-液数字控制	了解电-液数字控制阀的结构和原理	增量式、快速开关式
微机-液压控制	了解微机-液压控制系统的组成、特点、应用前景	微机-液压控制系统的发展前景

本章学习方法

本章知识是液压传动技术的纵向延伸和扩展，在学习本章知识时，要注意将数学、物理、控制理论与液压传动理论相结合，从现代液压控制理论的应用和系统组成入手，适当参考有关书籍和期刊，并结合实践实习，了解现代液压控制技术在机械设备中的应用及其发展状况，加深对控制理论的理解，初步掌握液压控制的基础知识，并了解一些先进控制阀的种类和基本结构。

第 8 章 现代液压控制技术基本知识

> **导入案例**

注塑机及现代液压控制技术

随着国内经济的高速发展，塑料制品行业对高速、高精密注塑机的需求量与日俱增，而液压机高速、精密成形的保证，一是它必须拥有合理而高刚性的锁模和射胶机构，二是它必须拥有强劲的动力和反应灵敏而精确的液控系统。其中，液压伺服控制系统是使执行元件以一定的精度自动按照输入信号的变化规律而动作的一种自动控制系统。

图 8.1 所示即为采用了现代化液压控制系统及技术的注塑成形机，简称注塑机。

图 8.1 注塑成形机

注塑机是由注塑部件、合模部件、机身、液压系统、加热系统、控制系统、加料装置等组成的机电液一体化很强的机械设备。注塑机的组成如图 8.2 所示。

液压伺服控制按输出量分类，有位置伺服系统、速度伺服系统、力（或压力）伺服系统等；按控制信号分类，有机液伺服系统、电液伺服系统、气液伺服系统；按控制元件分类，有阀控系统和泵控系统两大类。阀控伺服系统主要由压力传感器、位置传感器、控制器和伺服阀等构成一个闭环的系统，按系统的需求来分别完成速度伺服控制、位置伺服控制和压力伺服控制。传感器与控制卡（也可集成在随机芯片中）、伺服阀的有机组合，就形成了一个闭环控制系统，随着系统工作情况要求的不同，来实现不同的伺服控制。伺服系统都要求油源压力稳定，所以通常都与蓄能器一起使用。

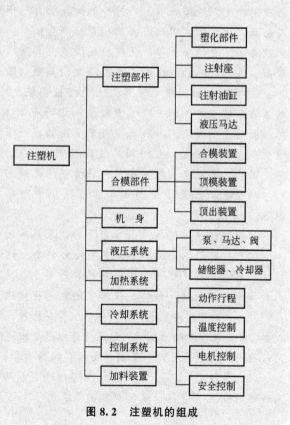

图 8.2 注塑机的组成

下面对伺服闭环控制系统各组成部分作简单介绍。

(1) 传感器。任何好的系统、只有及时、准确地监测执行机构当前所处的状态，控制器才能主动地发出新的指令，来调整执行机构的运动，使之接近控制芯片所要求的运动状态。因此，全方位了解执行机构的状态，是伺服系统的必备条件。主要由压力、位置等传感器来共同构成准确、及时的跟踪监测系统。传感器的可靠性、线性、最大采样频率、抗干扰能力等，都对准确及时地感知有重要影响。

(2) 伺服阀。为伺服系统中最重要、最基本的组成部分。伺服阀的性能曲线、阀芯机能、额定流量、阶跃响应、频率特性、泄漏量等参数是选用的重要标准。按原理分，常见的伺服阀有直动式阀、射流管先导级伺服比例阀、喷嘴挡板阀伺服电磁阀等。

① 直动式阀：将与所期望的阀芯位移成正比的电信号输入阀内放大电路，此信号将转换成一个脉宽调制电流作用在线性马达上，力马达产生推力推动阀芯产生一定的位移。同时激励器激励阀芯位移传感器产生一个与阀芯实际位移成正比的电信号，解调后的阀芯位移信号与输入指令信号进行比较，比较后得到的偏差信号将改变输入至力马达的电流大小；直到阀芯位移达到所需值，阀芯位移的偏差信号为零。最后得到的阀芯位移与输入的电信号成正比。其特点是低泄漏，无先导级流量；动态响应较高，低滞缓和高分辨率使系统具有优异的重复精度；良好的控制性能，使直动式伺服阀具有很高的阀芯位置回路增益，因此，阀的稳定性和动态响应性能非常好。

② 射流管先导级伺服比例阀：伺服射流管先导级主要由力矩马达、射流管和接收器组成，当线圈中有电流通过时，产生的电磁力使射流管偏离零位，管内的大部分液流集中射向一侧的接收器，而另一侧的接收器所得到的流量明显减少，由此造成两接收器内的压力变化。主阀阀芯因此压差而产生位移。其工作特点是由力矩马达配射流管，大大改善了流量的接收率，使得能耗降低；具有很高的无阻尼自然频率，这种阀的动态响应高。目前，这种伺服阀主要是二级、多级伺服阀。

③ 喷嘴挡板伺服电磁阀：喷嘴挡板伺服电磁阀有单喷嘴式和双喷嘴式两种，两者的工作原理基本相同。双喷嘴挡板阀由两个喷嘴、一个挡板、固定的两个截流孔组成。挡板和两个喷嘴之间形成两个可变截面的截流缝隙。挡板偏离中间位置时，造成两个喷嘴的压力发生变化，主阀阀芯因此而产生位移。现在，挡板的运动多由力矩马达来调节。因此，其动态响应较高。伺服喷嘴挡板阀常用于多级放大伺服控制元件的前置级。

注塑机液压系统是由多个液压系统主回路、执行回路及辅助回路等组成的，如图8.3所示。

注塑机根据不同的注射工艺要求，采用不同的液压伺服控制。

(1) 注射到终点前：注射速度较为重要，故此系统以速度闭环控制为主，控制器对位置传感器高频采样，测出活塞的瞬时速度与注塑机芯片要求的速度对比，再发出调整后的信号给伺服阀。最终，使活塞的运动速度达到注塑机芯片要求的速度。

(2) 快到射胶终点段：保压和熔胶背压阶段，这时压力较为重要，故此系统以压力闭环控制为主，装在射胶油缸两侧的压力传感器传回的信号起主要作用，控制卡将其与注塑机芯片给出的压力信号对比，来调整给伺服阀的信号，最终使注射腔的压力值与设定值相同。

(3) 在注塑机芯片没有发出任何指令的情况下，此时位置保持就比较重要，所以，系统这时会主要进行位置闭环的控制。

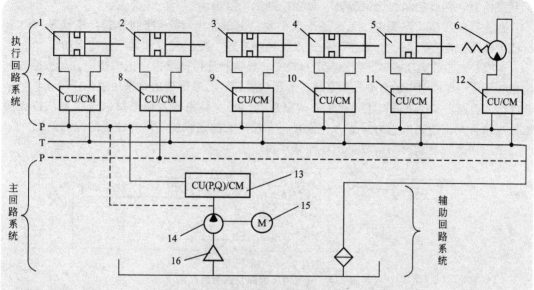

图 8.3 注塑机液压系统组成

1—合模油缸；2—滑模油缸；3—顶出油缸；4—注射油缸；5—注射座油缸；6—液压马达；
7、8、9、10、11、12—油缸控制指令模块(CU/CM)；13—压力、
流量的控制模块；14—油泵；15—电动机；16—过滤器

（4）同理，在锁模油缸伺服控制的情形下，也如此按顺序控制，锁模开始、快速移模可作速度闭环控制，模具快合上时，切换到位置控制，有些从快速锁模到锁模油缸活塞停止的位置之间的转换过程也是可控的，最后，模具合上时切换到压力控制。

上述仅为某种工艺要求下的伺服控制逻辑，不同的产品成形要求，控制的逻辑、种类也不尽相同，既有动作的闭环控制，也有单独的阀芯位置闭环控制，还有对塑料在模具内部的状态的闭环控制。但是，其控制理念是相同的，最终目的都是为了精确、迅速地达到注塑机芯片的指令要求和保证动作的重复精度。

问题：
1. 注塑机如何保证对位置、速度和压力的要求？
2. 液压伺服控制系统如何分类？
3. 不同的注塑工艺所要求的液压伺服控制是否相同？

现代液压控制系统是现代控制技术、液压技术和计算机技术结合形成的现代控制技术体系。按照使用元件的不同，现代液压控制系统可分为伺服控制系统、比例控制系统和数字控制系统，与其他控制系统相比具有体积小、响应速度快、系统刚度大、控制精度高的优点。本章将介绍液压伺服系统的原理、构成、类型以及电-液伺服阀、比例阀、数字阀的结构原理和特性，并简要介绍现代液压控制系统的特性及设计方法。

8.1 概　　述

流体传动的理论基础是以 17 世纪帕斯卡提出的帕斯卡定律为奠基石，随后获得了快速发展，特别是第二次世界大战期间，由于战争的激励而取得了很大进展，其整体上经历

了开关控制、伺服控制、比例控制、数字控制四个阶段。

在普通液压传动系统中，无论是采取手动、电磁、电-液等控制方式，还是采用计算机或可编程控制器控制，都属于开关式点位控制方式，控制精度和调节性能不高。

伺服控制也称随动控制。伺服控制系统是一种执行元件能够以一定的精度自动按照输入信号的变化规律而动作的自动控制系统。液压伺服（随动）系统指的是采用液压控制元件，结合液压传动原理和控制理论建立起来的伺服系统，是一种由输入信号可以连续地或按比例地控制执行元件的速度、力矩或力、位置，有较高的控制精度和调节性能的控制系统。

液压伺服控制系统的组成框图如图 8.4 所示。

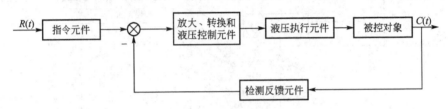

图 8.4　液压伺服控制系统组成框图

图中各基本部分组成和作用如下。

指令元件：按要求给出控制信号的器件，如计算机、可编程控制器、指令电位器或其他电器等。

检测反馈元件：检测被控制量，给出系统的反馈信号，如各种类型的传感器。

比较元件：把具有相同形式和量纲的输入控制信号与反馈信号加以比较，给出偏差信号。比较元件有时不一定单独存在，而是与指令元件、检测反馈元件及放大器组合在一起，由一个结构元件构成。

放大、转换和液压控制元件：将偏差信号放大，并进行能量形式转换（电-液，机-液等），变成液压信号，去控制执行元件（液压缸、液压马达等）运动。一般是放大器、伺服阀等。

液压执行元件：直接对被控对象起作用的元件，如液压缸、液压马达等。

被控对象：液压系统的控制对象，一般是各类负载装置。

此外，还有能源装置、辅助装置等其他组成部分。

液压伺服系统有许多种类，按照被控制量是否被检测与反馈分为开环控制系统和闭环控制系统；按照液压控制元件的不同分为阀控系统和泵控系统。

（1）阀控系统：由伺服阀按照节流原理，控制输入执行元件的流量和压力大小的系统，也称节流式控制系统。

（2）泵控系统：利用伺服变量泵改变排量的做法，控制输入执行元件的流量和压力大小的系统，也称容积式控制系统。

液压伺服系统按照信号产生和传递方式的不同分为机械-液压伺服系统和电气-液压伺服系统。

按照被控对象的不同分为流量控制、压力控制、位置控制、速度控制和复合控制系统。

按照输入信号的变化规律分为定值控制系统、程序控制系统和伺服控制系统。

在液压伺服系统中，信号输入、误差检测、信号反馈、系统校正等一般均使用电气元件，从功率放大到执行元件则采用液压元件，因此整个液压伺服系统实际上是一个电-液伺服系统，既集中了电气元件的快速、灵活和传递方便等特点，也有液压系统的结构紧凑、质量轻、刚度大的特点。

液压伺服控制系统除了具有一般液压传动系统所固有的优点外,还有系统刚度大、控制精度高、响应速度快的优点,可以组成体积小、质量轻、加速能力强、动作迅速和控制精度高的大功率和大负载的伺服系统。但其同样也存在一些缺点,比如除了普通液压系统所具有的缺点外,它的控制元件(主要是各类伺服阀)和执行元件因为加工精度高,所以价格贵、怕污染,对液压油的要求高。

由于液压伺服系统的优点明显,因此,它在国民经济和国防建设等方面应用非常广泛。

8.2 伺服阀与液压伺服控制系统

8.2.1 伺服阀

20世纪40年代,为了满足伺服系统快速响应和精密控制的需要,在液压系统中出现了一种以小的电气信号去控制系统内液体压力或流量的控制元件——伺服阀。伺服阀是伺服控制系统的核心,它可以按照给定的输入信号连续地控制流体的压力、流量和方向,使被控对象按照输入信号的规律变化。

伺服阀按照输出特性有流量控制阀、压力控制阀、压力-流量控制阀等;按结构形式有滑阀、喷嘴挡板阀和射流管阀等。

1. 滑阀

1) 滑阀的工作原理和结构特性

滑阀是最常用的结构形式,常用做功率放大或前置放大。滑阀按照外接油口的多少分为二通、三通、四通等;按照控制边数的不同分为单边、双边和四边滑阀,其工作原理如图8.5所示。其中,图8.5(a)为二通单边滑阀,图8.5(b)为三通双边滑阀,图8.5(c)为四通四边滑阀。阀芯的位移是双向连续变化的,不同于液压传动中的开关式换向阀。滑阀的基本功能是连续改变控制棱边(节流口)与阀套的相对位置,从而改变流通面积,以改变进入液压缸(或执行元件)两腔的压力和流量,达到控制液压缸输出运动速度和驱动力的目的。

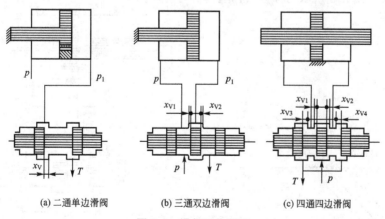

(a) 二通单边滑阀　　(b) 三通双边滑阀　　(c) 四通四边滑阀

图 8.5　滑阀工作原理

根据阀在中间平衡位置时控制棱边与阀套形成的不同初始开口量,滑阀又可以分为正开口、零开口和负开口,如图8.6所示。

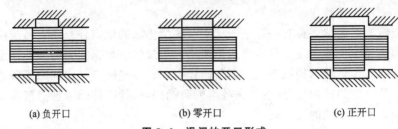

(a) 负开口　　　　(b) 零开口　　　　(c) 正开口

图 8.6 滑阀的开口形式

阀的开口形式对其控制性能影响很大，尤其是在零位附近的特性。

从图 8.6(a)可以看出，负开口滑阀在中间平衡位置时，四个节流口完全被遮盖，彻底切断了油源和执行元件之间的通路。阀芯需要左、右移动 x_{V0} 的距离后，才能将相应的节流口打开，将油液输给执行元件，所以在滑阀的位置-流量特性曲线上形成一段没有油液输出的死区，灵敏度降低，对于高精度的伺服阀控制系统是不应该使用这类结构的伺服阀的。但这种结构的伺服阀制造容易，成本低，可以在工作过程的任何位置上可靠地停止，所以在手动伺服阀或比例控制系统中还选用这种阀。

图 8.6(b)为零开口阀，其位置-流量特性曲线是线性的，控制性能好，灵敏度高。实际上阀总存在径向间隙，节流工作边有圆角，有一定的泄漏，要求零位泄漏越小越好，但其制造工艺复杂，成本高。

图 8.6(c)为正开口阀，结构简单但是液体无功损耗比较大。

当阀芯移动时，不同初始开口量的阀将有不同的流量输出特性，图 8.7 所示为三种不同开口形式滑阀的位置-流量特性曲线。

2) 滑阀的流量-压力特性

滑阀的流量-压力特性反映了在静态情况下滑阀的负载流量 q_L 与阀芯位移 x_V、负载压力 p_L 之间的函数关系，即

$$q_L = f(p_L, x_V)$$

下面以理想的零开口四边滑阀为例分析阀的静态特性。首先假定阀的节流棱边为锐边，各阀口匹配对称，油源压力稳定，油液是理想液体，管道无变形、无泄漏，忽略其他一切压力损失。图 8.8 所示为零开口四边滑阀计算简图。

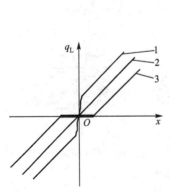

图 8.7 滑阀不同开口形式的
位置-流量特性曲线

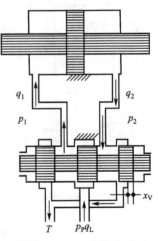

图 8.8 零开口四边滑阀
计算简图

当阀芯从零位右移 x_V 时,根据节流口的流量公式(设回油压力为零),进入液压缸的液体流量为

$$q_1 = k_T w x_V \sqrt{\frac{2}{\rho}(p_P - p_1)} \qquad (8-1)$$

流出液压缸的液体流量为

$$q_2 = k_T w x_V \sqrt{\frac{2}{\rho} p_2} \qquad (8-2)$$

在稳态时有

$$q_1 = q_2 = q_L \qquad (8-3)$$

油源供油压力为

$$p_P = p_1 + p_2 \qquad (8-4)$$

负载产生的压力为

$$p_L = p_1 - p_2 \qquad (8-5)$$

由式(8-4)、式(8-5)得

$$p_1 = \frac{1}{2}(p_P + p_L) \qquad (8-6)$$

$$p_2 = \frac{1}{2}(p_P - p_L) \qquad (8-7)$$

将式(8-6)、式(8-7)代入式(8-1)或式(8-2)得

$$q_1 = q_2 = q_L = k_T w x_V \sqrt{\frac{1}{\rho}(p_P - p_L)} \qquad (8-8)$$

式中,w 为阀口的面积梯度,当阀口为全圆周时,$w = \pi d$;其他符号同前。

式(8-8)就是理想零开口四边滑阀的流量-压力特性方程。为了便于对比,将式(8-8)处理成无量纲流量-压力特性方程,即

$$\bar{q}_L = \bar{x}_L \sqrt{\left(1 - \bar{p}_L \frac{x_V}{|x_V|}\right)} \qquad (8-9)$$

式中,$\bar{q}_L = q_L/q_{Lmax}$;$\bar{x}_V = x_V/x_{Vmax}$;$\bar{p}_L = p_L/p_{Lmax}$。

以 $\bar{x}_V$ 为变参数,以 $\bar{q}_L$ 为纵坐标、$\bar{p}_L$ 为横坐标可以绘制出无量纲流量-压力特性曲线族,如图 8.9 所示。

曲线表现出非线性关系,基本呈现抛物线形状,这个现象主要是由节流口的非线性特性造成的,当 $p > (2/3)p_P$ 时,非线性关系严重。x_V 越大,非线性关系越严重。当 p_L、x_V 较小时,曲线可以近似当作直线对待;如果 p_L 为常量,则 x_V 增加,负载流量也增加。由于滑阀的节流口是匹配对称的,阀在两个方向上的控制性能是一样的,所以流量-压力特性曲线对称于原点。

3) 滑阀的静态特性系数

(1) 流量放大系数(流量增益)k_q:

$$k_q = \frac{\partial q_L}{\partial x_V} \qquad (8-10)$$

式(8-10)表示在负载压力一定时,滑阀单位输入

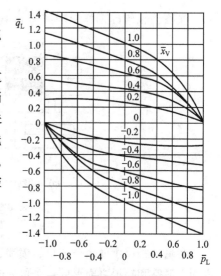

图 8.9 零开口四边滑阀
流量-压力特性曲线

位移导致的负载流量变化的大小。k_q 越大，滑阀对负载流量的控制就越灵敏。

(2) 压力放大系数（压力增益）k_p：

$$k_p = \frac{\partial p_L}{\partial x_V} \tag{8-11}$$

式(8-11)表示负载流量一定时，滑阀单位输入位移所导致的负载压力变化的大小。k_p 越大，滑阀对负载压力的控制就越灵敏。

(3) 流量压力系数 k_c：

$$k_c = -\frac{\partial q_L}{\partial p_L} \tag{8-12}$$

式(8-12)表示在滑阀开口 x_V 一定时，单位负载压力变化所导致的负载流量变化的大小。k_c 大，说明负载压力很小的变化就能对滑阀流量产生较大的影响。

滑阀的三个静态特性系数之间的关系为

$$k_p = \frac{\partial p_L}{\partial x_V} = -\frac{\frac{\partial q_L}{\partial x_V}}{\frac{\partial q_L}{\partial p_L}} = \frac{k_q}{k_c} \quad \text{或} \quad k_q = k_p k_c \tag{8-13}$$

滑阀的三个特性系数在确定系统的稳定性、快速性和稳态误差时非常重要。流量增益直接影响系统的开环增益，因而对系统的稳定性有直接的影响；流量压力系数直接影响阀控液压马达、液压缸系统的阻尼比；压力增益表明液压动力机构启动大惯性和大摩擦负载的能力。

需要说明的是，阀的特性系数是随工作点的变化而变化的。流量-压力特性曲线在原点处的阀系数称为零点阀系数，也称零位阀系数。因为阀经常在原点附近工作，所以原点是滑阀重要的工作点。此处阀的流量增益最大，系统的开环增益最高，压力-流量系数最小，系统的阻尼最低。如果系统在该点是稳定的，在其他点必然也是稳定的。

滑阀的特点是输出功率大，零位损失小，尺寸大，制造困难。

2. 喷嘴挡板阀

喷嘴挡板阀的工作原理如图 8.10 所示。

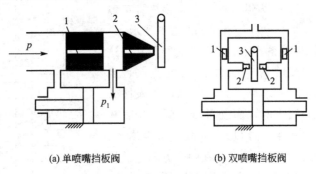

(a) 单喷嘴挡板阀　　(b) 双喷嘴挡板阀

图 8.10　喷嘴挡板阀工作原理

1—节流口；2—喷嘴；3—挡板

喷嘴挡板阀主要由节流口、喷嘴、挡板组成，具体结构可分为单喷嘴挡板阀和双喷嘴挡板阀。喷嘴和挡板之间形成一个可变的节流口，挡板的位置由输入信号控制，由于挡板的位移较小，挡板的转角也非常小，可以近似地按照平移的方式处理挡板与喷嘴之间的距离。

在图 8.10(a)中，压力一定的液体一部分流入液压缸的有杆腔，另一部分经过固定节流口后，其中一部分流入液压缸的无杆腔，其余经过喷嘴喷出，流回油箱。当信号电流改变挡板的偏转位置时，就改变了可变节流口的大小，也就改变了流经节流口的流动阻力，从而改变了液压缸两腔的压力平衡状态，使液压缸活塞产生运动。

双喷嘴挡板阀如图 8.10(b)所示，它相当于两个单喷嘴挡板阀的并联结构，其工作原理基本与单喷嘴挡板阀相同，但其所控制的负载形式有所不同，常用于对称结构，如双活塞杆液压缸。双喷嘴挡板阀由于结构对称而具有的优点是：温度和供油压力变化导致的零漂小；挡板所受的液动力小，在零位时的液动力平衡；压力-流量曲线的对称性和线性度好，压力增益比单喷嘴挡板阀大一倍。

喷嘴挡板阀结构简单，灵敏度高，比滑阀抗污染能力强，缺点是零位流量大，效率低，常常用于小功率的液压系统或两级阀的前置放大级。

3. 射流管阀

射流管阀工作原理如图 8.11 所示，它由射流管与接收器组成。

射流管阀不是采用节流的方式实现控制，而是靠能量分配和转换实现控制的，能量的分配是靠改变射流管与接收器的相对位置实现的。射流管一般做成收缩形或拉瓦尔管形，当流体流经射流管时，将压力转换成动能射入接收器，接收器是一个扩张管，液流流经后减速增压，使进入的流体恢复其压力能。当射流管位于接收器的两个接收通道正中间时，两个接收通道内压力相等，液压缸两腔压力相等，活塞保持位置不变；当射流管向左偏移时，左侧接收通道内的恢复压力大于右侧接收通道内的压力，使液压缸左移，同时接收器也和液压缸一起移动，直到射流管又位于两个接收通道中间

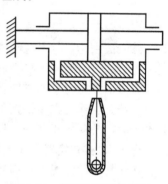

图 8.11 射流管阀工作原理

位置为止；反之亦然。液压缸的移动方向由控制信号的方向决定，液压缸移动速度的快慢由控制信号的大小决定。

射流管阀结构简单，制造成本低廉，比滑阀抗污染能力强，缺点是零位损失大，效率低，不太适合高压系统。

4. 电-液伺服阀

1) 电-液伺服阀的工作原理和类型

电-液伺服阀是电-液伺服系统的功率放大转换元件，其作用是将输入的小功率电信号转换放大成大功率液压能输出。它是电-液伺服系统的核心元件，其性能的好坏对整个液压系统的性能影响很大。

电-液伺服阀的种类很多，基本都是由电气-机械转换器和液压放大器两部分组成的。

其按照液压放大器的级数分为单级、两级和三级电-液伺服阀。

按照电-液伺服阀前置级放大器结构形式分为滑阀式、喷嘴挡板阀式和射流管阀式。

按照反馈形式分为位置反馈和力反馈。

电-液伺服阀的原理如图 8.12 所示。电-液伺服阀由电磁和液压两部分组成，其电气-机械转换器是力矩马达，力矩马达由永久磁铁、导磁体、衔铁、线圈等组成；前置级放大器为喷嘴挡板阀；液压功率放大器采用四边滑阀结构。

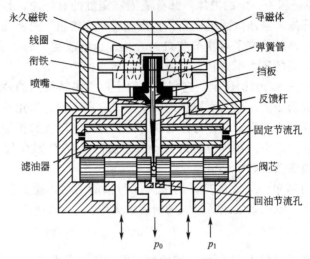

图 8.12　电-液伺服阀工作原理

当线圈没有信号电流通过时，衔铁、挡板、滑阀均处于中位。当线圈有信号电流通过时，磁铁被磁化，与永久磁铁初始的磁场作用产生电磁力矩，使衔铁连同挡板偏转一个角度。挡板的偏移改变了喷嘴和挡板之间间隙，使得滑阀两端油液的压力发生变化，导致滑阀阀芯向油液压力小的方向移动。阀芯的移动使反馈杆产生弹性变形，对衔铁挡板组件产生力反馈。当作用在衔铁挡板组件上电磁力矩与反馈杆产生的弹性变形和弹簧管反力矩达到平衡时，滑阀停止移动，保持阀芯在一定的开口位置上，输出相应的流量。

电气-机械转换器将输入的小功率电信号转换成阀芯的机械运动，输出的力或力矩很小，在流量大的情况下，满足不了直接驱动功率阀的需求，需要设置液压前置放大级。前置放大级可以采用滑阀、喷嘴挡板阀或射流管阀，最后的功率级采用滑阀。

2) 电-液伺服阀的静态特性

电-液伺服阀的静态特性包括空载流量特性、流量-压力特性、压力特性等。

(1) 空载流量特性。电-液伺服阀的空载流量特性曲线如图 8.13 所示。

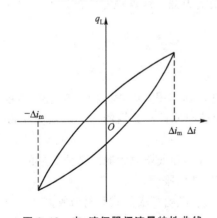

图 8.13　电-液伺服阀流量特性曲线

该曲线反映了负载流量与输入电流的对应关系。理论上负载流量与输入电流是线性关系，实际上由于电-液伺服阀的力矩马达磁铁的磁滞效应以及滑阀上的摩擦作用，造成了两方向流量曲线的非线性和滞环。因此由空载流量特性曲线可以确定伺服阀的静态滞环宽度、线性度、对称度、零漂等性能指标，同时也表明了伺服阀零位开口形式。

(2) 流量-压力特性。电-液伺服阀的流量-压力特性曲线如图 8.14 所示，表示电-液伺服阀在稳态工作情况下，输入电流、负载流量、负载压力三者之间的关系，通常用这组曲线确定伺服阀的规格，以便于负载流量和压力的匹配。

(3) 压力特性。电-液伺服阀的压力特性曲线如图 8.15 所示，表明了伺服阀在负载流量为零的情况下(关闭两个负载通道)，负载压力随输入电流在正、负额定数值变化周期内的变化情况，反映了伺服阀的压力增益，曲线的斜率就是伺服阀的压力增益。一般希望伺服阀有较高的压力增益。如果伺服阀的压力增益低，则说明阀的泄漏量大，阀芯与阀体的配合精度低，从而会使伺服系统的动作响应迟缓。

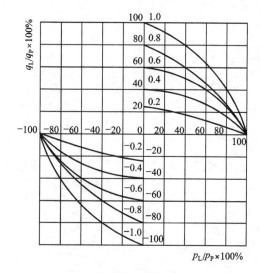 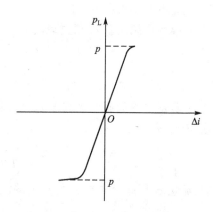

图 8.14 电-液伺服阀流量-压力特性曲线　　　图 8.15 电-液伺服阀压力特性曲线

(4) 泄漏特性。泄漏特性曲线指的是在负载流量为零的情况下，由回油口流出的阀内部泄漏量，该泄漏量随输入电流变化而变化。当阀芯处于零位时，泄漏量最大。对于多级伺服阀，泄漏量是各级阀的泄漏量之和。零位泄漏量对于新阀反映了其制造质量，对于旧阀则反映了其磨损情况。

3) 电-液伺服阀的动态特性

电-液伺服阀的动态特性常用频率响应或瞬态响应表示。频率响应是伺服阀的输入电流在某一频率范围内作等幅正弦变化时，阀的输出空载流量与输入电流在稳定状态下的复数比。频率响应用幅频特性和相频特性表示。幅频特性是输出信号和输入信号的幅值比(dB)与频率的函数关系，相频特性是输出信号与输入信号的相位差与频率的函数关系。

伺服阀的频宽通常是以 -3 dB 时的频率作为幅频宽，以相位角滞后 $90°$ 时的频率作为相频宽。频宽是衡量电-液伺服阀的重要动态参数，是电-液伺服阀响应速度的度量，说明了伺服阀在多大范围内能够精确复现输入信号。选择伺服阀时其频宽必须根据系统的实际需要来确定，频宽大则响应速度快，但频宽过大会使电子噪声和颤动信号传到负载上去；频宽太窄又会限制整个系统的响应速度。

4) 电-液伺服阀的选择

选择电-液伺服阀时主要遵循以下原则：

(1) 电-液伺服阀的工作原理、压力、额定流量和动态响应等性能必须满足被控系统的要求；

(2) 尽量选择通用型号的伺服阀；

(3) 注意伺服阀的电气性能与控制系统相匹配；

(4) 附属装置配套完整；

(5) 外形和工作液满足安装和系统装配要求；

(6) 性能稳定、工作可靠、使用寿命长、价格合理。

以电-液伺服阀驱动双作用液压缸,直接带动惯性负载 F_L、速度 v_L、系统压力 p_P 为例,说明电-液伺服阀的选择。

(1) 确定液压缸活塞面积 A 为

$$A = \frac{F_{\max}}{p_P}$$

式中,$F_{\max}$ 为最大负载力。

(2) 确定负载流量 q_L 和负载压力 p_L,考虑负载的速度和负载力分别为 v_L 和 F_L,则

$$q_L = A v_L$$

$$p_L = \frac{F_L}{A}$$

(3) 确定电液伺服阀的流量 q_v,一般按照负载流量 q_L 的 1.1～1.3 倍选择,然后计算空(载)流量 q_0:

$$q_0 = q_v \sqrt{\frac{p_P}{p_P - p_L}}$$

由空载流量 q_0 折算成样本压力 p_n 下的流量 q_n 为

$$q_n = q_0 \sqrt{\frac{p_n}{p_P}}$$

(4) 合理确定电-液伺服阀的频宽,阀的频宽过低会限制系统的响应特性,过高将降低系统的抗干扰能力。

(5) 系统的供油压力必须在电-液伺服阀样本的许可压力范围内,电-液伺服阀的流量应该等于或稍微大于计算流量 q_n。

8.2.2 液压伺服控制系统

液压伺服控制系统按照偏差信号获得和传递方式的不同分为机-液、电-液、气-液等形式,其中应用较多的是机-液和电-液控制系统。按照被控物理量的不同,液压伺服控制系统可以分为位置控制、速度控制、力控制、加速度控制、压力控制和其他物理量控制。液压控制系统还可以分为节流控制(阀控)式和容积控制(泵控)式。在机械设备中,主要有机-液伺服系统和电-液伺服系统,下面仅就机-液伺服系统和电-液伺服系统进行介绍。

1. 机-液伺服系统

机-液伺服系统是机械反馈装置将液压动力机构闭合构成的反馈控制系统,此类系统主要用于位置控制,多应用在各类车辆的转向系统、飞机舵面操作系统和液压仿型机床等,具有结构简单、工作可靠的优点。

机-液伺服系统的组成部分有伺服阀、液压缸和机械反馈机构。按照机械反馈机构的形式,机-液伺服系统分为内反馈和外反馈两大类。液压缸体与伺服阀体刚性连接成一体组成反馈装置的系统称为内反馈系统,由机械连杆组成反馈装置的系统称为外反馈系统。

图 8.16(a)所示为外反馈式机-液伺服系统的原理图,系统采用四通阀控液压缸为动力元件,反馈部分采用杠杆装置。通过原理图可以看出,输入位移 x_i 和输出位移 x_P 通过反馈杆 AC 进行比较,在 B 点给出偏差信号(阀位移)x_V。由图 8.16(b)可以得出阀芯的位移为

$$x_V = k_i x_i - k_f x_P \tag{8-14}$$

式中，输入放大系数 $k_i = b/(a+b)$；反馈系数 $k_f = a/(a+b)$。

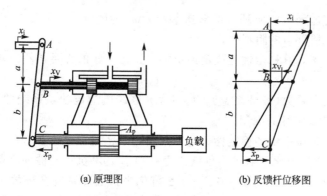

(a) 原理图　　(b) 反馈杆位移图

图 8.16　外反馈式机-液伺服系统

设动力元件上的负载为惯性负载，外加干扰力为 F_L，弹性负载很小可以忽略，给出动力元件的动态输出方程 $X_P(s)$ 如下：

$$X_P(s) = \frac{\dfrac{k_q}{A_P} X_V - \dfrac{k_c}{A_P^2}\left(\dfrac{V_t}{4\beta_e k_c}s + 1\right) F_L}{s\left(\dfrac{s^2}{\omega_h^2} + \dfrac{2\zeta_h}{\omega_h}s + 1\right)} \tag{8-15}$$

式中，A_P 为活塞有效面积；V_t 为液压缸总容积（包括阀、连接管道容积）；k_q 为阀流量增益；X_V 为阀芯位移的拉氏变换；k_c 为阀的压力流量系数；β_e 为油液有效体积弹性模量；s 为拉氏算子；ω_h 为动力元件的液压固有频率；ζ_h 为动力元件的液压阻尼比。

动态输出方程表示了液压缸对阀的输入位移和外载荷的响应特性。由式(8-14)和式(8-15)可以画出系统的框图，如图 8.17 所示。

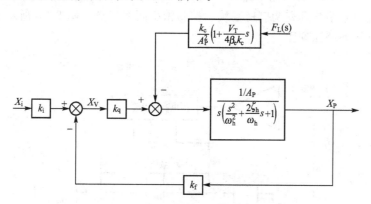

图 8.17　机-液伺服系统传递函数框图

通过图 8.17 可得出系统的开环传递函数 $W_K(s)$ 和闭环传递函数 $W_B(s)$：

$$W_K(s) = \frac{k_v}{s\left(\dfrac{s^2}{\omega_h^2} + \dfrac{2\zeta_h}{\omega_h}s + 1\right)} \tag{8-16}$$

式中，k_v 为开环放大系数，$k_v = k_q k_f / A_P$。

$$W_B(s)=\frac{k_v}{\frac{s^2}{\omega_h^2}+\frac{2\zeta_h}{\omega_h}s^2+s+k_v}=\frac{1}{\left(\frac{s}{\omega_b}+1\right)\left(\frac{s^2}{\omega_{nc}^2}+\frac{2\zeta_{nc}}{\omega_{nc}}s+1\right)} \tag{8-17}$$

式中，ω_b为闭环传递函数一阶环节的转折频率；ω_{nc}为闭环传递函数二阶环节的频率；ζ_{nc}为闭环传递函数二阶环节的阻尼比。

因为是闭环系统，其稳定性是决定系统能否正常工作的必要条件。系统稳定条件为

$$k_v < 2\zeta_h\omega_h$$

式中，k_v为开环放大系数（开环增益），k_v越大，系统响应越快，系统的稳态精度也越高，但k_v还要受到系统稳定性的限制。

为了保证液压伺服系统的稳定性，通常规定相位裕量应该大于$30°\sim60°$，幅值裕量为$6\sim12dB$。由于液压阻尼比ζ_h和动力件液压固有频率ω_h由执行元件和负载决定，当位置控制系统未加校正时，ζ_h通常取值在$0.1\sim0.2$范围内，因此系统开环放大系数大约限制在动力部件液压固有频率ω_h的$20\%\sim40\%$。这个值可以作为设计未加校正系统的经验数值。另外，系统稳定性还要受到整个系统结构刚度的影响，如执行元件与负载的连接刚度、反馈装置的刚度不足，将会使整个液压动力件的固有频率降低，从而使稳定性变差。

系统的主要性能包括对控制信号输入的动态响应特性和系统误差。

动态响应特性指瞬态响应（时域响应）和频率响应。对机-液伺服系统而言，一般不需要采用特殊的校正措施。

对机-液伺服系统来讲，系统总误差由稳态误差和静态误差组成，跟随误差和负载误差称为稳态误差；静态误差包括阀的死区、零漂、测量元件误差。为保证系统要求的精度，总误差应该小于要求值，除了稳态误差外，还应该使系统的静态误差不超过误差总量的50%。

2. 电-液伺服系统

电-液伺服系统主要有位置控制系统、速度控制系统和力控制系统等。电-液位置伺服系统是最常见的伺服系统，有阀控系统和泵控系统，可用于飞机、船舶、冶金和建设机械等。

电-液位置伺服系统具有响应速度快、控制精度高的优点。图8.18所示为电-液（阀控液压缸）位置伺服系统原理图。

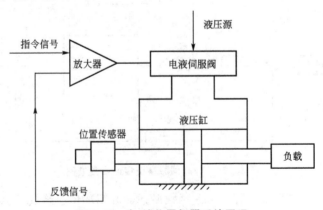

图8.18 电-液位置伺服系统原理

指令信号与从传感器检测的反馈信号经过比较放大后，输入电-液伺服阀，经过阀的转换放大后输出液压能，液压能推动液压缸活塞移动，活塞移动的位置总是按照指令信号给定的规律变化。图8.19所示为电-液位置伺服系统职能框图。

第 8 章 现代液压控制技术基本知识

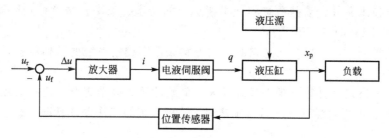

图 8.19 电-液位置伺服系统职能框图

电-液伺服阀的传递函数反映了功率级阀芯位移与输入电流的关系。当伺服系统的液压固有频率 ω_h 低于 50Hz 时,伺服阀传递函数可以用一阶环节近似表示,即

$$W(s)=\frac{q(s)}{I(s)}=\frac{k_q}{T_v s+1} \tag{8-18}$$

当液压固有频率 ω_h 高于 50Hz 时,伺服阀传递函数可以用二阶环节近似表示,即

$$W(s)=\frac{q(s)}{I(s)}=\frac{k_q}{\dfrac{s^2}{\omega_v^2}+\dfrac{2\zeta_v}{\omega_v}+1} \tag{8-19}$$

式中,k_q 为伺服阀的流量增益;T_v 为伺服阀的时间常数;ω_v 为伺服阀的固有频率;ζ_v 为伺服阀的阻尼比。

因为电-液伺服阀响应速度较快,动力机构的液压固有频率一般是回路中最低的,放大器和阀固有频率比动力执行机构的固有频率高,伺服系统的动态特性主要决定于动力执行机构,所以整个伺服系统的固有频率就可以认为等于液压马达或液压缸的固有频率。通过如此简化,电-液位置伺服系统的开环传递函数可近似地写成下式:

$$W_K(s)=\frac{k_v}{s\left(\dfrac{s^2}{\omega_h^2}+\dfrac{2\zeta_h}{\omega_h}+1\right)} \tag{8-20}$$

式中,k_v 为开环放大系数,对动力部件,$k_v=k_q k_f/A_P$;ω_h 为动力件的液压固有频率;ζ_h 为动力件的液压阻尼比。

由式(8-20)可见,电-液位置伺服系统的开环传递函数与机-液位置伺服系统的开环传递函数形式相同。

电-液位置伺服系统的稳定性判据为

$$k_v<2\zeta_h\omega_h$$

电-液位置伺服系统的分析方法与机-液位置伺服系统相同。

3. 液压伺服系统的设计

液压伺服系统的设计包括静态设计和动态检验,如果静态设计不能满足动态指标的要求,则还需要对静态设计的有关参数进行修改或采用校正手段对系统进行有效的补偿和改进,以满足系统在动、静态方面指标要求。

液压伺服系统设计步骤如下:

(1) 明确系统的应用要求和用途,确定有关的技术指标等。

(2) 掌握负载的性质和控制对象的运动工况,计算与控制对象运动规律相关的参数,如惯性力、黏性力、弹性力负载等;计算运动部件的速度、加速度,画出速度图、加速度图。

(3) 掌握系统的工作环境,如环境温度、湿度、粉尘、冲击、振动等情况。

(4) 阅读技术文件，掌握系统的技术指标，如功率、效率、精度（包括静态误差、稳态误差、总误差）、动态品质等。

(5) 确定控制方案。根据所选定的控制方案，拟定控制系统的整体结构，绘制控制系统的原理框图。

(6) 进行静态设计计算。根据系统要求、负载性质和运动工况，选择液压动力件的结构形式和参数，主要包括系统压力、流量等，分析系统的工作循环状况，绘制系统的负载工况图。

(7) 选择液压元件。根据系统的静态设计计算和负载匹配要求，选择伺服阀或比例阀、泵等有关元件和其他执行元件的型号。

(8) 根据系统的工作状态和精度要求，初步确定系统的开环增益，选择检测元件、反馈元件、放大元件和其他元件。

(9) 给出有关元件的运动方程和数学模型（传递函数）。

(10) 绘制系统的框图，给出系统的开环和闭环频率特性。

(11) 分析系统的稳定性，校核系统的频宽。

(12) 通过仿真或计算，分析系统的过渡状态，校核动态品质。

(13) 误差的分析与计算（或估算）。分析计算稳态误差，校核系统精度指标。

(14) 修改设计。如果系统的精度或者动态品质不能满足使用要求，则修改动力件参数，或者采用校正方法，或者采用补偿方案，直至满足要求为止。

(15) 选择液压源和辅助元件及设备。

(16) 模拟试验。必要时以上设计进行修改或调整，直至满足系统要求为止。

8.3 比例阀和比例控制系统

比例控制技术是 20 世纪 60 年代末人们开发的一种可靠、价廉、控制精度和响应特性均能满足工业控制系统实际需要的控制技术。电-液比例控制技术是介于普通液压阀的开关控制技术和电-液伺服控制技术之间的控制方式，它可以实现液体压力和流量连续地、按比例地跟随控制信号而变化。因此，电-液比例控制技术的控制性能优于普通液压阀的开关式控制。与伺服阀相比，由于比例阀在中位有死区，因此在控制精度和响应速度上，还略有些差距。但它显著的优点是抗污染能力强，大大减少了由于污染而造成的液压系统工作故障；另一方面比例阀的成本比伺服阀低，结构也简单，经过几十年的不断发展，已达到较为完善的程度，获得了广泛应用。其特点主要表现在三个方面：首先是采用了压力、流量、位移、动压反馈等反馈及校正手段，提高了阀的稳态精度和动态响应品质，这些标志着比例控制设计原理已经完善；其次是比例技术与插装阀结合，诞生了比例插装技术；再有是以比例控制泵为代表的比例容积元件的诞生，进一步扩大了比例控制技术的应用。

8.3.1 比例阀的工作原理和类型

比例控制的核心是比例阀。比例阀的输入单元是电气-机械转换器，它将输入信号转换成机械量。转换器有伺服电动机和步进电动机、力马达和力矩马达、比例电磁铁等。但常用的比例阀大都采用了比例电磁铁。比例电磁铁根据电磁原理设计，能使其产生的机械量(力或力矩、位移)与输入电信号(电流)的大小成比例，再连续地控制液压阀阀芯的位置，进而实现连续地控制液压系统的压力、方向和流量。比例电磁铁的结构如图 8.20 所示，由线圈、衔铁、推杆等组成，当有信号输入线圈时，线圈内磁场对衔铁产生作用力，衔铁在磁场中按信号电流的大小和方向成比例、连续地运动，再通过固联在一起的销钉带动推杆运动，从而控制滑阀阀芯的运动。应用最广泛的比例电磁铁是耐高压直流比例电磁铁。

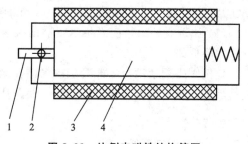

图 8.20 比例电磁铁结构简图
1—推杆；2—销钉；3—线圈；4—衔铁

比例电磁铁的类型按照工作原理主要分为如下几类：

(1) 力控制型：这类电磁铁的行程短，只有 1.5mm，输出力与输入电流成正比，常用在比例阀的先导控制级上。

(2) 行程控制型：由力控制型加负载弹簧共同组成，电磁铁输出的力通过弹簧转换成输出位移，输出位移与输入电流成正比，工作行程达 3 mm，线性度好，可以用在直控式比例阀上。

(3) 位置调节型：衔铁的位置由阀内的传感器检测后，发出一个反馈信号，在阀内进行比较后重新调节衔铁的位置，形成闭环控制，精度高，衔铁的位置与力无关，在精度上几乎可以和伺服阀相比。国际上不少著名公司生产的比例阀都采用了这种结构。

比例阀按主要功能分类，分为压力控制阀、流量控制阀、方向控制阀、比例复合控制阀四大类。每一类又可以分为直接控制和先导控制两种结构形式，直接控制用在小流量小功率系统中，先导控制用在大流量大功率系统中，构成电-液比例阀。

(1) 比例压力阀：有比例溢流阀、比例减压阀、比例顺序阀，可以连续地对压力进行调节。

(2) 比例方向阀：输入电流决定了液流的流动方向，阀芯的行程与输入电流的大小成比例，方向阀又分内带位置传感器与不带位置传感器两类。

(3) 比例流量阀：有比例调速阀和比例溢流流量控制阀，可以连续地对系统流量或速度进行调节。

(4) 比例复合控制阀：一般是由两种不同功能的阀在结构上组合构成，如比例方向阀与定差减压阀组合起来构成的复合控制阀，使通过阀的流量不受负载影响，适合应用于开环控制系统中。

8.3.2 比例阀的选用

比例阀的选用主要依据以下条件进行：

(1) 根据用途和被控对象选择比例阀的类型。

(2) 正确了解比例阀的动、静态指标，主要有额定输出量、起始电流、滞环、重复精度、额定压力损失、温漂、响应特性、频率特性等。

(3) 根据执行元件的工作精度要求选择比例阀的精度，内含反馈闭环的阀的品质好。如果比例阀的固有特性如滞环、非线性等无法使被控系统达到理想的效果时，则也可以使用软件程序改善系统的性能。

(4) 如果选择带先导阀的比例阀，要注意先导阀对油液污染度的要求。一般应符合

ISO 18/15 标准,并在油路上加装 $10\mu m$ 的进油过滤器。

(5) 比例阀的通径应满足执行器最大速度时要求的流量,通径选得过大,会使系统的分辨力降低。

比例阀必须使用与之配套的放大器,阀与放大器的距离应尽可能的短,放大器采用电流负反馈,设置斜坡信号发生器,控制升压、降压时间或运动加速度。断电时,能使阀芯处于安全位置。

8.3.3 比例控制系统

比例控制系统有直接比例控制系统和电-液比例控制系统,本质上与伺服控制相似,可以参照伺服系统进行分析。根据有无反馈比例控制分为开环控制和闭环控制。比例阀控液压缸或马达系统可以实现速度、位移、转速和转矩等参数的控制。图 8.21 所示为开环比例控制系统结构框图,图 8.22 所示为闭环比例控制系统结构框图。其分析和设计方法可以参照液压伺服系统进行。

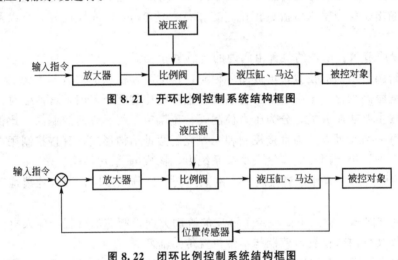

图 8.21 开环比例控制系统结构框图

图 8.22 闭环比例控制系统结构框图

8.4 电-液数字控制阀

8.4.1 电-液数字控制阀的工作原理

用数字信号直接控制阀口的开启与关闭,从而达到控制液流的方向、压力和流量目的的液压控制阀称为数字控制阀(简称数字阀)。与电-液伺服阀和比例阀相比,数字控制阀的突出特点是可以直接与计算机接口,不需要 D/A 转换器,结构简单,价廉,抗污染能力强,操作和维护方便,工作稳定性好,节能,抗干扰,可以得到较高的开环控制精度,在计算机实时控制应用方面已经部分取代了伺服阀和比例阀控制系统,为计算机在液压领域中的应用开拓了一个新的途径。根据数字控制阀的驱动控制方式,电-液数字控制阀一般分为增量式和快速开关式两大类。

1. 增量式电-液数字控制阀

增量式电-液数字控制阀也称步进式数字控制阀,是采用脉冲数字调制(PNM)演变而成的增量控制方式，以步进电动机作为电气-机械转换器，驱动液压阀的阀芯工作。增量式数字阀控制系统的工作原理如图 8.23 所示。

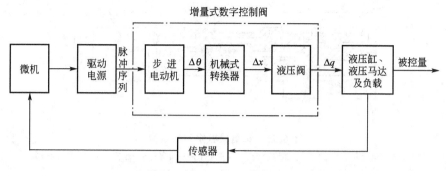

图 8.23　增量式数字阀控制系统工作原理框图

微型计算机发出的脉冲序列信号经过驱动器放大后使步进电动机工作，从而控制液压阀阀口的开启与关闭。每个采样周期的步数在前一次采样周期的步数上增加或者减少一些，以达到所需的幅值。步进电动机的转角与输入的脉冲数成正比例，每得到一个脉冲，步进电动机就沿着给定方向转过一固定的步矩角 $\Delta\theta$，再通过机械式转换器（丝杠-螺母传动副）使转角转换成轴向位移 Δx，使阀口获得一个相应的开度，从而获得与输入脉冲数成比例的压力、流量 Δq。有的数字控制阀还设置有传感器和显示装置以提高阀芯的重复位置精度。

2. 快速开关式数字控制阀

快速开关式数字控制阀也称脉宽调制式数字控制阀，采用脉宽数字调制（PWM）式的控制方式，控制液压阀的信号是一系列幅值相等、但在每一周期内的脉冲宽度不同的信号。微型计算机输出的数字信号通过脉宽调制放大器放大后使电气-机械转换器工作，驱动液压阀的阀芯运动，液压阀只有与一系列脉冲信号相对应的并快速切换的开、关两种状态，以开启时间的长短来控制流量和压力。快速开关式数字控制阀中的液压阀是一个快速切换的开关，只有全开和全闭两种工作形式，电气-机械转换器主要结构形式是力矩马达和各种电磁铁。在需要作两个方向运动的系统中，要用两个数字阀分别控制不同方向的运动，快速开关式数字阀控制系统的工作原理如图 8.24 所示。

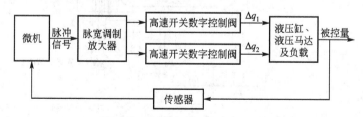

图 8.24　快速开关式数字阀控制系统工作原理框图

8.4.2　电-液数字控制阀的典型结构

1. 增量式电-液数字控制阀

图 8.25 所示为增量式电-液数字控制阀的结构，当计算机给出脉冲信号后，步进电动

机转动一个角度,并通过滚珠丝杠传动副转换成轴向线性位移,直接驱动阀芯运动,控制阀口的开度,从而实现对流量的调节。

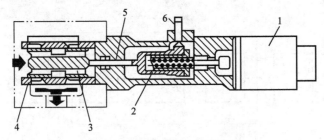

图 8.25　增量式数字阀的结构

1—步进电动机；2—滚珠丝杠传动副；3—阀芯；4—阀套；5—连杆；6—零位传感器

图示的数字控制阀的阀套上开的节流口有两个,其中的右节流口为非圆周开口,左节流口为全圆周开口。阀芯左移时先开启右节流口,阀口开度较小,得到较小流量的控制,阀芯继续移动一段距离后,左节流口打开,两个节流口同时通油,阀的开口增大,流量增大,最大控制流量可达 3600L/min。这种节流开口分两段调节结构形式,可以改善小流量时的调节性能。阀的液流流入方向为轴向,流出方向与轴线垂直。阀上的零位传感器用于在每个控制周期终了时控制阀芯回到零位,以保证每个工作周期有相同的起始位置,提高阀的重复精度。

2. 快速开关式数字控制阀

快速开关式数字控制阀有二位二通和二位三通两种,两者又各有常开和常闭两类,为了减少泄漏和提高压力,阀芯一般采用球阀或者锥阀结构,也有采用喷嘴挡板阀。图 8.26 所示为力矩马达与球阀组成的二位三通高速开关式数字阀。

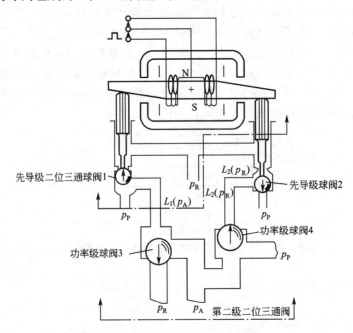

图 8.26　二位三通高速开关式数字阀的结构

驱动部分为力矩马达，根据线圈通电方向不同，衔铁摆动的方向也不同，衔铁摆动输出力矩和转角。液压部分分先导级球阀 1、2 和功率级球阀 3、4。当力矩马达得到计算机输入的信号后衔铁偏转（图示为顺时针方向），推动球阀 2 向下运动，关闭压力油口 p_P，L_2 腔与回油腔 p_R 接通，即 $L_2(p_R)$，功率级球阀 4 在液压力作用下向上运动，工作腔 L_1 与压力腔 p_P 相通，与此同时 L_1 腔与 p_A 腔相通，即 $L_1(p_P)=L_1(p_A)$，球阀 1 受 p_P 腔力作用位于上位，球阀 3 向下关闭，切断了 p_P 腔与 p_R 腔的通路。如果力矩马达偏转方向相反，则情况正好相反。

8.5 微型计算机-液压控制技术简介

1. 微机-液压控制系统的组成和特点

随着计算机技术和微电子技术的发展，计算机应用技术已经渗透到液压控制系统中，使得液压技术朝着集成化和智能化方向发展。把计算机技术与液压控制技术结合在一起，产生了一个新的应用分支：微机-液压控制技术。微机-液压控制系统的组成如图 8.27 所示。

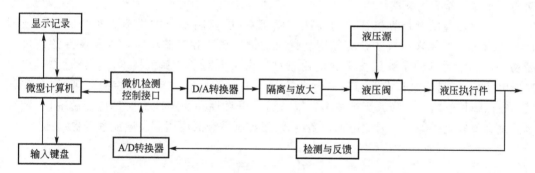

图 8.27 微机-液压控制系统组成框图

该系统主要包括微型计算机（或微型控制器）、输入和输出接口、控制输入键盘、显示记录装置、A/D 和 D/A 转换器、放大器、伺服阀或比例阀、液压执行部件、控制对象、测量反馈元件等。

与传统的液压伺服控制系统相比，将一些电子装置如控制信号发生器、中间转换器等用微型计算机、通信接口代替。因此微机-液压控制系统具有微型计算机计算速度快和处理问题柔性化的功能，又有液压系统输出功率大、惯性小的优点，显著地扩大了液压系统的应用范围和功能。微机-液压控制系统与传统的液压控制系统相比具有以下明显的特点：

(1) 人机对话方便，系统操作简单，操作者可以通过控制面板直接干预控制系统的运行，实现了实时控制和柔性控制；

(2) 显著扩大了系统的功能和应用类型，可以通过程序软件实现各种复杂的控制形式，如比例-积分-微分控制、顺序控制、自适应控制等；

(3) 具有在线检测功能和故障自诊断功能及报警、停机功能，减小了故障的危害性，提高了系统运行可靠性；

(4) 由于微型计算机功能的不断丰富和完善、操作界面可视化、通信功能及接口的丰富，使得微机-液压控制系统具有良好的性能价格比。

2. 微机-液压控制系统类型

(1) 微机-液压控制系统按照系统组成特点、元件的特性、系统内部参数变化规律以及控制变量的特性等可分为开环与闭环控制系统、线性与非线性控制系统、连续与离散控制系统、自适应控制系统、最优控制系统等；

(2) 按照信号和受控参数的特征分为程序控制系统、自动控制系统、最优控制系统等；

(3) 按照输出参数的名称分为位移与转角控制系统、速度与转速控制系统、力与力矩控制系统、加速度与角加速度控制系统等；

(4) 按照控制元件分为电-液比例控制系统、电-液伺服控制系统、电-液数字控制系统等；

(5) 按照微机的数量和布置形式分为单机分散控制系统、网络集中控制系统。

3. 微机-液压控制系统的发展与应用

微机-液压控制系统是微型计算机技术与液压技术结合的产物，具有微电子和液压的双重优势，有很强的应用和发展前景，已经广泛应用在自动化生产线、建设机械、冶金、交通、航空、航天等领域。

总之，随着微型计算机技术的发展，微机-液压控制系统的生命力越来越旺，微型计算机所具有的越来越快的计算速度、强大的记忆功能和存储功能，以及灵活的逻辑判断功能，不断地延伸了液压技术的应用领域。由于借助了计算机技术，使得过去难以解决的电-液控制问题如非线性控制、时变控制、多变量控制、自适应控制等都可以实现。其次在保障控制精度、降低运行成本、维持运行可靠性和稳定性方面都比传统的电-液控制系统有了较大的提升。因此可见，微机-液压控制系统的应用和发展前景会更加灿烂。

小　　结

本章介绍了液压伺服系统的基本组成、工作原理、类型、特点和应用。伺服系统是随动系统，液压伺服控制系统是一种执行元件能够以一定的精度自动按照输入信号的变化规律而动作的自动控制系统，由指令元件、比较元件、放大元件、转换元件、控制元件、执行元件、控制对象和检测反馈元件等组成。

伺服阀是液压伺服系统的核心，按参数形态有流量控制阀、压力控制阀、压力-流量控制阀，按结构形式有滑阀、喷嘴挡板阀、射流管阀以及多级阀等。滑阀是最常用的基本结构形式，它常用作功率放大或前置放大，其结构特性和三个特性系数在确定系统的稳定性、响应特性和稳态误差时非常重要。喷嘴挡板阀和射流管阀常用作小功率系统和前置放大。

电-液伺服阀是电-液伺服系统的功率放大转换元件。电-液伺服阀的静态特性包括空载流量特性曲线、流量-压力特性曲线、压力特性曲线；电-液伺服阀的动态特性常用频率响应或瞬态响应表示。

液压伺服系统主要有机-液和电-液系统。系统的主要性能包括系统稳定性、对控制信号输入的动态响应特性和系统误差大小。

电-液比例控制技术是介于普通液压阀的开关控制技术和电-液伺服控制技术之间的控制方式。电-液比例控制系统的分析可以参照伺服控制系统。

最后本章简单介绍了微机-液压控制系统的组成、特点和应用前景。

【关键术语】

液压伺服系统　比例控制系统　电-液数字控制　微机-液压控制系统　伺服阀　比例阀　电-液数字控制阀　控制元件　执行元件　控制对象

综 合 练 习

一、填空题

1. 伺服控制系统是一种执行元件能够以一定的精度自动按照_____的变化规律而动作的自动控制系统。
2. 液压伺服系统指的是采用_____元件，结合液压传动原理和控制理论建立起来的伺服系统。
3. 液压伺服系统是由输入信号可以_____或_____控制执行元件的速度、力矩或力、位置，有较高的控制精度和_____的控制系统。
4. 伺服阀是伺服控制系统的核心，它可以按照给定的输入信号连续地控制流体的_____、_____和_____，使被控对象按照输入信号的规律变化。
5. 伺服阀按照输出特性可分为_____、_____和_____控制阀。
6. 伺服阀按结构形式可分为_____、_____和_____阀。
7. 液压伺服控制系统按照偏差信号获得和传递方式的不同分为_____、_____、气-液伺服控制系统。
8. 电-液伺服阀是电-液伺服系统的_____元件，其作用是将输入的_____电信号转换放大成_____输出。
9. 用数字信号直接控制阀口的开启与关闭，从而达到控制液流的方向、压力和流量目的的液压控制阀称为_____阀。
10. 电-液伺服阀的动态特性常用_____或_____表示。
11. 微机-液压控制系统是微型计算机技术与_____结合的产物，具有微电子和液压的双重优势。
12. 微机-液压控制系统具有微型计算机计算速度快和处理问题柔性化的功能，又有液压系统_____大、_____的优点，显著地扩大了液压系统的应用范围和功能。

二、问答题

1. 什么是液压伺服系统？液压伺服系统主要用于什么场合？
2. 液压伺服系统的工作原理是什么？有什么特点？
3. 液压伺服系统有哪些基本类型？试分析它们各自的优缺点。
4. 液压伺服系统中的反馈有什么用处？
5. 滑阀式伺服阀有哪几种开口形式？它们的特性有什么不同？
6. 分析比较两边节流和四边节流的零开口液压伺服系统有什么优缺点。
7. 机-液伺服系统有哪两种反馈形式？

8. 什么是液压伺服系统的静态特性？有哪些参数表示？
9. 什么是液压伺服系统的动态特性？有哪些参数表示？
10. 怎样选择伺服阀？
11. 画出液压伺服系统框图。
12. 比例阀的工作原理是什么？有哪些种类？各有什么优缺点？
13. 液压比例控制有哪些类型？
14. 数字阀的工作原理是什么？结构是怎样的？
15. 什么是微机-液压控制系统？
16. 微机-液压控制系统有哪些类型？
17. 微机-液压控制系统由哪几部分组成？

第 9 章　典型液压系统分析

本章学习目标

★ 读懂液压传动系统原理图，分析液压传动系统的组成及各元件在系统中的作用；
★ 分析液压传动系统的工作程序及其工作原理；
★ 掌握各种典型液压系统的构成、工作原理和特点。

本章教学要点

知识要点	能力要求	相关知识
机床动力滑台液压系统	掌握机床动力滑台液压系统的构成、原理和特点	机床动力滑台的工作循环，液压缸差动增速回路，快、慢速换接回路，速度切换回路，中位机能，卸荷回路
注塑机液压系统	了解注塑机液压系统的构成、原理和特点	注塑工艺、液压-机械式合模结构，楔力和自锁作用，双泵合流增速回路，进油节流调速回路，比例溢流阀，比例调压回路
液压压力机液压系统	了解液压压力机液压系统的构成、原理和特点	压力机工作循环，远程调压回路，电液换向阀，平稳换向，压力冲击，溢流阀，调定压力
汽车起重机液压系统	了解汽车起重机液压系统的构成、原理和特点	起重机的作业任务，作业机构的组成，支腿收放油路，双向液压锁，平衡阀，安全阀，多路换向阀

本章学习方法

在学习本章内容时，首先要了解各液压系统的结构、工作原理、组成，掌握液压传动系统中各元件的作用。主要学习和掌握对液压系统工作原理的分析方法，只要会正确地分析一个系统，就会分析其他的系统。尽管不同设备的液压系统不同，但系统工作原理的分析方法是一致的。同时，要多观察和分析实际机械设备的液压控制系统，并结合课堂学习的液压控制理论，对实际机械设备的功能要求和液压控制系统的作用进行分析，懂得其系统工作原理和基本回路的组成。

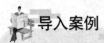 **导入案例**

汽车液压助力转向系统

随着汽车工业的快速发展,对汽车的操作稳定性、乘坐舒适性和驾驶安全性提出了更高的要求。目前大多数汽车普遍采用的是液压助力转向系统。图9.1所示为家用汽车。

汽车转向沉重,大多是由于转向液压助力系统工作不正常引起的,它与转向机械部分通常无关。导致转向沉重的具体原因有:液压油量不足;系统密封性能差,有空气进入液压系统内部;液压泵的齿轮泵磨损严重或带动液压泵的带轮损坏,这些都可导致液压助力系统不能正常工作。常见的汽车液压助力转向系统如图9.2所示。

图9.1 家用汽车

液压助力转向系统原理,如图9.3所示。

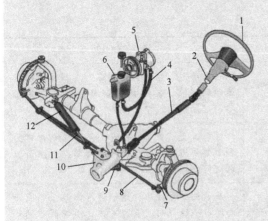

图9.2 汽车液压助力转向系统

1—方向盘;2—转向轴;3—转向中间轴;
4—转向油管;5—转向油泵;6—转向油罐;
7—转向节臂;8—转向横拉杆;9—转向摇臂;10—整体式转向器;11—转向直拉杆;12—转向减振器

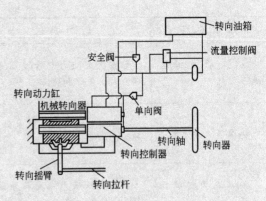

图9.3 汽车液压助力转向系统原理图

问题:
1. 目前汽车普遍采用的助力转向系统是什么系统?
2. 汽车液压助力转向系统的组成有哪些?
3. 汽车出现转向沉重的主要原因是什么?

液压系统是以压力液体作为工作介质,将动力元件、执行元件、控制元件、辅助元件按照主机的功能要求,进行组合而形成的能够完成一定动作和运动要求的系统。液压系统在生产中得到了广泛的应用。在设计制造、使用与维修主机时,能够正确地阅读和分析液压系统图是非常重要的。

9.1 液压系统分类和分析方法

1. 液压系统的分类

按常规的分类方法,液压系统有以下几种类型。

1) 开式循环系统和闭式循环系统

开式循环系统如图 9.4 所示,油泵从油箱中吸油,回油直接返回油箱。

在开式循环系统中,执行元件的开、停和换向是由换向阀操纵来实现的。开式循环系统的优点是结构简单,散热条件好,维护方便;缺点是油液与空气接触机会多,容易受到污染。

闭式循环系统如图 9.5 所示,执行元件的回油直接接到泵的进油口。

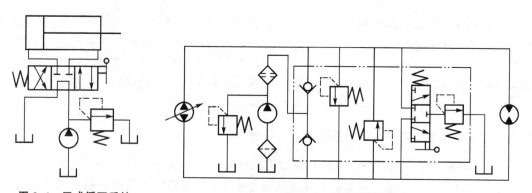

图 9.4 开式循环系统　　　　图 9.5 闭式循环系统

在闭式循环系统中,要设置辅助泵或补油油箱用来补偿系统的泄漏,对系统进行热交换和排出系统运行中产生的杂质。闭式循环系统一般用在容积调速中,它的优点是结构紧凑,效率高,传动平稳性好,油液不易受到污染,但散热和沉淀杂质条件差,因此系统必须增加冷却或过滤装置。

2) 单泵系统和多泵系统

单泵系统指由一个液压泵向一个或一组执行元件供油的液压系统。单泵系统的特点是结构简单、成本低,但由于各个执行元件要求的压力和流量不同,原动机的功率难以得到充分的利用。

多泵系统指采用两台以上的液压泵向液压系统供油,各泵可以单独驱动一个执行机构,也可以多泵合流驱动一个执行机构,以提高执行机构的速度,还可以实现复合动作。多泵系统比单泵系统功率利用率高,缺点是造价高。

3) 定量系统和变量系统

仅采用定量元件的液压系统称为定量系统。定量系统的优点是结构简单、造价低;缺点是在功率利用率方面有时不太合理,特别是单泵定量系统,功率利用率较差。

采用变量元件的液压系统称为变量系统。如恒功率变量系统能使原动机的功率利用充分,可以得到较为理想的特性。

2. 液压系统的分析

液压系统的分析大致可按以下步骤进行:

(1) 明确主机的功用、动作以及对于液压系统的要求。
(2) 识别元件,初步了解系统中包含了哪些动力元件、执行元件和控制元件。
(3) 确定液压系统的类型。
(4) 根据整机中各执行元件间互锁、同步、防干扰等要求,将系统以执行元件为中心划分为子系统;分析各子系统之间的联系。
(5) 对于某一特定的操作,分析油流循环路线和执行元件产生的动作。
(6) 分析系统中各个元件的作用。
(7) 对系统进行评价,在全面读懂液压系统图的基础上,总结出各基本回路及整个系统的特点,以加深对系统的理解。

9.2 组合机床动力滑台液压系统

组合机床是由通用部件和部分专用部件组成的高效、专用、自动化程度较高的机床。YT4543型动力滑台是组合机床用来实现进给运动的通用部件,根据需要通过配以不同用途的主轴箱,能够完成钻、扩、铰、镗、铣、刮端面、倒角及攻螺纹等加工。动力滑台液压系统的功能是通过完成一定的工作循环来实现其上面安装刀具的运动。通常实现的工作循环为:快进→工进一→工进二→死挡块停留→快退→原位停止。

9.2.1 YT4543型动力滑台液压系统的工作原理

YT4543型动力滑台的液压系统原理如图9.6所示。该系统采用了开式的单泵变量系统,主要包含以下几个基本回路:由限压式变量叶片泵和液压缸组成的容积式无级调速回路,液压缸差动增速回路,进油路两个调速阀串联组成的快慢速换接回路,电液换向阀换

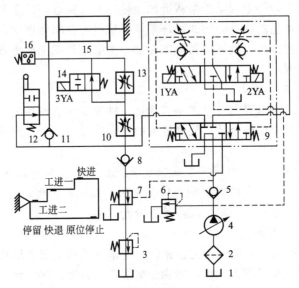

图9.6 YT4543型动力滑台液压系统原理

1—油箱;2—过滤器;3—背压阀;4—液压泵(限压式变量叶片泵);
5、8、11—单向阀;6—安全阀;7—液控顺序阀;9—电液换向阀;
10、13—调速阀;12—行程阀;14—电磁换向阀;
15—液压缸;16—压力继电器

向回路，行程阀、电磁阀和液控顺序阀等联合控制的速度切换回路，电液换向阀中位机能形成的卸荷回路。其中用液压缸差动增速回路实现动力滑台的快进，用行程阀实现快进与工进的转换，用二位二通电磁换向阀进行两个工进速度之间的转换，用调速阀来保证进给速度的稳定。其各个阶段的工作情况如下。

1. 快进

按下启动按钮，电磁铁1YA通电吸合，电液换向阀9上的电磁换向阀左位接通，在控制油压力的作用下，使液动换向阀的左位接入系统。

主油路油液流动路线为：①进油，油箱1→过滤器2→液压泵4→单向阀5→液动换向阀9（左位）→行程阀12（下位）→液压缸15左腔；②回油，液压缸15右腔→液动换向阀9（左位）→单向阀8→行程阀12（下位）→液压缸15左腔。

此时动力滑台处于空行程阶段，液压缸15负载较小，系统压力较低，液压泵4的输出流量较大。同时，液控顺序阀7处于关闭状态，液压缸为差动连接方式，从而实现动力滑台的快进。

2. 工进一

当动力滑台快进到预定位置时，滑台上的行程挡块压下行程阀12，使原来通过该阀进入液压缸15左腔的通路被切断。此时3YA处于失电状态，二位二通电磁换向阀14右位工作，压力油液经调速阀10和换向阀14进入液压缸的左腔。由于油液流经调速阀以及外载荷的作用，系统压力升高，液控顺序阀7被打开。此时，单向阀8的上部压力大于下部压力，单向阀8关闭，切断了液压缸的差动回路，回油经液控顺序阀7和背压阀3回油箱，液压缸以工进一的速度运动。

主油路油液流动路线为：①进油，油箱1→过滤器2→液压泵4→单向阀5→液动换向阀9（左位）→调速阀10→电磁换向阀14（右位）→液压缸15左腔；②回油，液压缸15右腔→液动换向阀9（左位）→液控顺序阀7→背压阀3→油箱1。

此时，一方面液压缸的连接方式发生了改变，同时系统压力的升高也使得液压泵4输出的流量减少，所以动力滑台的运动速度比快进时降低。通过调节调速阀10还可以进一步调节进给速度的大小。

3. 工进二

当动力滑台以工进一的速度运行到预定位置时，滑台上的行程挡块压下行程开关，使电磁铁3YA得电，二位二通电磁换向阀14左位工作使进油的油液流动路线发生改变。

主油路油液流动路线为：①进油，油箱1→过滤器2→液压泵4→单向阀5→液动换向阀9（左位）→调速阀10→调速阀13→液压缸15左腔；②回油，液压缸15右腔→液动换向阀9（左位）→液控顺序阀7→背压阀3→油箱1。

由于调速阀13的开口量比调速阀10的小，此时动力滑台的运动速度进一步降低，运动速度的大小可以通过调节调速阀13来实现。

4. 死挡块停留

当动力滑台以工进二的速度运行碰上死挡块后，滑台停止运动。负荷的增加使得系统压力升高，压力继电器16发出信号给时间继电器，经过一定的时间延迟后，时间继电器发出信号使动力滑台返回。滑台在死挡块处的停留是为了满足加工端面或台肩孔的需要。

在死挡块处的停留时间是通过控制时间继电器的延迟时间来实现的。

5. 快退

达到时间继电器的调定时间后,时间继电器发出信号,2YA得电,1YA、3YA失电。电液换向阀的电磁换向阀右位接通,在控制油压力的作用下,使液动换向阀的右位接入系统;同时,二位二通电磁换向阀14右位工作。

主油路油液流动路线为:①进油,油箱1→过滤器2→液压泵4→单向阀5→液动换向阀9(右位)→液压缸15右腔;②回油,液压缸15左腔→单向阀11→液动换向阀9(右位)→油箱1。

快退时,一方面液压缸右腔有效作用面积小,另一方面,动力滑台空载后退,液压缸承受的载荷小,液压泵4输出的流量变大,所以可以得到比较高的快退速度。

6. 原位停止

当滑台回退到原位时,行程挡块压下行程开关,使2YA失电,电液换向阀回到中位,滑台停止运动。液压泵4通过液动换向阀9中位卸荷。该滑台液压系统的各电磁铁及行程阀动作见表9-1。

表9-1 YT4543型动力滑台液压系统的动作循环表

元件 动作	1YA	2YA	3YA	压力继电器16	行程阀12
快进(差动)	+	−	−	−	导通
工进一	+	−	−	−	切断
工进二	+	−	+	−	切断
死挡块停留	+	−	−	+	切断
快退	−	+	±	−	切断→导通
原位停止	−	−	−	−	导通

9.2.2 YT4543型动力滑台液压系统的特点

(1) 采用限压式变量泵和换向阀中位卸荷机能,系统的功率利用合理,而且系统的能量损失小,发热少;采用电液换向阀、行程阀、电磁换向阀、死挡块、压力继电器和时间继电器等元件,保证了工作循环的自动完成。

(2) 采用限压式变量泵、液压缸的差动连接以及液压缸右腔有效作用面积较小的特点,实现了快进和快退对运动速度的要求。

(3) 利用了限压式变量叶片泵流量脉动小的特点,使各阶段运动速度平稳;采用调速阀进油节流调速,不仅能够调节进给速度,而且速度稳定性好;进给时,背压阀能使动力滑台承受一定的负值负载,避免空气渗入,传动刚度提高,同样有利于改善运动速度的稳定性。

(4) 采用带有双向阻尼器的电液换向阀,换向冲击减小,换向平稳性提高。

(5) 采用行程阀和液控顺序阀使快进转换为工进,动作平稳可靠,转换的位置精度高。由于两个工进的速度都比较低,两者之间的换接采用电磁阀来完成。

9.3 塑料注射成形机液压系统

塑料注射成形机简称注塑机，它能将颗粒状塑料加热熔化到流动状态，采用注射装置快速高压注入模腔，经一定时间的保压、冷却，得到一定形状的塑料制品。注塑机具有成形周期短，对各种塑料的加工适应性强，自动化程度高等特点。SZ-250A 型注塑机属中小型注塑机，它要求液压系统能够完成合模、注射座整体前移、注射、保压、注射座整体后退、开模、顶出缸将制品顶出、顶出缸后退等动作。通常实现的工作循环为：合模→注射座整体前移→注射→保压→冷却和预塑→注射座整体后退→开模→顶出制品→顶出缸后退→合模。

SZ-250A 注塑机要求液压系统能够提供足够的合模力，避免在注射时导致模具闭合不严而产生塑料制品的溢边现象；提供可以调节的开模和合模速度（在开、合模过程中，要求合模缸有慢、快、慢的速度变化），以提高生产率和保证制品质量，并避免产生冲击；提供足够的推力来保证注射时喷嘴和模具浇口的紧密接触；为适应不同塑料品种、注射成形制品几何形状和模具浇注系统的要求，能够提供可以调节的注射压力和注射速度；提供可以调节的保压压力，顶出制品时要求有足够的顶力，且顶出速度平稳、可调。

9.3.1 SZ-250A 型注射成形机液压系统的工作原理

图 9.7 所示为 SZ-250A 型注塑机液压系统工作原理图。该机采用了液压-机械式合模

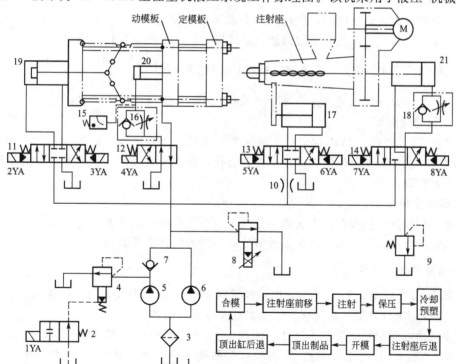

图 9.7 SZ-250A 型注塑机液压系统工作原理

1—油箱；2—二位二通电磁换向阀；3—过滤器；4—先导型溢流阀；5—大流量泵；6—小流量泵；
7—单向阀；8—先导型比例电磁溢流阀；9—背压阀；10—节流阀；11、13、14—电液换向阀；
12—电磁换向阀；15—压力继电器；16、18—单向调速阀；17—注射座移动缸；
19—合模缸；20—顶出缸；21—注射缸

机构，合模油缸通过具有增力和自锁作用的对称式五连杆机构推动模板进行开、合模，依靠连杆变形所产生的预应力来保证所需合模力，使模具可靠锁紧，并且使合模油缸直径减少，节省功率，也易于实现高速。

该液压系统为双泵、定量、开式系统，包含的基本回路有：采用双泵合流调速回路，实现液压缸不同运行速度的调节；采用进油节流调速回路，实现注射速度和制品顶出速度的调节；采用比例溢流阀的比例调压回路，实现系统需要的多级压力调节。其各个阶段的工作情况如下。

1. 合模

合模过程包括慢速合模、快速合模、低压合模和高压合模几个动作，其目的是先使动模板慢速启动，然后快速前移，当接近定模板时液压系统压力减小，以减小合模缸的推力，防止在两个模板之间存在硬质异物损坏模具的表面，接着系统压力升高，使合模缸产生较大的推力将模具闭合，并且使连杆机构产生弹性变形锁紧模具。具体动作如下。

1）慢速合模

电磁铁1YA失电，2YA得电，大流量泵5通过先导型溢流阀4卸荷，电液换向阀11左位接入系统，小流量泵6的压力由比例溢流阀8调定。

主油路油液流动路线为：①进油，油箱1→过滤器3→小流量泵6→电液换向阀11（左位）→合模缸19左腔；②回油，合模缸19右腔→电液换向阀11（左位）→油箱1。

2）快速合模

慢速合模转为快速合模时，由行程开关发出指令使电磁铁1YA得电，大流量泵5不再卸荷，实现双泵供油，使合模缸运动，系统压力仍由比例溢流阀8调定。

主油路油液流动路线为：①进油，油箱1→过滤器3→$\begin{cases}大流量泵5→单向阀7\\小流量泵6\end{cases}$→电液换向阀11（左位）→合模缸19左腔；②回油，合模缸19右腔→电液换向阀11（左位）→油箱1。

3）低压慢速合模

电磁铁1YA失电，2YA得电，大流量泵5卸荷，小流量泵6的压力由比例溢流阀8调定得较低，从而实现合模缸在低压下慢速合模，保护模具表面。主油路油液流动路线与慢速合模时相同。

4）高压合模

当动模板越过保护段时，由比例溢流阀8使小流量泵6的压力升高，系统压力的升高使得合模缸产生较大的推力。主油路油液流动路线与慢速合模时相同。

2. 注射座整体前移

电磁铁2YA失电，6YA得电，电液换向阀13右位接入系统，压力油进入注射座移动缸17右腔，使注射座整体向前移动，直到喷嘴与模具贴紧。

主油路油液流动路线为：①进油，油箱1→过滤器3→小流量泵6→节流阀10→电液换向阀13（右位）→注射座移动缸17右腔；②回油，注射座移动缸17左腔→电液换向阀13（右位）→油箱1。

3. 注射

注射速度分为慢速注射和快速注射两种，根据制品和注射工艺条件来确定，其速度由注射缸的运动速度决定，快、慢速注射时的压力均由比例溢流阀8控制。

1) 慢速注射

电磁铁 1YA 失电，6YA、8YA 得电，只有小流量泵 6 供油，电液换向阀 13 和 14 均为右位接入系统，通过调节单向调速阀 18 可以调节注射速度。6YA 得电的目的是保持喷嘴与模具紧贴。

如不考虑泄漏，主油路油液流动路线为：①进油，油箱 1→过滤器 3→小流量泵 6→电液换向阀 14（右位）→单向调速阀 18→注射缸 21 右腔；②回油，注射缸 21 左腔→电液换向阀 14（右位）→背压阀 9→油箱 1。

2) 快速注射

电磁铁 1YA、6YA、8YA 得电，液压泵 5、6 双泵合流，实现注射缸的快速运动，注射速度仍可通过阀 18 调节。

主油路油液流动路线为：①进油，油箱 1→过滤器 3→$\begin{Bmatrix}大流量泵 5→单向阀 7\\小流量泵 6\end{Bmatrix}$→电液换向阀 14（右位）→单向调速阀 18→注射缸 21 右腔；②回油，注射缸 21 左腔→电液换向阀 14（右位）→背压阀 9→油箱 1。

4. 保压

保压的目的是为了使注射缸对模腔内的熔料保持一定的压力并进行补塑，此时只需要极少量的油液，并且保压的压力也不需要很高。因此，通过比例溢流阀 8 重新调定压力，电磁铁 1YA 失电，小流量泵 6 单独供油就能够满足需要。

5. 冷却和预塑

注入模腔内的熔料需要经过一定时间的冷却才能定形，同时需要将塑料颗粒加热到能够流动的状态才能进行注射，冷却、预塑过程就是为了完成这些功能。此时，8YA 失电，电液换向阀 14 回中位，电动机通过减速机构带螺杆转动，塑料颗粒通过料斗进入料筒，被转动的螺杆输送到料筒前端进行加热。螺杆头部熔料的压力推动注射缸 21 活塞后退，注射缸右腔的油液冲开阀 18 的单向阀，一部分经电液换向阀 14 的中位进入注射缸的左腔，另一部分经背压阀 9 流回油箱。

6. 注射座后退

电磁铁 6YA 失电、5YA 得电，电液换向阀 13 的左位接入系统。

主油路油液流动路线为：①进油，油箱 1→过滤器 3→小流量泵 6→节流阀 10→电液换向阀 13（左位）→注射座移动缸 17 左腔；②回油，注射座移动缸 17 右腔→电液换向阀 13（左位）→油箱 1。

7. 开模

1) 慢速开模

电磁铁 3YA 得电，电液换向阀 11 的右位接入系统，电磁铁 1YA 处于失电状态，只有小流量泵 6 单独供油。

主油路油液流动路线为：①进油，油箱 1→过滤器 3→小流量泵 6→电液换向阀 11（右位）→合模缸 19 右腔；②回油，合模缸 19 左腔→电液换向阀 11（右位）→油箱 1。

2) 快速开模

电磁铁 1YA 得电，泵 5 和 6 双泵合流，电液换向阀 11 的右位接入系统，使得开模缸运动速度加快。

其中，主油路油液流动路线为：①进油，油箱 1→过滤器 3→$\begin{Bmatrix}大流量泵 5→单向阀 7\\ 小流量泵 6\end{Bmatrix}$→电液换向阀 11(右位)→合模缸 19 右腔；②回油，合模缸 19 左腔→电液换向阀 11(右位)→油箱 1。

8. 顶出制品

1) 顶出缸前进

电磁铁 1YA 失电，大流量泵 5 卸荷，4YA 得电，电磁换向阀 12 左位接入系统，顶出缸 20 的运动速度由单向调速阀 16 调节。

主油路油液流动路线为：①进油，油箱 1→过滤器 3→小流量泵 6→电磁换向阀 12(左位)→阀 16 的调速阀→顶出缸 20 左腔；②回油，顶出缸 20 右腔→电磁换向阀 12(左位)→油箱 1。

2) 顶出缸后退

电磁铁 4YA 失电，电磁换向阀 12 右位接入系统。其中，主油路油液流动路线为：①进油，油箱 1→过滤器 3→小流量泵 6→电磁换向阀 12(右位)→顶出缸 20 右腔；②回油，顶出缸 20 左腔→阀 16 的单向阀→电磁换向阀 12(右位)→油箱 1。

9. 螺杆后退

在拆卸和清洗螺杆时，螺杆需要退出，此时电磁铁 7YA 得电。电液换向阀 14 的左位接入系统，小流量泵 6 的压力油经电液换向阀 14 的左位进入注射缸 21 左腔，就可以使注射缸 21 带动螺杆后退。

9.3.2 SZ-250A 型注射成形机液压系统的特点

(1) 根据注塑机工作循环中要求流量和压力各不相同以及经常变化的特点，采用双泵合流的有级调速回路与调速阀调速回路相结合，并且通过先导型比例电磁溢流阀来实现多级调压，满足了各个阶段对液压系统的要求，同时使系统中的元件数量减少；

(2) 采用液压-机械增力合模机构，使模具锁紧可靠；

(3) 采用电液换向阀、电磁换向阀、行程开关和压力继电器等元件，保证了工作循环动作的顺序完成。

9.4 液压压力机液压系统

液压压力机是最早应用液压传动的机械之一，在锻压、冲压等压力加工生产中得到了广泛应用。

YA32-200 型液压压力机是一种典型的四柱式压力加工设备。它的执行元件是在四个立柱之间安置着的上、下两个液压缸，上液压缸(又称主缸)用于加压驱动上滑块运动，实现"快速下行→慢速加压→保压→卸压→快速返回→原位停止"的工作循环；下液压缸(又称顶出缸)用于成形件的顶出驱动下滑块运动，实现"向上顶出→停留→向下退回→原位停止"的工作循环；上下液压缸联合工作，用于薄板的拉伸和拉伸过程中的压边，此时要求下液压缸保持有足够的顶起力，同时又能够随着上液压缸的下压而下降。主缸的最大压制力为 2000KN。压力机对其液压系统的基本要求是：

（1）能够完成预定的工作循环；

（2）系统的压力可以方便调节，以适应不同的动作和完成不同的工作对系统压力的要求；

（3）工作循环的不同阶段系统中的压力和流量变化大，要求系统功率利用合理，防止产生液压冲击。

9.4.1 YA32-200型液压压力机液压系统工作原理

YA32-200型液压压力机液压系统工作原理如图9.8所示。

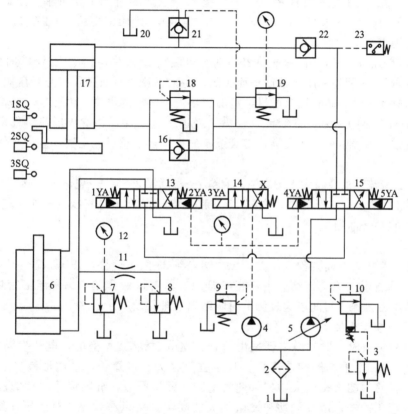

图 9.8 YA32-200型四柱万能液压机液压系统工作原理
1—油箱；2—过滤器；3—远程调压阀；4—辅助泵；5—恒功率变量泵；
6—顶出缸；7—安全阀；8—背压阀；9—溢流阀；10—先导型溢流阀；
11—节流阀；12—压力表；13、15—电液换向阀；14—电磁换向阀；
16—液控单向阀；17—主缸；18—背压阀；19—卸荷阀；
20—充液箱；21—充液阀；22—单向阀；23—压力继电器

该系统中有两个液压泵 4 和 5。泵 5 为大流量恒功率变量泵，最高工作压力为 32MPa，压力由先导型溢流阀 10 和远程调压阀 3 调定。远程调压阀的作用是根据不同的工作要求改变系统的调定压力。采用电液换向阀换向可以实现换向平稳，减小液压冲击。辅助泵 4 为低压小流量的定量泵，它为控制油路提供压力油，由溢流阀 9 调定控制压力。

1. 主缸运动

1) 快速下行

按下启动按钮，电磁铁 3YA、4YA 得电，电磁换向阀 14 和电液换向阀 15 切换至左位，这时油液进入主缸上腔，同时控制压力油经阀 14 使液控单向阀 16 开锁，主缸下腔回油到油箱。此时上滑块在自重作用下迅速下降，液压泵的供油不足以补充主缸上腔空出的容积，上腔的油液存在一定的真空度。在大气压力的作用下，液压缸顶部的充液箱 20 中的油液经充液阀 21 流入液压缸上腔。

主油路油液流动线路为：①进油，油箱 1→过滤器 2→泵 5→电液换向阀 15（左位）→单向阀 22→主缸 17 上腔；充液箱 20→充液阀 21→主缸 17 上腔；②回油，主缸 17 下腔→开启的液控单向阀 16→电液换向阀 15（左位）→电液换向阀 13（中位）→油箱 1。

2) 慢速接近工件并加压

当上滑块上的挡块压下行程开关 2SQ 时，电磁铁 3YA 失电，电磁换向阀 14 切换至右位，液控单向阀 16 因控制压力油卸压而关闭，主缸下腔的回油必须打开背压阀 18 流回油箱，使下降速度减慢。此时油泵的供油能够满足主缸运动的需要，因此压力升高，充液阀 21 关闭，来自油泵的压力油推动活塞使滑块慢速接近工件，当滑块抵住工件后，阻力急剧增加，主缸上腔油压进一步提高，变量泵 5 的排量自动减小，主缸活塞以极慢的速度对工件加压。

此时，油液流动的线路为：①进油，油箱 1→过滤器 2→泵 5→电液换向阀 15（左位）→单向阀 22→主缸 17 上腔；②回油，主缸 17 下腔→背压阀 18→电液换向阀 15（左位）→电液换向阀 13（中位）→油箱 1。

3) 保压

当主缸上腔压力升高到预定值时，压力继电器 23 发出信号，使电磁铁 4YA 失电，电液换向阀 15 回中位，泵 5 卸荷。由于充液阀 21、单向阀 22 具有良好的锥面密封性，使主缸上腔保持压力，保压时间可通过调节时间继电器进行设定。

4) 卸压并快速返回

保压过程结束时，时间继电器发出信号，使电磁铁 5YA 得电，电液换向阀 15 右位接通。由于主缸 17 上腔保持着高压，且主缸直径大、行程长，缸内油液在加压过程中受到压缩，存储的能量相当大，如果此时上腔立即接回油，缸内液体积蓄的能量突然释放就会产生液压冲击，造成振动和发出很大的噪声。所以必须先进行卸压，然后再让活塞返回。

在卸压完成之前，由于主缸上腔的压力较高，卸荷阀 19 呈打开状态，泵 5 输出的油液经阀 19 回油箱，又由于卸荷阀 19 带有阻尼孔，所以泵 5 未完全卸荷，而是以较低的压力输出，此压力可以打开充液阀 21 内部的小阀芯，但尚不足以打开它的主阀芯，所以主缸上腔的高压油只能以极小的流量经此小阀芯的开口泄回充液箱 20，主缸上腔的压力也因此而缓慢地降低，实现卸压过程。当主缸上腔的压力降至低于卸荷阀 19 的开启压力时，卸荷阀 19 关闭。

在主缸上腔完成卸压之后，泵 5 输出的压力油首先打开充液阀 21 的主阀芯，打通主缸上腔到充液箱 20 的回路。此时泵 5 的油液经过液控单向阀 16 进入主缸的下腔，主缸上腔的油液经过液控单向阀 16 流回充液箱 20。主缸的下腔（有杆腔）进油，上腔（无杆腔）回油，主缸返回，又由于主缸返回时仅需克服主缸运动组件的自重及其摩擦力，所以泵 5 的压力较低,流量大,返回速度提高。

在快速返回过程中,油液流动线路为:①进油,油箱1→过滤器2→泵5→电液换向阀15(右位)→液控单向阀16→主缸17下腔;②回油,主缸17上腔→充液阀21→充液箱20。

5) 原位停止

当返回到预定高度时,上滑块上的挡块压下行程开关1SQ时,电磁铁5YA失电,电液换向阀15回中位,主缸活塞被锁紧而停止运动。此时,液压泵5通过电液换向阀13和15的中位卸荷机能实现卸荷。

2. 顶出缸的运动

1) 压力机顶出缸的顶出

按下顶出缸启动按钮,电磁铁1YA得电,电液换向阀13左位接通,油液流动线路为:①进油,油箱1→过滤器2→泵5→电液换向阀15(中位)→电液换向阀13(左位)→顶出缸6下腔;②回油,顶出缸6上腔→电液换向阀13(左位)→油箱1。

2) 顶出缸退回

电磁铁2YA得电、1YA失电,电液换向阀13的右位接通,实现油路换向,顶出缸6回退,油液流动线路为:①进油,油箱1→过滤器2→泵5→电液换向阀15(中位)→电液换向阀13(右位)→顶出缸6上腔;②回油,顶出缸6下腔→电液换向阀13(右位)→油箱1。

3) 原位停止

在返回过程中,当到达预定位置时,电磁铁2YA失电,电液换向阀13回中位,顶出缸6停止运动,液压泵5卸荷。

3. 浮动压边

在进行薄板拉伸时,为了进行压边,首先1YA得电使顶出缸6上升到顶住被拉伸的工件,然后1YA失电,电液换向阀13回中位,在主缸下压作用力的作用下,顶出缸6下腔的压力升高,当升高到一定值时,打开背压阀8,油液经节流阀11和背压阀8回油箱,上腔经过电液换向阀13的中位进行补油。由于此处的背压阀是采用溢流阀完成建立背压的功能的,而溢流阀是锥阀,开度变化时,开口面积变化比较大,影响运动的平稳性,所以串联了节流阀11。安全阀7一方面是为了限定顶出缸6下腔的最高压力,另一方面是为了防止节流阀11的阻塞,起安全保护作用。

9.4.2 YA32-200型液压压力机液压系统的特点

(1) 采用高压大流量的恒功率变量泵使系统的功率利用合理,节省能源;
(2) 采用充液油箱在主缸快速下行时进行充液,简化了系统结构;
(3) 采用行程控制、压力控制和时间控制,保证了工作循环的自动完成;
(4) 采用先导型溢流阀与远程调压阀不仅保证了系统的安全,而且可以根据需要对系统压力进行调节;
(5) 利用管道和油液的弹性变形以及液控单向阀和单向阀的密封性能进行保压,方法简单,是采用较多的一种方法;
(6) 采用充液阀和卸荷阀能够使保压时存在于主缸上腔的高压能量缓慢释放,有利于防止液压冲击和噪声;

(7) 系统中的控制油液由专门的低压泵供油,使控制油路与主油路相互独立,保证了换向操作的安全可靠性。

9.5 汽车起重机液压系统

汽车起重机是一种机动灵活、适应性强的起重作业机械。它不仅能够完成高速装卸作业,还能够完成低速的安装、吊装等作业任务。汽车起重机的起重作业机构包括支腿收放机构、回转机构、起升机构、吊臂伸缩机构和变幅机构五大部分,各部分具有相对的独立性,这些机构一般均采用液压传动系统来驱动。

Q2-8型汽车起重机五大机构采用的是液压传动,其最大起重量为8t,最大起升高度为11.5m,属于小型起重机。

该机对液压系统的要求是:

(1) 支腿在起重作业中和行驶过程中要进行可靠的锁紧;

(2) 对起升机构的运行速度能够进行调节,而且微调性能要好,以适应安装就位作业的需要,此外还需要下降限速和能够定位锁紧;

(3) 变幅机构和吊臂伸缩机构需要下降限速和能够定位锁紧。

9.5.1 Q2-8型汽车起重机液压系统的工作原理

Q2-8型汽车起重机的液压系统工作原理如图9.9所示。

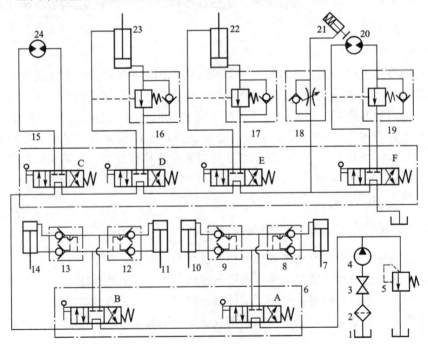

图9.9 Q2-8型汽车起重机液压系统工作原理

1—油箱;2—过滤器;3—开关;4—液压泵;5—安全阀;6、15—多路换向阀组;
7、10、11、14—支腿油缸;8、9、12、13—液压锁;16、17、19—平衡阀;
18—单向节流阀;20—起升液压马达;21—制动缸;22—变幅液压缸;
23—伸缩液压缸;24—回转液压马达

该系统为开式、单泵、定量、串联系统，液压泵的工作压力为 21MPa，排量为 40mL，额定转速为 1500r/min。支腿收放机构油路中设置的双向液压锁能够保证在起重作业和行使过程中支腿可靠锁紧。伸缩机构、变幅机构和起升机构中设置的起重机专用平衡阀能够满足下降限速和定位锁紧的要求，安全阀对系统起到防过载保护作用。多路换向阀组 6 控制前后支腿收放机构完成收放动作，多路换向阀组 15 的每一联换向阀分别控制回转机构、吊臂伸缩机构、变幅机构和起升机构完成相应的动作。工作机构的多路阀每一联均为三位四通换向阀，由于采用的是串联连接，各工作机构既能单独动作，也能够完成轻载复合动作，如起升和回转动作的同时进行、前后支腿收放动作的同时进行等。

1. 支腿收放机构油路

由于汽车轮胎支撑能力有限，在起重作业时必须放下支腿使汽车轮胎悬空。汽车行驶时则必须收起支腿。小型起重机一般采用蛙式支腿，每个支腿配有一个液压缸，前两个支腿用三位四通手动换向阀 A 控制收放，后两个支腿用三位四通手动换向阀 B 控制。每个油缸都配有一个双向液压锁，它可以保证支腿可靠的锁紧，防止在起重作业过程中发生"软腿"现象。液压锁除了锁紧作用外还具有安全保护作用，当该油路中软管爆裂或者支腿油缸存在内漏（只要没有外漏）时，支腿仍然可以保持不变。另外，在起重作业中为了防止出现对支腿的误操作，支腿的手动换向阀一般都不布置在驾驶室内。当同时操作 A、B 两个换向阀支起支腿时，由于 A 阀控制的支腿油缸进入的油液流量与 B 阀控制的支腿油缸进入的流量总是不一致，所以前后支腿的动作快慢并不一致，要进行分别调整，反之亦然。其目的就是为了在起重作业中防止出现对支腿的误操作。

2. 回转机构油路

回转机构油路采用液压马达通过减速器驱动回转支撑转动，由于回转支撑的转度较低（1～3r/min），转动惯性力较小，没有设置制动回路，通过换向节流阀调速回路实现在停止之前先行减速的方法，进一步降低回转支撑的回转速度，最后达到停止回转。

3. 起升机构油路

起升机构是汽车起重机的主要执行机构，它是由一个低速大扭矩马达带动的卷扬机。起升机构速度调节主要是通过调节发动机的油门来实现，当进行安装作业时，可利用换向阀节流调速回路来得到比较低的升降速度。在马达的回油路中设置了外控平衡阀，用以限制重物的下降速度，实现动力下降。由于液压马达中采用了间隙密封，无法用平衡阀锁紧，为此设置了常闭式制动器，制动器的控制油压与起升油路联动，只有起升马达工作时制动器才能松闸，保证了起升作业的安全。马达制动器油路中的单向节流阀是为了满足制动迅速、松闸平缓的要求设置的。

4. 变幅机构油路

汽车起重机的变幅依靠调节吊臂的仰俯角度来实现，变幅液压缸的伸缩可以改变吊臂的仰俯角度。操作换向阀 E 就可以控制变幅液压缸的伸缩量，改变起重机的作业幅度。为了防止吊臂在自重作用下下落，变幅机构的回油路中设置了起重机专用平衡阀，它不仅起到了限速作用和锁紧作用，还具有安全保护作用。

5. 吊臂伸缩机构油路

吊臂伸缩机构油路是为了驱动吊臂的伸缩，伸缩液压缸 23 的伸缩可以改变伸缩臂套的伸出量，在伸缩机构油路中设置的起重机专用平衡阀的作用与变幅机构油路中的相同。

9.5.2 Q2-8型汽车起重机液压系统的特点

Q2-8型汽车起重机液压系统的特点主要表现在以下几个方面：

（1）Q2-8型汽车起重机属于小型起重机，液压马达所驱动的部件惯性较小，所以没有设置缓冲补油回路，同时采用的换向阀节流调速回路也使得系统的结构简单，造价低；

（2）采用单泵供油、各执行元件串联连接的方式，降低了造价，还可以在执行元件不满载时，实现复合动作；

（3）采用的起重机专用平衡阀不仅起到了限速作用和锁紧作用，还具有安全保护作用；

（4）采用常闭式制动器并且制动器的控制油压与起升油路联动，保证了起升作业的安全性。

小　结

> 本章以典型的液压系统为例，介绍了实际的液压系统以及如何分析实际液压系统的工作原理和特点。具体介绍了YT4543型动力滑台液压系统、SZ-250A型注塑机液压系统、YA32-200型液压压力机液压系统和Q2-8型汽车起重机的液压系统等四个典型的液压系统的工作原理和组成，通过分析，归纳出了各系统的特点。通过学习，要求掌握阅读液压系统原理图的方法，学会分析液压系统的方法和技巧。

【关键术语】

典型液压系统　开式循环系统　闭式循环系统　单泵系统　多泵系统　定量系统　变量系统　组合机床　注塑机　液压压力机　汽车起重机　液压回路　工作循环　工艺工况

综合练习

一、填空题

1. YT4543型动力滑台液压系统，快进运动速度快的原因是：由于行程阀滚轮_____，油路阻力很大，泵的出口压力很小。

2. YT4543型动力滑台液压系统，快退运动速度快的原因是：①行程阀顶杆始终_____，油液通过_____而进油，油路阻力很小，泵的输出流量很大；②液压缸左腔进油，进油面积_____。

3. 工进一时，进油路经过一个调速阀，工进二时经过两个调速阀。由于油路阻力较大，压力较大，顺序阀打开，液压缸获得了泵的部分流量，且为_____连接，速度较慢。

4. 汽车吊伸缩机构增大倾角、变幅机构上升、升降机构载荷上升、支腿收放机构支腿下行时要进行限速。限速方法是采用_____调节阀口大小。

5. 汽车吊各机构的锁紧方法分别是：

(1) _____ 机构，采用手动换向阀 M 型中位和平衡阀。
(2) _____ 机构，采用手动换向阀 M 型中位。
(3) _____ 机构，采用手动换向阀 M 型中位、平衡阀和单向节流阀。
(4) _____ 机构，采用平衡阀和双向液压锁。

二、回答题

1. 说明动力滑台液压系统自动顺序动作的工作过程。
2. 动力滑台液压系统的特点是什么？
3. 动力滑台液压系统包含哪些液压基本回路？
4. 注塑机液压系统的特点是什么？
5. 注塑机的连杆机构在合模时起什么作用？
6. 注塑机是如何实现保压的？
7. 注塑机是如何实现快速合模的？
8. 液压压力机液压系统的特点是什么？
9. 液压压力机是如何实现慢速接近工件及加压的？
10. 汽车起重机液压系统的特点是什么？
11. 汽车起重机哪些机构在何种情况下要限速？分别采用什么方法限速？
12. 汽车起重机各机构分别采用什么方法锁紧？

第10章 液压系统的设计计算

 本章学习目标

★ 掌握液压系统的设计方法和步骤；
★ 熟悉液压系统原理图的拟订；
★ 掌握液压系统计算和液压元件选择；
★ 熟悉液压系统的校核。

 本章教学要点

知识要点	能力要求	相关知识
设计要求与工况分析	明确液压系统的设计要求，掌握液压系统工况分析方法	液压系统的性能要求、控制技术，位移-时间循环图，整机工作循环图，负载循环图
设计方案	掌握如何按照可靠性、经济性和先进性的原则确定液压系统设计方案	液压系统的形式、系统工作压力、系统流量、拟订液压系统原理图的方法步骤和注意事项，包括控制方法、安全可靠性、效率和防止液压冲击
设计计算与元件选择	掌握有效工作压力、流量的计算，液压缸有效面积的设计计算，熟悉液压泵功率计算与选择，了解液压控制阀和液压附件的选择及油箱容积的计算	有效工作压力、有效流量，液压缸有效面积，液压泵的流量、功率，液压控制阀和液压附件的选择
液压系统的校核	掌握泵的压力校核，熟悉液压系统热平衡验算及散热面积的校核，了解液压冲击验算	沿程和局部压力损失、液压系统产生的热量、液压冲击产生的原因及避免液压冲击的措施

 本章学习方法

学习本章时应结合前面学过的液压元件、基本回路、液压传动系统及其控制技术等内容，首先明确主机对液压系统的性能要求，进而抓住液压系统设计的核心和特点，明确设计要求，进行工况分析，然后按照可靠性、经济性和先进性的原则来确定液压系统方案，在此基础上进一步掌握液压系统的设计原则和计算方法。

第 10 章 液压系统的设计计算

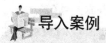

导入案例

时风 5T 三轮自卸车及液压缸

时风三轮农用汽车,在全国农村得到了普遍应用。其中时风 5T 三轮自卸车由于具有自卸能力,深受广大农民群众的喜欢,如图 10.1 所示。

液压系统及液压油缸是三轮自卸车的关键部件,在三轮自卸车上广泛使用的液压油缸,如图 10.2 所示。

图 10.1　时风 5T 三轮自卸车

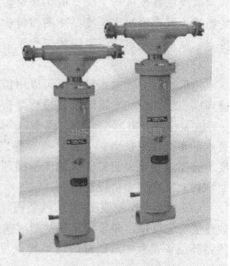
图 10.2　液压油缸

要保证三轮自卸车正常可靠地工作,必须根据载荷、结构、工况等实际情况,对自卸车液压系统及液压缸有正确的设计,并且选择恰当的液压元件、控制元件,在保证可靠性的基础上,还要考虑经济性。

问题:

1. 对三轮自卸车液压系统的设计,应该考虑哪些因素?
2. 设计三轮自卸车液压缸应考虑哪些因素?

10.1　液压系统的设计步骤

液压系统的类型较多,用途各异,并具有各自的特点。而设计方案对其整机的工作性能起着非常重要的影响,所以在学习了液压元件、基本回路、液压传动系统及其控制技术等内容的基础上,还须掌握液压系统的设计原则和计算方法。

10.1.1　液压系统的设计要求与工况分析

1. 设计要求

在设计液压系统时,首先应明确以下问题,并将其作为设计依据。

(1) 主机和工作机构的结构特点和工作原理,主要包括主机动作采用的液压执行元件，各执行元件的运动方式、行程、动作循环以及动作时间是否需要同步或互锁等；

(2) 主机对液压传动系统的性能要求，主要包括各执行元件在各工作阶段的负载、速度、调速范围、运动平稳性、换向定位精度及对系统的效率、温升等的要求；

(3) 主机对液压传动系统的要求；

(4) 主机的使用条件及工作环境，如温度、湿度、振动冲击以及是否有腐蚀性和易燃物质存在等情况。

2. 液压系统工况分析

对液压系统进行工况分析，即对各执行元件进行运动分析和负载分析。对于运动复杂的系统，需要绘制出速度循环图和负载循环图，对简单的系统只需找出最大负载和最大速度点，从而为确定液压系统的工作压力、流量，为液压执行元件的设计或选择提供数据。

1) 运动分析

主机执行元件的运动情况可以用位移循环($L-t$)图、速度循环($v-t$)图或速度与位移循环图表示，由此对运动规律进行分析。

(1) 位移—时间循环图。图 10.3 所示为液压机的液压缸位移-时间循环图，纵坐标 L 表示活塞位移，横坐标 t 表示从活塞启动到返回原位的时间，曲线斜率表示活塞移动速度。该图清楚地表明液压机的工作循环分别由快速下行、减速下行、压制、保压、泄压慢回和快速回程六个阶段组成。

(2) 计算和绘制速度-时间循环图。根据整机工作循环图和执行元件的行程、转速以及加速度变化规律，即可计算并绘制出执行元件的速度-时间循环 $v-t$（或 $v-L$）图。速度-时间循环图按工程中液压缸的运动特点可归纳为三种类型。图 10.4 所示为液压缸三种类型的 $v-t$ 图。

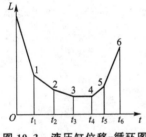

图 10.3 液压缸位移-循环图

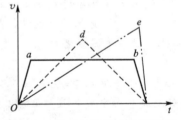

图 10.4 液压缸速度-时间循环图

第一种如图 10.4 中实线所示，液压缸开始作匀加速运动，然后匀速运动，最后匀减速运动到终点；第二种如图 10.4 中虚线所示，液压缸在总行程的前一半作匀加速运动，在后一半做匀减速运动，且加速度的数值相等；第三种如图 10.4 中双点画线所示，液压缸在总行程的一大半以上以较小的加速度作匀加速运动，然后匀减速至行程终点。$v-t$ 图的三条速度曲线，不仅清楚地表明了液压缸三种类型的运动规律，也间接地表明了三种工况的动力特性。

(3) 整机工作循环图。在具有多个液压执行元件的复杂系统中，执行元件通常是按一定的程序循环工作的。因此，必须根据主机的工作方式和生产率，合理安排各执行元件的工作顺序和作业时间，并绘制出整机的工作循环图。

2) 负载分析

负载分析是研究机器在工作过程中，其执行机构的受力情况，对液压系统而言，就是研究液压缸或液压马达的负载情况。对于负载变化复杂的系统必须画出负载循环图，不同工作目的的系统，负载分析的重点不同。例如，对于工程机械的作业机构，着重点为重力在各个位置上的情况，负载图以位置为变量；对机床工作台，着重点为负载与各工序的时间关系。

(1) 液压缸的负载及负载循环图。

① 液压缸的负载力计算。一般来说，液压缸承受的动力负载有工作负载 F_w、惯性负载 F_m、重力负载 F_g，约束性负载有摩擦阻力 F_f、背压负载 F_b、液压缸自身的密封阻力 F_{sf} 等。即作用在液压缸上的外负载为

$$F = \pm F_w \pm F_m + F_f \pm F_g + F_b + F_{sf} \quad (10-1)$$

工作负载 F_w：与主机的工作性质有关，主要为液压缸运动方向的工作阻力。对于机床来说就是沿工作部件运动方向的切削力，此作用力的方向如果与执行元件运动方向相反为正值，两者同向为负值。该作用力可能是恒定的，也可能是变化的，其值要根据具体情况计算或由实验测定。

惯性负载 F_m：为运动部件在启动和制动等变速过程中的惯性力，可按牛顿第二定律求出，即

$$F_m = ma = m\frac{\Delta v}{\Delta t} \quad (10-2)$$

式中，m 为运动部件的总质量(kg)；a 为运动部件的加速度(m/s^2)；Δv 为 Δt 时间内速度的变化量(m/s)；Δt 为启动或制动时间(s)，启动加速时，取正值，减速时，取负值；一般机械系统，Δt 取 $0.1 \sim 0.5s$；行走机械系统，Δt 取 $0.5 \sim 1.5s$；机床运动系统，Δt 取 $0.25 \sim 0.5s$；机床进给系统，Δt 取 $0.1 \sim 0.5s$，工作部件较轻或运动速度较低时取小值。

重力负载 F_g：当工作部件垂直放置和倾斜放置时，其本身的重力也成为一种负载，当上移时，负载为正值，下移时为负值。当工作部件水平放置时，其重力负载为零。

摩擦阻力 F_f：为液压缸驱动工作机构所需克服的机械摩擦力。对机床来说，摩擦阻力与导轨的形状、放置情况和工作部件运动状态有关。对最常见的平导轨和 V 形导轨，其摩擦阻力可按下式计算：

$$(\text{平导轨}) \quad F_f = f(mg + F_N) \quad (10-3)$$

$$(\text{V 形导轨}) \quad F_f = \frac{f(mg + F_N)}{\sin(\alpha/2)} \quad (10-4)$$

式中，F_N 为作用在导轨上的垂直载荷；α 为 V 形导轨夹角，通常取 $\alpha = 90°$；f 为导轨摩擦因数，它有静摩擦因数 f_s 与动摩擦因数 f_d 之分，其值可参阅相关设计手册。

密封阻力 F_{sf}：指装有密封装置的零件在相对移动时的摩擦力，其值与密封装置的类型、液压缸的制造质量和油液的工作压力有关。在初算时，可按液压缸的机械效率($\eta_m = 0.9 \sim 0.95$)考虑；验算时，按密封装置摩擦力的计算公式计算。

背压负载 F_b：液压缸运动时还必须克服回油路压力形成的背压阻力，其值为

$$F_b = p_b A$$

式中，A 为液压缸回油腔有效工作面积；p_b 为液压缸背压，在液压缸参数尚未确定之前，一般按经验数据估计一个数值。

② 液压缸运动循环各阶段的总负载力。液压缸运动分为启动、加速、恒速、减速制动等几个阶段，不同阶段的负载力计算是不同的。

启动阶段：$F = (F_f \pm F_g + F_{sf})/\eta_m$；

加速阶段：$F=(F_\mathrm{m}+F_\mathrm{f}\pm F_\mathrm{g}+F_\mathrm{b}+F_\mathrm{sf})/\eta_\mathrm{m}$；

恒速运动时：$F=(\pm F_\mathrm{w}+F_\mathrm{f}\pm F_\mathrm{g}+F_\mathrm{b}+F_\mathrm{sf})/\eta_\mathrm{m}$；

减速制动时：$F=(\pm F_\mathrm{w}-F_\mathrm{m}+F_\mathrm{f}\pm F_\mathrm{g}+F_\mathrm{b}+F_\mathrm{sf})/\eta_\mathrm{m}$。

③ 工作负载图。对复杂的液压系统，如有若干个执行元件同时或分别完成不同的工作循环，则有必要按上述各阶段计算总负载力，并根据上述总负载力和它所经历的工作时间 t（或位移 s），按相同的坐标绘制液压缸的负载时间($F-t$)或负载位移($F-s$)图。图10.5 所示为某机床主液压缸的工作循环和负载图。

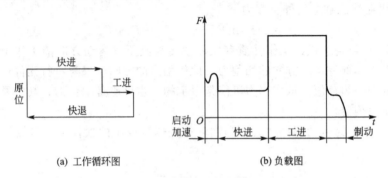

图 10.5　某机床主液压缸的工作循环和负载图

负载图中的最大负载力是初步确定执行元件工作压力和结构尺寸的依据。

（2）液压马达的负载。液压马达的负载力矩分析与液压缸的负载分析相同，只需将上述负载力的计算变换为负载力矩即可。

10.1.2　液压系统的设计方案

要确定一个机器的液压系统方案，必须和该机器的总体设计方案综合考虑。首先明确主机对液压系统的性能要求，进而抓住该类机器液压系统设计的核心和特点，然后按照可靠性、经济性和先进性的原则来确定液压系统方案。如对变速、稳速要求严格的机器（如机床液压系统），其速度调节、换向和稳定是系统设计的核心，因而应先确定其调速方式。而对于对速度无严格要求但对输出力、力矩有要求的机器（如挖掘机、装载机液压系统），其功率的调节和分配是系统设计的核心，该类系统的特点是采用组合油路。

1. 确定系统的形式

确定系统的形式就是确定系统主油路的结构（开式或闭式，串联或并联）、液压泵的形式（定量或变量）、液压泵的数目（单泵、双泵或多泵）和回路数目等。另外尚需确定操纵的方式、调速的形式及液压泵的卸荷方式等。例如目前在工程机械上，液压起重机和轮式装载机多采用定量开式系统，小型挖掘机采用单泵定量系统，中型挖掘机多采用双泵双回路定量并联系统，大型挖掘机多采用双泵双回路变量并联系统。行走机械和航空航天装置为减少体积和重量可选择闭式回路，即执行元件的排油直接进入液压油的进口。

2. 确定系统的工作压力

液压系统工作压力是指液压系统在正常运行时所能克服外载荷的最高限定压力。

确定液压系统工作压力包括压力级的确定，液压泵压力和安全阀（或溢流阀）调定压力的选择。

系统的压力级选择与机器种类、主机功率大小、工况和液压元件的形式有密切关系。一般小功率机器采用低压系统，大功率机器采用高压系统。在一定允许的范围提高油压，可使系统的尺寸减小，但容积效率会下降。常用的液压系统压力推荐见表10-1。

表10-1 各类设备的常用压力

机械类型	机床				农业机械	工程机械
	磨床	组合机床	龙门刨床	拉床		
工作压力/MPa	≤2	3~5	≤8	8~10	10~16	20~32

在考虑上述各因素的情况下，还应参考国家公称压力系列标准值来确定系统工作压力。

3. 确定系统流量

根据已确定的系统工作压力，再根据各执行元件对运动速度的要求，计算每个执行元件所需流量，然后确定系统总流量。对单泵串联系统，各执行元件所需流量的最大值，就是系统流量。

对双泵或多泵液压系统，将同时工作的执行元件的流量进行叠加，则叠加数中最大值就是系统流量。但应注意，对于串联的执行元件，即使同时工作，也不能进行流量叠加。如果对某一执行元件采用双泵或多泵合流供油，则合流流量就是系统流量。

4. 拟订液压系统原理图

1) 拟订液压系统原理图的方法步骤

拟定液压系统原理图是液压系统设计中重要的一步，对于系统的性能及设计方案的经济性、合理性都具有决定性的影响。拟定液压系统原理图一般分为两步进行：

(1) 分别选择和拟定各个基本回路，选择时应从对主机性能影响较大的回路开始，并对各种方案进行分析比较，确定出最佳方案；

(2) 将选择的基本回路进行归并、整理，再增加一些必要的元件或辅助油路，组合成一个完整的液压系统。

2) 拟定液压系统原理图应注意的问题

(1) 控制方法。在液压系统中，执行元件需改变运动速度和方向，对于多个执行元件，则还应有动作顺序及互锁等要求，如果机器要求实行一定的自动循环，则更应慎重选择各种控制方式。一般而言，行程控制动作比较可靠，是通用的控制方式；选用压力控制可以简化系统，但在一个系统内不宜多次采用；时间控制不宜单独采用，而常与行程或压力控制组合使用。

(2) 系统安全可靠性。液压系统的安全可靠性非常重要，因此在设计时针对不同功能的液压回路，应采取不同的措施以确保液压回路及系统的安全可靠性。如为防止系统过载，应设置安全阀；为防止举升机构在其自重及失压情况下自动落下，必须有平衡回路或液压锁；回转机构应有缓冲、限速及制动装置等以确保安全。另外，要防止回路间的相互干扰，如单泵驱动多个并联连接的执行元件有复合动作要求时，应在负载小的执行元件的进油路上串联节流阀，对保压油路可采用蓄能器与单向阀，使其与其他动作回路隔开。

(3) 有效利用液压功率。提高液压系统的效率不仅能节约能量，还可以防止系统过热。如在工作循环中，系统所需流量差别较大时，应采用双泵和变量泵供油或增设蓄能器；在系统处于保压停止工作时，应使泵卸荷等。

（4）防止液压冲击。在液压系统中，由于工作机构运动速度的变换、工作负荷的突然消失以及冲击负载等原因，经常会产生液压冲击而影响系统的正常工作。因此在拟定系统原理图时应予以充分重视，并采取相应的预防措施。如对由工作负载突然消失而引起的液压冲击，可在回油路上加背压阀；对由冲击负载产生的液压冲击，可在油路入口处设置安全阀或蓄能器等。

10.1.3 液压系统计算与元件选择

拟定完整机的液压系统原理图之后，就可以根据选取的系统压力和执行元件的速度-时间循环图，计算和选择系统中所需的各种元件和管路。

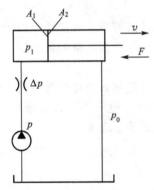

图 10.6 有效工作压力示意图

1. 选择执行元件

初步确定了执行元件的最大外负载和系统的压力后，就可以对执行元件的主要尺寸和所需流量进行计算。计算时应从满足外负载和满足低速运动两方面要求来考虑。

1) 计算执行元件的有效工作压力

由于存在进油管路的压力损失和回油路的背压，所以有效工作压力比系统压力要低。

图 10.6 所示为有效工作压力示意图，由图可知，液压缸的有效工作压力 p_1 为

$$p_1 = p - \Delta p - p_0 \frac{A_2}{A_1} \tag{10-5}$$

液压马达的有效工作压力 p_M 为

$$p_M = p - \Delta p - p_0 \tag{10-6}$$

式中，p_M 为执行元件的有效工作压力(MPa)；p 为系统压力，即泵供油压力(MPa)；Δp 为进油管路的压力损失(MPa)，初步估计时，简单系统取 $\Delta p = (0.2 \sim 0.5)$MPa，复杂系统取 $\Delta p = (0.5 \sim 1.5)$MPa；$p_0$ 为系统的背压，包括回油管路的压力损失(MPa)，简单系统取 $p_0 = (0.2 \sim 0.5)$MPa，回油带背压阀时取 $p_0 = (0.5 \sim 1.5)$MPa；A_1 为液压缸进油腔的有效工作面积(m^2)；A_2 为液压缸回油腔的有效工作面积(m^2)。

2) 计算液压缸的有效面积或液压马达的排量

（1）从满足克服外负载要求出发，对于液压缸，其有效面积 A 为

$$A = \frac{F_{max}}{p_1 \eta_m \times 10^6} \tag{10-7}$$

式中，A 为液压缸有效面积(m^2)；F_{max} 为液压缸的最大负载(N)；p_1 为液压缸的有效工作压力(MPa)；η_m 为液压缸的机械效率，常取 $0.9 \sim 0.98$。

对于液压马达，其排量 V_M 应为

$$V_M = \frac{T_{max}}{159 p_1 \eta_{Mm} \times 10^3} \tag{10-8}$$

式中，V_M 为液压马达排量(m^3/r)；T_{max} 为液压马达的最大负载扭矩(N·m)；p_1 为液压马达的有效工作压力(MPa)；η_{Mm} 为液压马达的机械效率，可取 0.95。

(2) 从满足最低速度要求出发,对于液压缸,有效面积为

$$A \geqslant \frac{q_{\min}}{v_{\min}} \tag{10-9}$$

式中,A 为液压缸有效面积(m^2);$q_{\min}$ 为系统的最小稳定流量,在节流调速系统中,取决于流量阀的最小稳定流量(m^3/s);$v_{\min}$ 为要求液压缸的最小工作速度(m/s)。

对于液压马达,其排量 V_M 应为

$$V_M \geqslant \frac{q_{\min}}{n_{M\min}} \tag{10-10}$$

式中,$q_{\min}$ 为系统的最小稳定流量(m^3/s);$n_{M\min}$ 为要求液压马达的最低转速(r/s)。

从式(10-7)和式(10-9)中选取较大的计算值来计算液压缸内径和活塞杆直径。对计算出的结果,按国家标准选用标准值。

从式(10-8)和式(10-10)中选取较大的计算值,作为液压马达排量 V_M,然后结合液压马达的最大工作压力(p_1+p_0)和工作转速 n_M,选择液压马达的具体型号。

(3) 计算执行元件所需流量,对于液压缸,所需最大流量为

$$q_{\max} = A v_{\max} \tag{10-11}$$

式中,$q_{\max}$ 为液压缸所需最大流量(m^3/s);$v_{\max}$ 为液压缸活塞移动的最大速度(m/s)。

对于液压马达,所需最大流量为

$$q_{M\max} = V_M n_{M\max} \tag{10-12}$$

式中,$q_{M\max}$ 为液压马达所需最大流量(m^3/s);$n_{M\max}$ 为液压马达的最大转速(r/s)。

2. 选择液压泵

1) 确定液压泵的流量

$$q_P \geqslant k (\sum q)_{\max} \tag{10-13}$$

式中,q_P 为液压泵流量(m^3/s);k 为系统泄漏系数,一般取 1.1~1.3,大流量取小值,小流量取大值;$(\sum q)_{\max}$ 为复合动作的各执行元件最大总流量(m^3/s),对于复杂系统,可从总流量循环图中求得。

当系统采用蓄能器,泵的流量可根据系统在一个循环周期中的平均流量选取,即

$$q_P \geqslant \frac{k}{T} \sum_{i=1}^{n} V_i \tag{10-14}$$

式中,k 为系统泄漏系数;T 为工作周期(s);V_i 为各执行元件在工作周期中所需的油液容积(m^3);n 为执行元件的数目。

2) 选择液压泵的规格

选取额定压力比系统压力(指稳态压力)高 25%~60%、流量与系统所需流量相当的液压泵。由于液压系统在工作过程中其瞬态压力有时比稳态压力高得多,因此选取的额定压力应比系统压力高一定值,以便泵有一定的压力储备。

3) 确定液压泵所需功率

(1) 恒压系统,驱动液压泵的功率为

$$P_P = \frac{p_P q_P}{\eta_P} \tag{10-15}$$

式中,P_P 为驱动液压泵功率(W);p_P 为液压泵最大工作压力(Pa);q_P 为液压泵流量(m^3/s);η_P 为液压泵的总效率。

各种形式液压泵的总效率可参考表 10-2 估取，当液压泵规格大时，取大值，反之取小值；定量泵取大值，变量泵取小值。

表 10-2 液压泵的总效率

液压泵类型	齿轮泵	螺杆泵	叶片泵	柱塞泵
总效率	0.6～0.7	0.65～0.80	0.60～0.75	0.80～0.85

(2) 非恒压系统。当液压泵的压力和流量在工作循环中变化时，可按各工作阶段进行计算，然后用下式计算等效功率：

$$P = \sqrt{\frac{P_1^2 t_1 + P_2^2 t_2 + \cdots + P_n^2 t_n}{t_1 + t_2 + \cdots + t_n}} \tag{10-16}$$

式中，P 为液压泵所需等效功率(kW)；P_1、P_2、$\cdots$、P_n 分别为一个工作循环中各阶段所需的功率(kW)；t_1、t_2、$\cdots$、t_n 分别为一个工作循环中各阶段所需的时间(s)。

注意，按等效功率选择电动机时，必须对电动机的超载量进行检验。当阶段最大功率大于等效功率并超过电动机允许的过载范围时，电动机容量应按最大功率选取。

3. 选择控制阀

对换向阀，应根据执行元件的动作要求、卸荷要求、换向平稳性和排除执行元件间的相互干扰等因素确定滑阀机能，然后再根据通过阀的最大流量、工作压力和操纵定位方式等选择其型号。

对溢流阀，主要根据最大工作压力和通过阀的最大流量等因素来选择，同时要求反应灵敏、超调量和卸荷压力小。

对流量控制阀，首先应根据调速要求确定阀的类型，然后再按通过阀的最大和最小流量以及工作压力选择其型号。

另外，在选择各类阀时，还应注意各类阀连接的公称通径，在同一回路上应尽量采用相同的通径。

4. 选择液压辅件并确定油箱容量

过滤器、蓄能器等可按第 6 章中有关原则选用，管道和管接头的规格尺寸可参照它所连接的液压元件接口处尺寸决定。

油箱容积体积必须满足液压系统的散热要求，可按第 6 章中的有关公式计算，但应注意，如果系统中有多个泵，则公式中的液压泵的流量应为系统中各液压泵流量总和。

10.1.4 液压系统的校核

1. 压力损失的计算

根据初步确定的管道尺寸和液压系统装配草图，就可以进行压力损失的计算。压力损失包括沿程阻力损失和局部阻力损失，即

$$\Delta p = \sum \Delta p_\lambda + \sum p_\zeta \tag{10-17}$$

式中，Δp 为系统压力损失(Pa)；$\sum \Delta p_\lambda$ 为沿程阻力损失(Pa)；$\sum p_\zeta$ 为局部阻力损失(Pa)。

沿程阻力损失是油液沿直管流动时的黏性阻力损失，一般比较小。局部阻力损失是油液流经各种阀、管路截面突然变化处及弯管处的压力损失。在液压系统中，局部压力损失

是主要的,必须加以重视。

关于沿程阻力损失和局部阻力损失的计算方法,可参考液压流体力学或有关的液压传动设计手册。

在液压系统设计时,应尽量避免不必要的管路弯曲和节流,避免直径突变,减少管接头,采用元件集成化,以便减少压力损失。

2. 热平衡验算

液压系统工作时,由于工作油液流经各种液压元件和管路时将产生能量损失,这种能量损失最终转化成热能,从而使油液发热、油温升高,使泄漏增加、容积效率降低。为了保证液压系统良好的工作性能,应使最高油温保持在允许范围内,一般不超过65℃。

液压系统产生的热量,主要包括液压泵和液压马达的功率损失、溢流阀的溢流损失、油液通过阀体及管道等的压力损失所产生的热量。

1) 液压泵功率损失所产生的热量

$$H_1 = P_{Pm}(1-\eta_P) \tag{10-18}$$

式中,H_1 为液压泵功率损失产生的热量(kW);P_{Pm} 为液压泵输入功率(kW);η_P 为液压泵总效率。

2) 油液通过阀体的发热量

$$H_2 = \sum_{i=1}^{n} \Delta p_i q_i \tag{10-19}$$

式中,H_2 为油液通过阀体的发热量(kW);Δp_i 为油液通过每个阀体的压力降(MPa);q_i 为通过每个阀体的流量(m³/s)。

3) 管路损失及其他损失(包括液压执行元件)所产生的热量

$$H_3 = (0.03 \sim 0.05) P_{Pm} \tag{10-20}$$

式中,H_3 为管路损失及其他损失所产生的热量(kW)。

液压系统总发热为

$$H = H_1 + H_2 + H_3 \tag{10-21}$$

液压系统产生的热量,一部分保留在系统中,使系统温度升高,另一部分经过冷却表面散发到空气中去。一般情况下,工作机械经过一个多小时的连续运转后,就可以达到热平衡状态,此时系统的油温不再上升,产生的热量全部由散热表面散发到空气中。因此,其热平衡方程式为

$$H = C_T A \Delta T \tag{10-22}$$

式中,H 为液压系统总发热量(kW);A 为油箱散热面积(m²),如果油箱三个边长的比例在 1:1:1 到 1:2:3 范围内,且油面高度为油箱高度的80%,则 $A = 0.065 \sqrt[3]{V^2}$,其中 V 为油箱有效容积(L);ΔT 为系统的温升(℃),即系统到达热平衡时的油温与环境温度之差;C_T 为散热系数[kW/(m²·℃)],当自然冷却通风很差时,$C_T = (8 \sim 9) \times 10^{-3}$;自然冷却通风良好时,$C_T = (15 \sim 17.5) \times 10^{-3}$;当油箱用风扇冷却时,$C_T = 23 \times 10^{-3}$;用循环水冷却时,$C_T = (110 \sim 170) \times 10^{-3}$。

所以,系统的最高温升为

$$\Delta T = \frac{H}{C_T A} \tag{10-23}$$

计算所得的系统最高温升 ΔT 加上周围环境温度,不得超过最高油温允许范围。如果

所算出的油温超过了最高油温允许范围，就必须增大油箱的散热面积或使用冷却装置来降低油温。表 10-3 所列为典型液压设备的工作温度范围。

表 10-3 典型液压设备的工作温度范围

液压设备名称	正常工作温度/℃	最高允许温度/℃	油及油箱温升/℃
机床	30～50	55～70	≤(30～35)
数控机床	30～50	55～70	25
金属加工机械	40～70	60～90	—
机车车辆	40～60	70～80	≤(35～40)
工程机械	50～80	70～80	≤(30～35)
船舶	30～60	80～90	≤(30～35)
液压试验台	45～50	90	45

3. 液压冲击的验算

在液压传动中产生液压冲击的原因很多，例如液压缸在高速运动时突然停止，换向阀迅速打开或关闭油路，液压执行元件受到大的冲击负载等都会产生液压冲击。因此，在设计液压系统时很难准确地计算，只能进行大致的验算，其具体的计算公式可参考流体力学或有关的液压传动手册。在设计液压系统时必须采取一些措施缓冲液压冲击，如采取在液压缸或液压马达的进出口设置过载阀，采用 H 型滑阀机能的换向阀等措施。

10.1.5 绘制液压系统工作图和编写技术文件

液压系统设计的最后阶段是绘制工作图和编写技术文件。

1. 绘制工作图

（1）液压系统原理图。液压系统原理图应附有液压元件明细表，各种元件的规格、型号以及压力阀、流量阀的调整值，执行元件工作循环图，相应电磁铁和压力继电器的工作状态表。

（2）元件集成块装配图和零件图。液压件厂提供各种功能的集成块，一般情况下设计者只需选用并绘制集成块组合装配图。如没有合适的集成块可供选用，则需专门设计。

（3）泵站装配图和零件图。小型泵站有标准化产品供选用，但大、中型泵站往往需要个别设计，需绘制出其装配图和零件图。

（4）非标准件的装配图和零件图。

（5）管路装配图。应标明管道走向，注明管道尺寸、接头规格和装配技术要求等。

2. 编写技术文件

技术文件一般包括设计计算说明书，液压系统原理图，零部件目录表，标准件、通用件和外购件总表，技术说明书，操作使用及维护说明书等内容。

应用案例10-1

液压系统设计实例

下面以组合机床为例，进一步说明液压系统设计计算的内容及步骤。

第10章 液压系统的设计计算

某厂汽缸加工自动线上要求设计一台卧式单面多轴钻孔组合机床,机床有主轴16根,钻14个 $\phi13.9$mm 的孔,2个 $\phi8.5$mm 的孔,要求的工作循环是:快速接近工件,然后以工作速度钻孔,加工完毕后快速退回原始位置,最后自动停止。工件材料使用铸铁,硬度为240HB。假设运动部件重力 $G=9800$N,快进快退速度 $v_1=0.1$m/s;动力滑台采用平导轨,静、动摩擦因数 $f_s=0.2$, $f_d=0.1$;往复运动的加速、减速时间为 0.2s;快进行程 $L_1=100$mm,工进行程 $L_2=50$mm。试设计计算其液压系统。

解:该卧式单面多轴钻孔组合机床的液压系统设计计算如下。

1) 作 $F-t$ 与 $v-t$ 图

(1) 计算切削阻力。钻铸铁孔时,其轴向切削阻力可用以下公式计算:

$$F_e = 25.5DS^{0.8}(HB)^{0.6}$$

式中,F_e 为钻削力(N);D 为孔径(mm);S 为每转进给量(mm/r);HB为铸铁布氏硬度。

选择切削用量:钻 $\phi13.9$mm 孔时,主轴转速 $n_1=360$r/min,每转进给量 $S_1=0.147$mm/r;钻 $\phi8.5$mm 孔时,主轴转速 $n_2=550$r/min,每转进给量 $S_2=0.096$mm/r。则

$$F_e = 14 \times 25.5D_1S_1^{0.8}(HB)^{0.6} + 2 \times 25.5D_2S_2^{0.8}(HB)^{0.6}$$
$$= (14 \times 25.5 \times 13.9 \times 0.147^{0.8} \times 240^{0.6} + 2 \times 25.5 \times 8.5 \times 0.096^{0.8} \times 240^{0.6})N$$
$$= 30500N$$

(2) 计算摩擦阻力。

静摩擦阻力:$F_s = f_s G = 0.2 \times 9800$N $= 1960$N;
动摩擦阻力:$F_d = f_d G = 0.1 \times 9800$N $= 980$N。

(3) 计算惯性阻力。

$$F_m = ma = \frac{G}{g} \cdot \frac{\Delta v}{\Delta t} = \frac{9800}{9.8} \cdot \frac{0.1}{0.2}N = 500N$$

(4) 计算工进速度。工进速度可分别按加工 $\phi13.9$mm 和孔 $\phi8.5$ mm 孔的切削用量计算,即

$$v_1 = n_1 S_1 = (360/60 \times 0.147)\text{mm/s} = 0.88\text{mm/s}$$
$$v_2 = n_2 S_2 = (550/60 \times 0.096)\text{mm/s} = 0.88\text{mm/s}$$

根据以上分析计算各工况负载见表10-4。

表10-4 液压缸负载的计算

工 况	计算公式	液压缸负载 F/N	液压缸驱动力 F_0/N
启 动	$F_s = \mu_s G$	1960	2180
加 速	$F_d = \mu_d G + F_m$	1480	1650
快 进	$F_d = \mu_d G$	980	1090
工 进	$F = F_e + F_d$	31480	35000
反向启动	$F_s = \mu_s G$	1960	2180
加 速	$F_d = \mu_d G + F_m$	1480	1650
快 退	$F_d = \mu_d G$	980	1090
制 动	$F_d = \mu_d G - F_m$	480	532

注:表中 $F_0 = F/\eta_m$,η_m 为液压缸的机械效率,取0.9。

(5) 计算快进、工进时间和快退时间。

快进：$t_1 = L_1/v_1 = (100 \times 10^{-3}/0.1)\text{s} = 1\text{s}$；

工进：$t_2 = L_2/v_2 = [50 \times 10^{-3}/(0.88 \times 10^{-3})]\text{s} = 56.8\text{s}$；

快退：$t_3 = (L_1 + L_2)/v_1 = [(100+50) \times 10^{-3}/0.1] = 1.5\text{s}$。

(6) 绘制液压缸的 F-t 与 v-t 图。根据上述计算数据，绘制液压缸的 F-t 与 v-t 图，如图 10.7 所示。

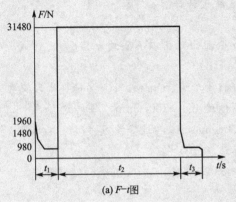
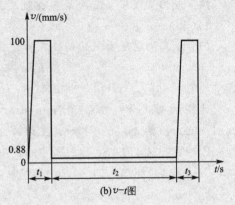

图 10.7　液压缸的 F-t 与 v-t 图

2) 确定液压系统参数

(1) 初选液压缸工作压力。由工况分析中可知，工进阶段的负载力最大，所以，液压缸的工作压力按此负载力计算。根据液压缸与负载的关系，选 $p_1 = 40 \times 10^5 \text{Pa}$。

本机床为钻孔组合机床，为防止钻通时发生前冲现象，液压缸回油腔应有背压，设背压 $p_2 = 6 \times 10^5 \text{Pa}$，为使快进、快退速度相等，选用 $A_1 = 2A_2$ 差动油缸，假定快进、快退的回油压力损失为 $\Delta p = 7 \times 10^5 \text{Pa}$。

(2) 计算液压缸尺寸。由工进工况出发，计算油缸大腔面积，由公式 $(p_1 A_1 - p_2 A_2)\eta_m = F$ 得：

$$A_1 = \frac{F}{\eta_m \left(p_1 - \dfrac{p_2}{2}\right)} = \frac{31480}{0.9 \times \left(40 - \dfrac{6}{2}\right) \times 10^5} \text{m}^2 = 94.5 \times 10^{-4} \text{m}^2 = 94.5 \text{cm}^2$$

液压缸直径 $D = \sqrt{\dfrac{4A_1}{\pi}} = \sqrt{\dfrac{4 \times 94.5}{3.14}} \text{cm} = 10.97 \text{cm}$，取标准直径 $D = 110 \text{mm}$。

因为 $A_1 = 2A_2$，所以 $d = \dfrac{D}{\sqrt{2}} = 0.707 \times 110 \text{mm} = 77.8 \text{mm}$，取标准直径 $d = 80 \text{mm}$，则液压缸有效面积为

$$A_1 = \frac{\pi}{4}D^2 = \frac{\pi}{4} \times 11^2 \text{cm}^2 = 95 \text{cm}^2$$

$$A_2 = \frac{\pi}{4}(D^2 - d^2) = \frac{\pi}{4} \times (11^2 - 8^2) \text{cm}^2 = 44.7 \text{cm}^2$$

(3) 计算液压缸在工作循环中各阶段的压力、流量和功率使用值。液压缸工作循环各阶段压力、流量和功率计算结果见表 10-5。

表 10-5 液压缸工作循环各阶段压力、流量和功率计算表

工况		计算公式	F/N	p_2/Pa	p_1/Pa	$q/(m^3 \cdot s^{-1})$	p/kW
快进	启动	$p_1 = \dfrac{F+A_2 \Delta p}{A_1-A_2}$ $q=(A_1-A_2)v_1$ $P=p_1 q \times 10^{-3}$	2180	0	4.6×10^5	0.5	—
	加速		1650	7×10^5	10.5×10^5		—
	快进		1090	—	9×10^5		0.5
工进		$p_1 = \dfrac{F+A_2 p_2}{A_1}$ $q = A_1 v_2$ $P = p_1 q \times 10^{-3}$	3500	6×10^5	40×10^5	0.83×10^5	0.033
快退	反向启动	$p_1 = \dfrac{F+A_2 p_1}{A_1}$ $q = A_2 v_1$ $P = p_1 q \times 10^{-3}$	2180	0	4.6×10^5	0.5	—
	加速		1650	—	17.5×10^5		—
	快退		1090	7×10^5	16.4×10^5		0.8
	制动		532	—	15.2×10^5		—

(4) 绘制液压缸工况图。根据图 10.7 可绘制出液压缸的工况图,如图 10.8 所示。

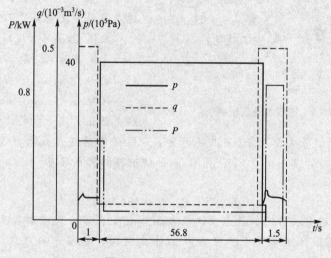

图 10.8 液压缸工况图

3) 拟定液压系统图

(1) 选择液压回路。

① 调速方式:由工况图可知,该液压系统功率小,工作负载变化小,可选用进油路节流调速,为防止钻通孔时的前冲现象,在回油路上加背压阀。

② 液压泵形式的选择:从 q-t 图可清楚地看出,系统工作循环主要由低压大流量和高压小流量两个阶段组成,最大流量与最小流量之比 $q_{max}/q_{min} = 0.5/(0.83 \times 10^{-2}) \approx 60$,其相应的时间之比 $t_2/t_1 = 56.8$。根据该情况,选叶片泵较适宜。在本方案中,选用双联叶片泵。

③ 速度换接方式：因钻孔工序对位置精度及工作平稳性要求不高，可选用行程调速阀或电磁换向阀。

④ 快速回路与工进转快退控制方式的选择：为使快进、快退速度相等，选用差动回路作快速回路。

(2) 绘制液压系统图。在所选定基本回路的基础上，再考虑其他一些有关因素，便可组成图10.9所示的液压系统原理图。

4) 选择液压元件

(1) 选择液压泵和电动机。

① 确定液压泵的工作压力。前面已确定液压缸的最大工作压力为 $40\times10^5\mathrm{Pa}$，选取进油管路压力损失 $\Delta p=5\times10^5\mathrm{Pa}$，其调整压力一般比系统最大工作压力大 $5\times10^5\mathrm{Pa}$，所以泵的工作压力为

$$p_1=(40+5+5)\times10^5\mathrm{Pa}=50\times10^5\mathrm{Pa}$$

这是高压小流量泵的工作压力。

由图10.7可知液压缸快退时的工作压力比快进时大，取其压力损失 $\Delta p'=4\times10^5\mathrm{Pa}$，则快退时泵的工作压力为

$$p_2=(17.5+4)\times10^5\mathrm{Pa}=21.5\times10^5\mathrm{Pa}$$

这是低压大流量泵的工作压力。

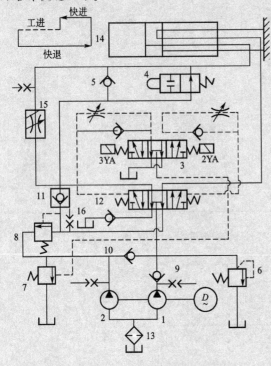

图10.9 液压系统原理图

② 液压泵的流量。由图10.8工况图可知，快进时的流量最大，其值为30L/min，最小流量在工进时，其值为0.51L/min，取系统泄漏折算系数 $k=1.2$，则液压泵最大流量应为

$$q_{P\max}=1.2\times30=36\mathrm{L/min}$$

由于溢流阀稳定工作时的最小溢流量为3L/min，故小泵流量取3.6L/min。

③ 确定液压泵的规格型号。根据以上计算数据，查阅产品目录，选用YYB-AA36/6B型双联叶片泵。

④ 选择电动机。由工况图可知，液压缸最大输出功率出现在快退工况，其值为0.78kW，此时泵站的输出力应为 $p_2=21.5\times10^5\mathrm{Pa}$，流量 $q_P=(36+6)\mathrm{L/min}=42\mathrm{L/min}=0.7\times10^{-3}\mathrm{m^3/s}$。取泵的总效率 $\eta_P=0.7$，则电动机所需功率为

$$P=\frac{p_2q_P}{\eta_P}=\frac{21.3\times10^5\times0.7\times10^{-3}}{0.7}\mathrm{W}=2130\mathrm{W}$$

根据以上计算结果，查电动机产品目录，选与上述功率和泵的转速相适应的电动机。

(2) 选择其他元件。根据系统的工作压力和通过阀的实际流量选择元件，其型号和参数见表10-6。

表 10-6 所选液压元件的型号、规格

序号	元件名称	最大流量/(L/min)	规格 型号	公称流量/(L/min)	公称压力/MPa
1,2	双联叶片泵	—	YYB-AA36/6	36/6	6.3
3	三位五通电液换向阀	84	35DY-100B	100	6.3
4	行程阀	84	22C-100BH	100	6.3
5	单向阀	84	1-100B	100	6.3
6	溢流阀	6	Y-10B	10	6.3
7	顺序阀	36	XY-25B	25	6.3
8	背压阀	1	B-10B	10	6.3
9	单向阀	6	1-10B	10	6.3
10	单向阀	36	7-63B	62	6.3
11	单向阀	42	1-63B	63	6.3
12	单向阀	84	1-100B	100	6.3
13	滤油器	42	XU-40×10	—	—
14	液压缸	—	SG-E10×180L		
15	调速阀	—	q-6B	6	6.3
16	压力表开关	—	K-6B	—	—

(3) 确定管道尺寸。根据工作压力和流量，按照第 6 章中的相关公式可确定出管道内径和壁厚，其计算过程从略。

(4) 确定油箱容量。油箱容量可按经验公式估算，本例中取 $V=(5\sim7)q_P$，即 $V=6q_P=6\times(6+36)\mathrm{L}=252\mathrm{L}$。

5) 液压系统性能验算

(1) 回路压力损失。由于本系统管路尚未确定，故整个系统的压力损失无法验算。但是控制阀处压力损失的影响可以根据通过阀的实际流量及样本上查得的额定压力损失值予以计算。

(2) 液压系统的发热与温升的验算。由前述的计算可知，在整个工作循环中，工进时间为 56.8s，快进时间为 1s，快退时间为 1.5s。工进所占份额为 96%，所以系统的发热和油液的温升可用工进时的情况来分析。

工进时，液压缸负载 $F=31840\mathrm{N}$，移动速度 $v=0.88\times10^{-3}\mathrm{m/s}$，故其有效输出功率为

$$P=F_v=31840\times0.8\times10^{-3}\mathrm{W}=27.7\mathrm{W}=0.027\mathrm{kW}$$

液压泵输出的功率为

$$P_P=\frac{p_1q_1+p_2q_2}{\eta_P}$$

式中，p_1，p_2 分别为小流量泵 1 和大流量泵 2 的工作压力，其中 $p_1=50\times10^5\text{Pa}$，$p_2=3\times10^5\text{Pa}$，此值为大流量泵通过顺序阀 7 的卸荷损失（选取）；q_1，q_2 分别为小流量泵 1 和大流量泵 2 的输出流量，其中 $q_1=6\text{L/min}$，$q_2=36\text{L/min}$；η_P 为油泵总效率，$\eta_P=0.7$。

因此，$P_P=\dfrac{1}{0.75}\left[50\times10^5\times\dfrac{6\times10^{-3}}{60}+3\times10^5\times\dfrac{36\times10^{-3}}{60}\right]\text{W}=0.906\text{kW}$。

由此得液压系统的发热量为
$$H=P_P-P=(0.906-0.0277)\text{kW}=0.8783\text{kW}$$

只考虑油箱的散热，其中油箱散热面积 $A=0.065\sqrt[3]{252^2}\text{m}^2=2.59\text{m}^2$，取油箱传热系数 $C_T=13\times10^{-3}$，则油箱的温升为
$$\Delta T=\dfrac{H}{C_TA}=\dfrac{0.8783}{13\times10^{-3}\times2.59}\text{℃}=26.08\text{℃}$$

油液温升值没有超过允许值，系统无需添设冷却器。

10.2 液压系统的安装、使用和维护

10.2.1 液压元件的清洗和安装

1. 液压元件与液压系统的清洗

1）油管的清洗

清洗油管时，先除去油管上的毛刺，然后用氢氧化钠、碳酸钠等进行脱脂，脱脂后用温水清洗。然后放在温度为 40~60℃ 的 20%~30% 的稀盐酸或 10%~20% 的稀硫酸溶液中浸渍 30~40min 后清洗。取出后放在 10% 的苛性钠（苏打）溶液中浸渍 15min 进行中和，溶液温度为 30~40℃。最后用温水洗净，在清洁的空气中干燥后涂上防锈油。

2）系统的第一次清洗

（1）清洗前应先清洗油箱并用绸布或乙烯树脂海绵等擦净，然后给油箱注入其容量的 60%~70% 的工作油或试车油（不能用煤油、汽油、酒精等）。

（2）先将系统中执行元件的进、出油管断开，再将两个油管对接起来。

（3）将溢流阀及其他阀的排油回路在阀体前的进油口处临时切断，在主回油管处装上 80 目的过滤网。

（4）开始清洗后，一边使泵运转，一边将油加热到 50~80℃，当到达预定清洗时间的 60% 以后，换用 150~180 目的过滤网。

（5）为使清洗效果好，应使泵作间歇运转，停歇的时间一般为 10~60min。为便于将附着物清洗掉，在清洗过程中可用锤子轻轻敲击油管。

清洗时间随液压系统的大小、污染程度和要求的过滤精度的不同而有所不同。通常为十几个小时。第一次清洗结束后，应将系统中的油液全部排出，并将油箱清洗干净。

3）系统的第二次清洗

第二次清洗是对整个系统进行清洗。先将系统恢复到正常状态，并注入实际运转时所使用的液压油，系统进行空载运转，使油液在系统中循环。第二次清洗时间约为 1~6h。

2. 液压元件的安装

为了保证液压系统能可靠工作，首先必须正确的安装。

1) 油管安装

(1) 根据系统最大工作压力及使用场合选择油管。油管要有足够的强度，内壁光滑清洁，无锈蚀等缺陷。

(2) 安装钢管时，钢管弯管半径应大于3倍管子外径；安装橡胶软管时，其弯曲半径应大于9～10倍软管外径。

(3) 整个管线应尽可能短，转弯数要少，管路的最高部分应设有排气装置。

(4) 安装吸油管时，注意不得漏气；安装回油管时，要将油管伸到油箱面以下。

(5) 全部管路应分两次安装，第一次为试装配，将管接头及法兰点焊在适当的位置上，当整个管路确定后，拆下来进行酸洗或清洗后，再第二次安装。

2) 液压元件的安装

(1) 液压元件如在运输中或库存时内部受污染，或库存时间过长，密封件自然老化，安装前应根据情况进行拆洗。不符合使用要求的零件和密封件必须更换。对拆洗过的元件，应尽可能进行试验。

(2) 液压泵与其传动装置之间，一般情况下必须保证两轴同心度在0.1mm以内，倾斜角不得大于1°；油的入口、出口和旋转方向不得接反。

(3) 液压缸的安装应牢固可靠，为了防止热膨胀的影响，在行程大和温度高时，缸的一端必须保持浮动。

10.2.2 液压系统的压力试验与调试

1. 压力试验

系统的压力试验在管道冲洗合格、安装完毕组成系统，并经过空载运转后进行。

1) 空载运转

(1) 空载运转应使用系统规定的工作介质。工作介质加入油箱时，应经过过滤，过滤精度应不低于系统规定的过滤精度。

(2) 空载运转前，将液压泵出油口及泄油口(如有)的油管拆下，按照旋转方向向泵进油口灌油，用手转动万向节，直至泵的出油口出油不带气泡为止。

(3) 空载运转时，系统中的伺服阀、比例阀、液压缸和液压马达应用短路过渡板从循环回路中隔离出去。蓄能器、压力传感器和压力继电器均应拆开接头而代以螺堵，使这些元件脱离循环回路；必须拧松溢流阀的调节螺杆，使其控制压力处于能维持油液循环时克服管阻力的最低值，系统中如有节流阀、减压阀，则应将其调整到最大开度。

(4) 接通电源，点动液压泵电动机，检查电源是否接错，然后连续点动电动机，延长启动过程，如在启动过程中压力急剧上升，需检查溢流阀失灵原因，排除后继续点动电动机直至正常运转。

(5) 空载运转时密切注视过滤器前后压差变化，若压差增大则应随时更换或冲洗滤芯。

(6) 空载运转的油温应在正常工作油温范围之内。

(7) 空载运转的油液污染度检验标准与管道冲洗检验标准相同。

2）压力试验

系统在空载运转合格后进行压力试验。

(1) 系统的试验压力：对于工作压力低于 16MPa 的系统，试验压力为工作压力的 1.5 倍；对于工作压力高于 16MPa 的系统，实验压力为工作压力的 1.25 倍。

(2) 实验压力应逐级升高，每升高一级宜稳压 2~3min，达到试验压力后，持压 10min，然后降至工作压力进行全面检查，以系统所有焊缝和连接口无漏油，管道无永久变形为合格。

(3) 压力试验时，如有故障需要处理，必须先卸压；如有焊缝需要重焊，必须将该管卸下，并在除净油液后方可焊接。

(4) 压力试验期间，不得锤击管道，且在试验区 5m 范围内不得同时进行明火作业。

(5) 压力试验应有实验规程，实验完毕后应填写《系统压力试验记录》。

2. 系统调试

对新研制的或经过大修、三级保养或者刚从外单位调来对其工作状况还不了解的机械设备，均应对其液压系统进行调试，以确保其工作安全可靠。

液压系统的调试和试车一般不能截然分开，往往是穿插交替进行。调试的内容有单项调试、空载调试和负载调试等。

1）单项调试

(1) 压力调试。系统的压力调试应从压力调定值最高的主溢流阀开始，逐次调整每个分支回路的各种压力阀。压力调定后，需将调整螺杆锁紧。

压力调定值及与压力连锁的动作和信号应与设计相符。

(2) 流量调试即执行机构调速，分为液压马达的转速调试和液压缸的速度调试。

① 液压马达的转速调试。液压马达在投入运转前，应和工作机构脱开。

在空载状态下先点动，再从低速到高速逐步调试并注意空载排气，然后反向运转。同时应检查壳体温升和噪声是否正常。

待空载运转正常后，再停机将液压马达与工作机构连接，再次启动液压马达并从低速至高速负载运转。如出现低速爬行现象，检查各工作机构的润滑是否充分，系统排气是否彻底，或有无其他机械干扰。

② 液压缸的速度调试。对带缓冲调节装置的液压缸，在调速过程中应同时调整缓冲装置，直至满足该缸所带机构的平稳性要求。如液压缸系内缓冲为不可调型，则需将该液压缸拆下，在实验台上调试处理合格后再装机调试。

双缸同步回路在调速时，应先将两缸调整到相同的起步位置，再进行速度调整。

伺服和比例控制系统在泵站调试和系统压力调整完毕后，宜先用模拟信号操纵伺服阀或比例阀试动执行机构，并应先点动后联动。

系统的速度调试应逐个回路（系指带动和控制一个机械机构的液压系统）进行，在调试一个回路时，其余回路应处于关闭（不通油）状态；单个回路开始调试时，电磁换向阀宜用手动操纵。

在系统调试过程中所有元件和管道应不漏油和没有异常振动；所有连锁装置应准确、灵敏、可靠。

速度调试完毕，再检查液压缸和液压马达的工作情况，要求在启动、换向及停止时平稳，在规定低速下运行时，不得爬行，运行速度应符合设计要求。

速度调试应在正常工作压力和工作油温下进行。

2) 空载调试

空载调试是在不带负载运转的条件下,全面检查液压系统的各液压元件、各辅助装置和系统内各回路工作是否正常,工作循环或各种动作是否符合要求。其调试方法步骤如下:

(1) 间歇启动液压泵,使整个系统运动部分得到充分的润滑,液压泵在卸荷状态下运转(各换向阀处于中立位置),检查泵的卸荷压力是否在允许范围内,有无刺耳的噪声,油箱内是否有过多泡沫,油面高度是否在规定范围内。

(2) 调整溢流阀。先将执行元件所驱动的工作机构固定,操作换向阀使阀杆处于某作业位置,将溢流阀徐徐调节到规定的压力值,检查溢流阀在调节过程中有无异常现象。

(3) 排除系统内的气体。有排气阀的系统应先打开排气阀,使执行元件以最大行程多次往复运动,将空气排除;无排气阀的系统延长往复运动时间,从油箱内将系统中积存的气体排除。

(4) 检查各元件与管路连接情况和油箱油面是否在规定范围内,油温是否正常(一般空载试车半小时后,油温 35~60℃)。

3) 负载调试

负载调试是使液压系统按要求在预定的负载下工作一定时间以验证系统性能的过程。通过负载试车检查系统能否实现预定的工作要求,如工作机构的力、力矩或运动特性等;检查噪声和振动是否在正常范围内;检查活塞杆有无爬行和系统有无压力冲击现象;检查系统的外漏及连续工作一段时间后温升情况等。

负载调试时,一般应先在低于最大负载和速度的情况下试车,如果轻载试车情况正常,才逐渐将压力阀和流量阀调节到规定的设计值,进行最大负载试验。

系统调试应有调试规程和详尽的调试记录。

10.2.3 液压系统的使用与维护

液压系统工作性能的保持,在很大程度上取决于正确的使用与及时维护。因此必须建立有关使用和维护方面的制度,以保证系统正常工作。

1. 液压系统使用注意事项

(1) 操作者应掌握液压系统的工作原理,熟悉各种操作要点、调节手柄的位置及旋向等。

(2) 工作前应检查系统上各手轮、手柄、电气开关和行程开关的位置是否正常,工具的安装是否正确、牢固等。

(3) 工作前应检查油温,若油温低于 10℃,则可将泵开开停停数次进行升温,一般应空载运转 20min 以上才能加载运转。若油温在 0℃ 以下,则应采取加热措施后再启动。如有条件,可根据季节更换不同黏度的液压油。

(4) 工作中应随时注意油位高度和温升,一般油液的工作温度在 35~60℃ 较合适。

(5) 液压油要定期检查和更换,保持油液清洁。对于新投入使用的设备,使用三个月左右应清洗油箱,更换新油,以后按设备说明书的要求每隔半年或一年进行一次清洗和换油。

(6) 使用中应注意过滤器的工作情况,滤芯应定期清洗或更换,平时要防止杂质进入油箱。

(7) 若设备长期不用,则应将各调节旋钮全部放松,以防止弹簧产生永久变形而影响元件的性能,甚至导致故障的发生。

2. 液压设备的维护保养

维护保养应分为日常维护、定期检查和综合检查三个阶段。

1) 日常维护

日常维护通常是用目视、耳听及手触感觉等比较简单的方法,在泵启动前、后和停止运转前检查油量、油温、压力、漏油、噪声以及振动等情况,并随之进行维护和保养。对重要的设备应填写《日常维护卡》。

2) 定期检查

定期检查的内容包括调查日常维护中发现的异常现象的原因并进行排除;对需要维修的部位,必要时进行分解检修。定期检查的时间间隔一般与过滤器的检修期相同,通常为2~3个月。

3) 综合检查

综合检查大约一年一次。主要内容是检查液压装置的各元件和部件,判断其性能和寿命,并对产生故障的部位进行检修,对经常发生故障的部位提出改进意见。综合检查的方法主要是分解检查,要重点排除一年内可能产生的故障因素。

定期检查和综合检查均应做好记录,以作为设备出现故障查找原因或设备大修的依据。

小　　结

本章重点讲述了液压系统设计计算的步骤、内容和方法,同时扼要介绍了液压系统的安装、使用和维护方面的知识。对于一般的液压传动系统,在设计过程中应遵循以下几个步骤:①明确设计要求,进行工况分析;②拟定液压系统原理图;③计算和选择液压元件;④系统温升及压力损失验算;⑤绘制工作图、编写技术文件。上述各步一般情况要穿插、交替进行,对于较复杂的液压传动系统,需经过多次反复才能最终确定;而对于较简单的液压传动系统,有些步骤可合并或省略。通过本章学习,要求能掌握液压系统的设计方法和步骤,熟悉液压系统的安装、调试以及使用和维护方面的知识。

【关键术语】

液压系统设计　液压系统图　液压元件选择　可靠性　经济性　先进性　有效压力有效面积　所需流量　工况图　压力损失　强度校核　热平衡计算

综合练习

一、填空题

1. 主机对液压传动系统的性能要求,主要包括各执行元件在各工作阶段的_____、速度、调速_____、运动_____、换向定位_____及对系统的效率和_____的要求。

2. 对液压系统进行工况分析,即对各执行元件进行_____分析和_____分析。

第 10 章 液压系统的设计计算

3. 主机执行元件的运动情况可以用＿＿＿＿、＿＿＿＿或速度与位移循环图表示。
4. 液压系统负载分析就是分析液压缸或液压马达的＿＿＿＿情况。
5. 对于负载变化复杂的液压系统必须画出＿＿＿＿循环图，不同工作目的的系统，负载分析的重点不同。
6. 液压系统安装钢管时，钢管弯管半径应大于＿＿＿＿倍管子外径；安装橡胶软管时，其弯曲半径应大于＿＿＿＿倍软管外径。
7. 对于工作压力低于 16MPa 的系统，试验压力为工作压力的＿＿＿＿倍；对于工作压力高于 16MPa 的系统，实验压力为工作压力的＿＿＿＿倍。
8. 工作中应随时注意液压系统的油位高度和温升，一般油液的工作温度在＿＿＿＿℃之间较为合适。
9. 工作前应检查液压系统油温，若油温低于＿＿＿＿℃，则可将泵开开停停数次进行升温，一般应空载运转 20min 以上才能加载运转，若油温在＿＿＿＿℃以下，则应采取加热措施后再启动。
10. 液压设备应分别进行日常维护、定期检查和＿＿＿＿三种维护保养。

二、问答题

1. 设计液压系统的依据和步骤是什么？
2. 拟定液压系统原理图应注意哪些问题？
3. 对液压系统验算时应包括哪些方面？
4. 对非恒压液压系统，液压泵所需功率如何进行计算？
5. 液压系统能产生热量的压力损失都有哪些？
6. 确定液压系统工作压力应考虑什么压力？
7. 如何正确安装、调试和使用液压系统？
8. 液压系统的主要参数有哪两个？如何确定？试结合一实例加以分析说明。
9. 在设计液压系统管路时，为什么要限定流速？
10. 编写液压系统技术文件应包括哪些文件？

三、计算题

1. 一台专用铣床，铣头驱动电动机的功率为 7.5kW，铣刀直径为 120mm，转速为 350r/min，如工作台重量为 4000N，工件和夹具最大重量为 1500N，工作台行程为 400mm，快进速度为 4.5m/min，工件速度为 60~1000mm/min，其往复运动的加速(减速)时间为 0.05s，工作台用平导轨，其静摩擦因数和动摩擦因数分别为 0.2 和 0.1，试设计该铣床的液压系统。

2. 在计算油液流经标准阀类元件的局部节流损失时，如果从样本上查得该阀在额定流量 Q_N 时的压力损失为 Δp_N，那么在实际流量 Q 时，该阀的实际节流压力损失应如何计算？

3. 已知某液压系统的总效率 $\eta=0.6$，该系统液压泵的流量 $Q_P=70$L/min，压力 $p_P=49\times10^5$Pa，泵的总效率 $\eta_P=0.7$。假定油液最高允许温度 $T_{max}=65°$，周围环境温度 $T=20°$，且通风良好，试确定其油箱的有效容积及其边长(1:1:1 型)。

4. 某液压机如图 10.10 所示，其工作循环为快速下降→压制→快速退回→原位停止。已知①液压缸无杆腔面积 $A_1=100$cm^2，有杆腔有效工作面积 $A_2=50$cm^2，移动部件自重 $G=5000$N；②快速下降时的外负载 $F=1000$N，速度 $v_1=6$m/min；③压制时的外负载

$F=50000\text{N}$,速度 $v_2=0.2\text{m/min}$;④快速回程时的外负载 $F=10000\text{N}$,速度 $v_3=12\text{m/min}$。管路压力损失、泄漏损失、液压缸的密封摩擦力以及惯性力均忽略不计。试求:

(1) 液压泵 1 和液压泵 2 的最大工作压力及流量;

(2) 阀 3、4、6 各起什么作用?其调整压力各为多少?

5. 某液压系统如图 10.11 所示,液压缸直径 $D=70\text{mm}$,活塞杆直径 $d=45\text{mm}$,工作负载 $F=16000\text{N}$,液压缸的效率 $\eta_m=0.95$,不计惯性力和导轨摩擦力。快速运动时速度 $v_1=7\text{m/min}$,工作进给速度 $v_2=53\text{mm/min}$,系统的总压力损失折算到进油路上的压力损失 $\sum\Delta p=5\times 10^5\text{Pa}$。

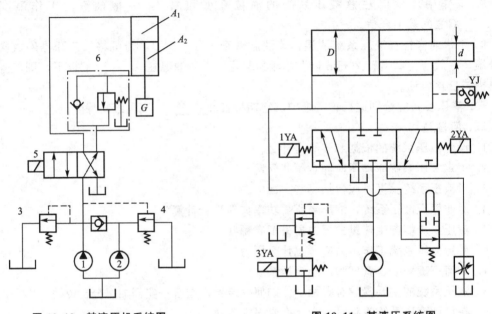

图 10.10 某液压机系统图　　图 10.11 某液压系统图

(1) 该系统实现快速→工进→快退→原位停止的工作循环时,试绘出电磁铁、行程阀、压力继电器的动作顺序表;

(2) 计算并选择该系统所需元件,并在图上标明元件的型号。

参 考 文 献

[1] 詹永麒. 液压传动 [M]. 上海：上海交通大学出版社，1999.
[2] 章宏甲，黄谊. 液压传动 [M]. 北京：机械工业出版社，2006.
[3] 周长城. 汽车减振器阀系参数解析计算与特性综合仿真 [D]. 北京：北京理工大学，2006.
[4] 刘军营. 液压与气压传动 [M]. 西安：西安电子科技大学出版社，2008.
[5] 成大先. 机械设计手册 [M]. 北京：化学工业出版社，2004.
[6] 贺利乐. 建设机械液压与液力传动 [M]. 北京：机械工业出版社，2004.
[7] 陈奎生. 液压与气压传动 [M]. 武汉：武汉理工大学出版社，2001.
[8] 张群生. 液压与气压传动 [M]. 北京：机械工业出版社，2002.
[9] 李状云. 液压元件与系统 [M]. 北京：机械工业出版社，2005.
[10] 许福玲，陈尧明. 流通与气压传动 [M]. 北京：机械工业出版社，2004.
[11] 贾铭新. 液压传动与控制 [M]. 北京：国防工业出版社，2001.
[12] 王宝和. 流体传动与控制 [M]. 长沙：国防科技大学出版社，2001.
[13] 李芳民. 工程机械液压与液力传动 [M]. 北京：人民交通出版社，2001.
[14] 王广怀. 液压技术应用 [M]. 哈尔滨：哈尔滨工业大学出版社，2001.
[15] 方昌林. 液压、气压传动与控制 [M]. 北京：机械工业出版社，2001.
[16] 李寿刚. 液压传动 [M]. 北京：北京理工大学出版社，1995.
[17] 许同乐. 液压与气压传动 [M]. 北京：中国计量出版社，2006.
[18] 路甬祥. 液压气动技术手册 [M]. 北京：机械工业出版社，2002.
[19] 左健民. 液压与气压传动 [M]. 北京：机械工业出版社，1996.
[20] 沈兴全，吴秀玲. 液压传动与控制 [M]. 北京：国防工业出版社，2004.
[21] 徐元昌. 流体传动与控制 [M]. 上海：同济大学出版社，1998.
[22] 刘仕平. 液压与气压传动 [M]. 郑州：黄河水利出版社，2003.
[23] 张平格. 液压与气压传动 [M]. 北京：冶金工业出版社，2004.
[24] 王明智. 液压传动概论 [M]. 北京：机械工业出版社，1992.
[25] 张利平. 液压阀原理、使用与维护 [M]. 北京：化学工业出版社，2005.
[26] 曹玉平. 液压传动与控制 [M]. 天津：天津大学出版社，2003.
[27] 阎祥安，焦秀稳. 液压传动与控制习题集 [M]. 天津：天津大学出版社，1990.
[28] 陈尧明，许福玲. 液压与气压传动学习指导与习题集 [M]. 北京：机械工业出版社，2005.